AI 赋能软件开发技术丛书

AIGC 高效编程

HTML5+CSS3+JavaScript Web前端开发案例教程

慕课版 | 第2版

明日科技◎策划
王方 朱凯◎主编
吴俊◎副主编

人民邮电出版社
北京

图书在版编目（CIP）数据

HTML5+CSS3+JavaScript Web 前端开发案例教程 : 慕课版 : AIGC 高效编程 / 王方，朱凯主编. -- 2 版. 北京 : 人民邮电出版社，2025. -- (AI 赋能软件开发技术丛书). -- ISBN 978-7-115-66373-3

Ⅰ. TP312.8；TP393.092.2

中国国家版本馆 CIP 数据核字第 202537A8T4 号

内 容 提 要

本书作为 HTML5 程序设计课程的教材，系统、全面地介绍了利用 HTML5 进行网站前端开发所涉及的常用知识。全书共 12 章，内容包括 Web 网站初体验、搭建网站雏形、用 CSS3 装饰网站、HTML5 多媒体实现网站“家庭影院”、通过 HTML5 表单与用户交互、列表与表格——让网站更规整、CSS3 布局与动画、JavaScript 编程应用、JavaScript 事件处理、手机响应式开发（上）、手机响应式开发（下）、综合案例——在线教育平台。全书以案例为引导，每个案例都有相关知识点的讲解，有助于读者在理解知识的基础上更好地运用知识，达到学以致用的目的。

近年来，AIGC 技术高速发展，成为各行各业高质量发展和生产效率提升的重要推动力。本书将 AIGC 技术融入理论学习、案例编写、复杂系统开发等环节，帮助读者提升编程效率。

本书可作为高等院校计算机、软件工程等相关专业的教材，也可作为 HTML5 爱好者和初、中级的 HTML5 网站前端开发人员的参考书。

◆ 策　　划　明日科技
主　　编　王　方　朱　凯
副 主 编　吴　俊
责任编辑　王　平
责任印制　胡　南

◆ 人民邮电出版社出版发行　　北京市丰台区成寿寺路 11 号
邮编　100164　　电子邮件　315@ptpress.com.cn
网址　https://www.ptpress.com.cn
北京市艺辉印刷有限公司印刷

◆ 开本：787×1092　1/16
印张：14.75　　　　2025 年 5 月第 2 版
字数：383 千字　　　2025 年 11 月北京第 2 次印刷

定价：59.80 元

读者服务热线：(010)81055256　印装质量热线：(010)81055316
反盗版热线：(010)81055315

前言
Introduction

在人工智能技术高速发展的今天，人工智能生成内容（Artificial Intelligence Generated Content，AIGC）技术在内容生成、软件开发等领域的作用已经非常突出，正在逐渐成为一项重要的生产工具，推动内容产业进行深度的变革。

党的二十大报告强调“高质量发展是全面建设社会主义现代化国家的首要任务”。发展新质生产力是推动高质量发展的内在要求和重要着力点，AIGC 技术已经成为新质生产力的重要组成部分，在 AIGC 工具的加持下，软件开发行业的生产效率和生产模式将产生质的变化。本书结合 AIGC 辅助编程，旨在帮助读者培养软件开发从业人员应当具备的职业技能，提高核心竞争力，满足软件开发行业新技术人才需求。

浏览网页已经成为人们生活和工作中不可或缺的一部分。随着技术的不断发展与进步，网页内容越来越丰富，网页设计越来越美观，制作精美的网页也越来越重要。而 HTML 是网页设计的一种基础语言，自从 HTML5、CSS3 和 JavaScript 出现，网页设计变得更容易实现。因此，HTML5、CSS3 和 JavaScript 受到很多网页开发人员的青睐，成为他们使用的主流编程语言。

本书是明日科技与院校一线教师合力打造的 HTML5、CSS3 和 JavaScript 程序设计基础教材，旨在通过基础理论讲解和系统编程实践让读者快速且牢固地掌握 HTML5、CSS3 和 JavaScript 程序开发技术。本书的主要特色如下。

1. 基础理论结合丰富实践

本书通过通俗易懂的语言和丰富实例演示，系统介绍了 HTML5、CSS3 和 JavaScript 的基础知识和开发工具，并且前 11 章提供了习题，方便读者及时考核学习效果。

2. 融入 AIGC 技术

（1）第 1 章介绍 AIGC 工具的基本应用情况和主流的 AIGC 工具，并在部分章节讲解如何使用 AIGC 工具自主学习进阶性理论。

（2）本书完整呈现使用 AIGC 工具编写案例的过程和结果，在巩固读者理论知识的同时，启发读者主动使用 AIGC 工具辅助编程。

（3）第 12 章呈现使用 AIGC 工具开发综合案例的全过程，包括 AIGC 工具辅助提供项目开发思路、优化项目代码、完善项目，充分展示 AIGC 工具的使用思路、交互过程和结果处理，进而提高读者综合性、批判性使用 AIGC 工具的能力。

3．支持线上线下混合式学习

（1）本书是慕课版教材，依托人邮学院（www.rymooc.com）为读者提供完整慕课，课程结构严谨，读者可以根据自身的学习程度，自主安排学习进度。读者购买本书后，刮开粘贴在书封底上的刮刮卡，获得激活码，使用手机号码完成网站注册，即可搜索本书配套慕课并学习。

（2）本书针对重要知识点放置了二维码，读者扫描书中二维码即可在手机上观看相应内容的视频讲解。

4．配套丰富教辅资源

本书配套 PPT 课件、源代码、自测题库、自测卷及答案等丰富教学资源，用书教师可登录人邮教育社区（www.ryjiaoyu.com）免费获取。

本书的课堂教学建议安排 38 学时。各章主要内容和学时建议分配如下表，教师可以根据实际教学情况进行调整。

章	章名	课堂学时
第 1 章	Web 网站初体验	2
第 2 章	搭建网站雏形	4
第 3 章	用 CSS3 装饰网站	4
第 4 章	HTML5 多媒体实现网站“家庭影院”	6
第 5 章	通过 HTML5 表单与用户交互	4
第 6 章	列表与表格——让网站更规整	2
第 7 章	CSS3 布局与动画	2
第 8 章	JavaScript 编程应用	4
第 9 章	JavaScript 事件处理	2
第 10 章	手机响应式开发（上）	2
第 11 章	手机响应式开发（下）	4
第 12 章	综合案例——在线教育平台	2

由于编者水平有限，书中难免存在疏漏和不足之处，敬请广大读者批评指正，使本书得以改进和完善。

编者

2025 年 1 月

目录
Contents

第 1 章 Web 网站初体验

本章要点

- ❑ 了解 HTML 的发展历程
- ❑ 了解 HTML5（H5）的概念
- ❑ 使用 WebStorm 创建网页
- ❑ 在网页中添加文字
- ❑ 在 WebStorm 中引入 AIGC 工具

互联网的飞速发展使网站如雨后春笋般涌现出来。当我们浏览这些网站的时候，多彩的影像和文字不断丰富着我们的视觉体验。这些内容都是通过 Web（网页）技术表现出来的。对于网页制作人员来讲，HTML5、CSS3 和 JavaScript 这 3 项技术，如同 3 把利剑，需要细细打磨，反复锤炼，方能“雄霸 Web 天下”。本章将简要介绍这 3 方面的知识内容。

1.1 揭秘 Web 前端

揭秘 Web 前端

1.1.1 Web 和 Web 前端

在中文里，Web 被翻译成“网页”。实质上，它是一个由无数网页和网站构成的全球性信息网络，用户可以通过互联网访问和共享这些信息网络。Web 由网页、网站、浏览器等构成，其中网页是 Web 的基本单位，网站是由多个网页组成的集合。Web 前端是网站的前端开发部分，通过浏览器呈现给用户。它涵盖了网页的结构、外观和交互功能，是用户与网站之间的桥梁。

在互联网发展得如火如荼的今天，大家都已经对网页不陌生了，看新闻、“刷”微博、上淘宝等都是在浏览网页。接下来，我们以“明日学院”的官网为例，初步感受一下网页的内部组成结构。打开任意一个浏览器，在地址栏中输入明日学院的网址，按“Enter”键，浏览器中将显示图 1-1 所示的内容。

从图 1-1 中我们可以发现，网页主要由文字、图片和链接等内容构成。那么，这些内容具体都是如何构成的呢？接下来，继续深入探讨网页的核心——网页源代码。具体操作：单击鼠标右键，在弹出的快捷菜单中选择类似【查看网页源代码】的命令，浏览器将显示图 1-2 所示的源代码。

图 1-2 显示的内容就是明日学院官网主页的源代码，正是这些代码组成了页面的各种元素。而这个页面本身是一个纯文本文件。网页中的文字、图片等内容，是浏览器读取这些纯文本文件而显示出来的。

除主页外，一个网站通常包含多个子页面，如明日学院官网包含“儿童思维”“编程”“程序开发资源库”等子页面。网站实际上就是多个网页的集合，网页与网页之间通过超链接互相连接。例如，当用户单击明日学院官网主页菜单栏中的“编程”时，就会跳转到“编程”页面，如图 1-3 所示。

图 1-1 明日学院的官网主页

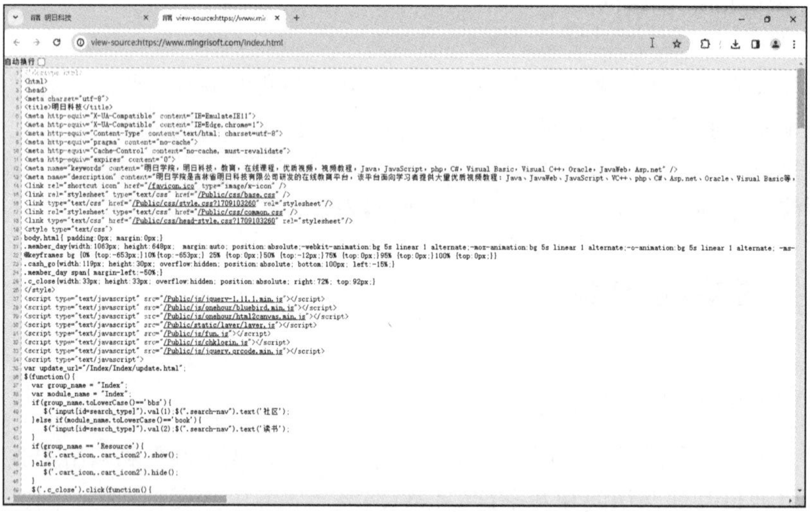

图 1-2 明日学院官网主页的源代码

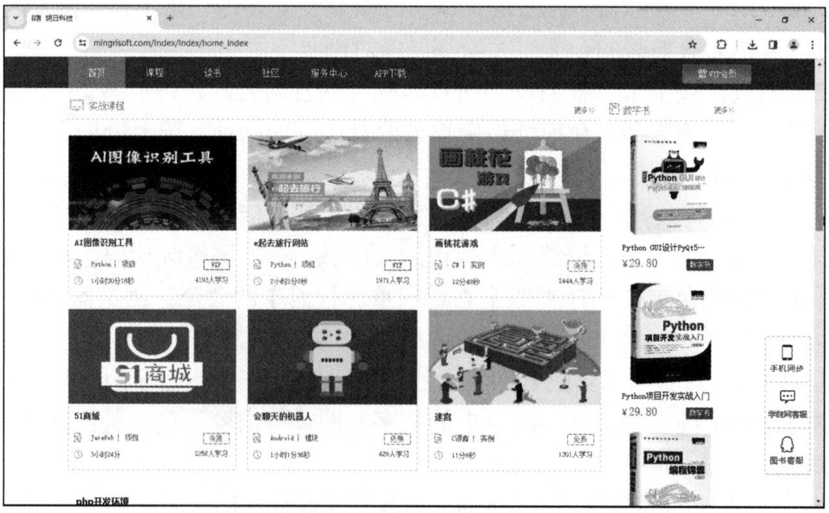

图 1-3 明日学院的“编程”页面

1.1.2 网页核心技术

HTML5、CSS3 和 JavaScript 是制作网页会用到的主要技术。我们要想学会制作网页，最好掌握这 3 种技术。

本节将对 HTML5、CSS3 和 JavaScript 技术的发展历程、流行版本等进行概括式介绍。

1. HTML5 概述

HTML5 定义了一个简易的文件交换标准，旨在定义文件中的对象和描述文件的逻辑结构，而并不定义文件显示。由于使用 HTML5 语言编写的文件具有极高的适应性，因此 HTML5 特别适用于网页源代码的编写。

（1）什么是 HTML5

HTML5 是纯文本类型的语言，使用 HTML5 编写的网页文件也是标准的纯文本文件。我们可以使用任何文本编辑器打开它，并查看其中的 HTML5 源代码，如 Windows 的“记事本”程序；也可以在使用浏览器打开网页时，通过使用相应的“查看”→“源文件”命令查看网页的 HTML5 代码。使用 HTML5 编写的文件可以直接由浏览器解释执行，无须编译。当我们使用浏览器打开网页时，浏览器会读取网页的 HTML5 代码，并分析其语法结构，然后根据解释执行的结果显示网页内容。

下面让我们通过明日学院网站的一段源代码（见图 1-4）和对应的网页结构（见图 1-5）来简单认识一下 HTML5。

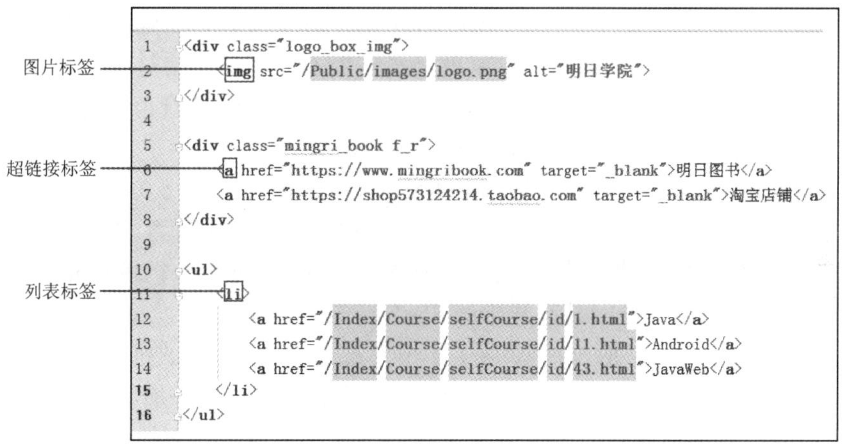

图 1-4　明日学院的官网主页的部分源代码

图 1-5　明日学院的官网主页对应网页结构

从图 1-4 中可以看出，网页内容是通过 HTML5 标签（图中带有“< >”的符号）描述的，网页文件其实是一个纯文本文件。这段代码对应的网页效果如图 1-5 所示，图中的文字都带有超链接。

（2）HTML5 的发展历程

1993 年，HTML 1.0 首次以因特网草案的形式发布。20 世纪 90 年代的人见证了 HTML（Hypertext Markup Language，超文本标记语言）的飞速发展，从 2.0 版，到 3.2 版和 4.0 版，再到 1999 年的 4.01 版，一直到现在正逐步普及的 HTML5。随着 HTML 的发展，W3C 掌握了 HTML5 规范的控制权。

在快速发布了这几个版本之后，业界普遍认为 HTML 已经“无路可走”了，对 Web 标准的焦点也开始转移到了 XML（Extensible Markup Language，可扩展标记语言）和 XHTML（Extensible Hypertext Makeup Language，可扩展超文本标记语言）上，HTML 被放在次要位置。不过在此期间，HTML 展现了顽强的生命力，主要的网站内容还是基于 HTML 的。为了能支持新的 Web 应用，同时克服现有的缺点，HTML 迫切需要添加新功能，制定新规范。

为了将 Web 平台提升到一个新的高度，Web 超文本应用技术工作组（Web Hypertext Application Technology Working Group，WHATWG）于 2004 年成立，并创立了 HTML5 规范，开始专门针对 Web 应用开发新功能，这被 WHATWG 认为是 HTML 中最薄弱的环节。“Web 2.0”这个新词也是在当时被发明的。Web 2.0 实至名归，开创了 Web 的第二个时代，旧的静态网站逐渐让位于具有更多特性的动态网站和社交网站，其中的新功能可以说是数不胜数。

2006 年，W3C 又重新介入 HTML，并于 2008 年发布了 HTML5 的工作草案。2009 年，XHTML2 工作组停止工作。又过了一年，因为 HTML5 能解决非常实际的问题，所以在规范还没有具体定下来的情况下，各大浏览器厂家就已经按捺不住了，开始对旗下产品进行升级以支持 HTML5 的新功能。这样，得益于浏览器的实验性反馈，HTML5 规范也得到了持续的完善，HTML5 以这种方式迅速融入了对 Web 平台的实质性改进。

2012 年中期，W3C 推出了一个新的编辑团队，负责创建 HTML 5.0 推荐标准，并为下一个 HTML 版本准备工作草案。2014 年 10 月，W3C 组织宣布历经 8 年努力，HTML5 标准规范终于定稿，HTML5 作为稳定 W3C 推荐标准发布。2015 年 1 月，YouTube 彻底抛弃了 Flash，实现向 HTML5 的全面过渡。随后，各网站都开始从 Flash 转向 HTML5。

2017 年 12 月 14 日，W3C 的 Web 平台工作组发布 HTML 5.2 正式推荐标准，并淘汰过时的 HTML 5.1 推荐标准。HTML 5.2 是 HTML5 的第二次更新。该版本添加了可以帮助 Web 应用程序开发者的新特征，同时基于开发者的普遍使用习惯进一步引入了新的元素，重点关注定义清晰的一致性准则，以确保 Web 应用和内容在不同用户代理浏览器中的互操作性。同时，工作组还发布了 HTML 5.3 的首个公开工作草案，HTML 5.3 是 HTML5 的第三次更新。

2．CSS3 概述

（1）什么是 CSS3

CSS3（Cascading Style Sheets，串联样式表）通常被称为 CSS3 样式表，主要用于设置 HTML5 页面的文本格式（字体、大小和对齐方式等）、图片的外形（宽高、边框样式、边框等）及版面的布局等外观显示样式。CSS3 以 HTML5 为基础，不仅提供了丰富的功能，如字体、颜色、背景的控制等，还可以针对不同的浏览器设置不同的样式，如图 1-6 所示。

（2）CSS3 的发展历程

1996 年 12 月，W3C 发布了第一个有关样式的标准 CSS1，又在 1998 年 5 月发布了 CSS2。

又过了 6 年，也就是 2004 年，CSS 2.1 正式推出。它在 CSS2 的基础上略微做了改动，删除了许多诸如 text-shadow 等不被浏览器所支持的属性。

图 1-6　使用 CSS3 设置的部分网页展示

然而，现在使用的 CSS 基本上是在 1998 年发布的 CSS2 的基础上发展而来的。回溯到约 1978 年，即 Internet 刚开始普及的时候，能够使用样式表来对网页进行视觉效果的统一编辑，确实是一件可喜的事情。但是在 CSS2 发布后的约 10 年间，CSS 没有经历太多革命性的变化，一直到 2010 年终于推出了一个全新的版本——CSS3。

与 CSS 以前的版本相比较，CSS3 的变化是革命性的，而不是仅限于局部功能的修订和完善。尽管 CSS3 的一些特性还不能被很多浏览器支持，或者说支持得还不够好，但是依然让我们看到了网页样式的发展方向和使命。CSS3 非常灵活，既可以嵌入 HTML 文件，也可以是一个独立文件（如果是独立文件，则必须以.css 为扩展名）。

如今，大多数网页是遵照 Web 标准开发的，即用 HTML5 编写网页结构和内容，而相关版面布局、文本和图片的显示样式都使用 CSS3 控制。HTML5 与 CSS3 的关系就像人的骨骼与衣服，通过更改 CSS3 样式，可以轻松控制网页的表现形式。

3．JavaScript 概述

（1）什么是 JavaScript

JavaScript 是网页设计的一种脚本语言，通过 JavaScript 可以将静态页面转变成支持用户交互并响应相应事件的动态页面。在网站建设中，HTML5 用于搭建页面结构并编写内容，CSS3 用于设置页面样式，而 JavaScript 则用于为页面添加动态效果。

JavaScript 代码可以嵌入 HTML5 中，也可以作为扩展名为.js 的独立文件。使用 JavaScript 可以实现网页中一些常见的特效。以图 1-7 所示的图片特效为例，当用户将鼠标指针滑动到“Java 企业门户网站”的图片上时，将会出现对应的介绍文字。

图 1-7　使用 JavaScript 实现的动画特效

（2）JavaScript 的发展历程

JavaScript 语言的前身是 LiveScript 语言，最初由 Netscape（网景通信公司）的布兰登·艾克（Brendan Eich）设计，后来 Netscape 与 Sun 公司达成协议，将其改名为 JavaScript。为了统一规范，ECMA 国际（ECMA International）创建了 ECMA-262 标准（ECMAScript），目前使用的 JavaScript 可以认为是 ECMAScript 的扩展语言。

ECMAScript 可以理解为是 JavaScript 的一个标准。截至 2012 年，所有浏览器都完整地支持 ECMAScript 5.1，旧版本的浏览器至少支持 ECMAScript 3 标准。2015 年 6 月 17 日，ECMA 国际组织发布了 ECMAScript 的第 6 版。该版本的正式名称为 ECMAScript 2015，但通常被称为 ECMAScript 6 或 ES2015。自 2015 年以来，TC39 委员会成员每年都会一起讨论可用的提案，并发布已接受的提案。2021 年 6 月 22 日，第 121 届 ECMA 国际大会以远程会议形式召开。ECMAScript 2021（ES12）成为事实的 ECMAScript 标准，并被写入 ECMA-262 第 12 版。2022 年 6 月 22 日，第 123 届 ECMA 国际大会批准了 ECMAScript 2022 语言规范，这意味着其正式成为标准。

1.2 走进 HTML5

走进 HTML5

一个 HTML5 文件由一些元素和标签组成。元素是 HTML5 文件的重要组成部分，如 title（文件标题）、img（图片）及 table（表格）等。元素名不区分大小写，HTML5 用标签来规定元素的属性和它在文件中的位置。本节将对与网页设计相关的几个基本标签进行介绍，主要包括元信息标签、页面主体标签、页面注释标签等。下面将对 HTML5 的标签、元素、文件结构等进行详细的讲解。

1.2.1 标签、元素、文件结构概述

1．标签

HTML5 的标签分为单独出现的标签和成对出现的标签两种。

大多数成对出现的标签是由首标签和尾标签组成的。首标签的格式为<元素名称>，尾标签的格式为</元素名称>。其完整的语法格式如下。

```
<元素名称>元素资料</元素名称>
```

成对标签仅对包含在其中的文件部分发生作用，如<title>和</title>用于界定标题元素的作用范围，也就是说，<title>和</title>之间的部分是此 HTML5 文件的标题。

单独标签的格式为<元素名称>，其作用是在相应的位置插入元素，如
标签便是在该标签所在位置插入一个换行符。

> 📖 说明：在每个 HTML5 标签中，大小写均可混写，如<Html>、<HTML>和<html>，其作用都是一样的。

在每个 HTML5 标签中，还可以设置一些属性，控制 HTML5 标签所建立的元素。这些属性将位于所建立元素的首标签中，因此，首标签的基本语法格式如下。

```
<元素名称　属性 1="值 1"　属性 2="值 2"……>
```

尾标签的语法格式如下。

```
</元素名称>
```

因此，在 HTML5 文件中某个元素的完整定义语法格式如下。

```
<元素名称  属性 1="值 1" 属性 2="值 2"……>元素资料</元素名称>
```

📖 **说明**：在语法中，设置各属性所使用的“""”可以省略。

2．元素

当使用一组 HTML5 标签将一段文字包含在中间时，这段文字与包含文字的 HTML5 标签被称为一个元素。

由于在 HTML5 语法中，每个由 HTML5 标签与文字所形成的元素内，还可以包含另一个元素，因此整个 HTML5 文件就像一个大元素，其中包含了许多小元素。

在所有 HTML5 文件中，最外层的元素是由<html>标签建立的。在<html>标签所建立的元素中，包含了两个主要的子元素，这两个子元素是由<head>标签与<body>标签建立的。<head>标签所建立的元素内容为文件标题，而<body>标签所建立的元素内容为文件主体。

3．文件结构

在介绍 HTML5 文件结构之前，先来看一个简单的 HTML5 文件及其在浏览器上的显示结果。下面开始编写一个 HTML5 文件，使用文件编辑器，如 Windows 自带的记事本进行编写。

```
<html>
<head>
<title>我的第一个 HTML5 网页</title>
</head>
<body>
天生我材必有用，千金散尽还复来。
</body>
</html>
```

上述代码的运行结果如图 1-8 所示。

从上述代码中可以看出，HTML5 文件的基本结构如图 1-9 所示。

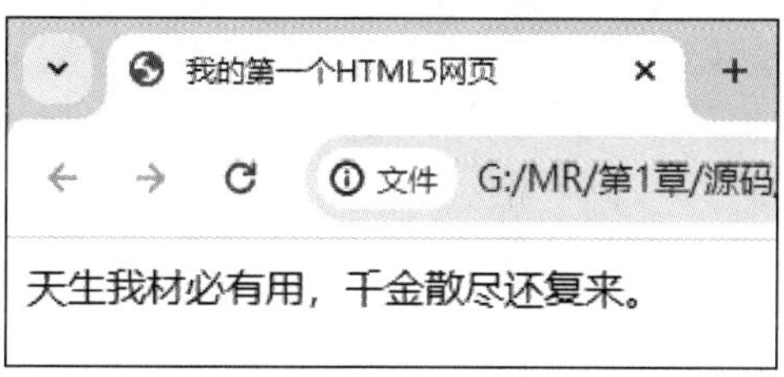

图 1-8 HTML5 示例

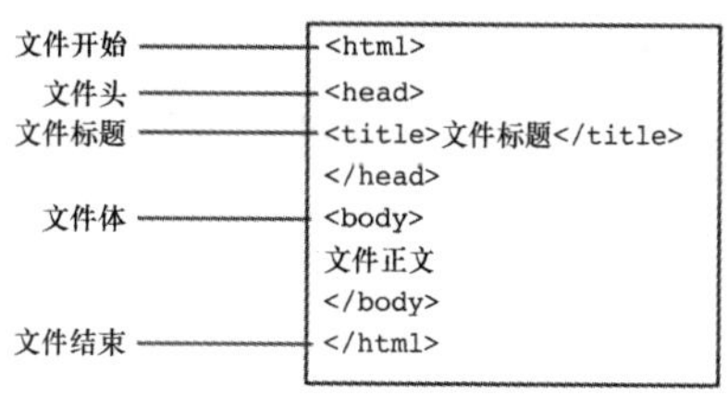

图 1-9 HTML5 文件的基本结构

其中，<head>与</head>之间的部分是 HTML5 文件的文件头部分，用于说明文件的标题和整个文件的一些公共属性。<body>与</body>之间的部分是 HTML5 文件的主体部分。下面介绍的标签，如果不加特别说明，则均是嵌套在这一对标签中使用的。

1.2.2 HTML5 的基本标签

1．<html>文件开始标签

在任何一个 HTML 文件中，最先出现的 HTML 标签就是<html>，它用于表示该文件是以超文本标记语言（HTML）编写的。<html>标签是成对出现的，首标签<html>和尾标签</html>分别位于文件的最前面和最后面，文件中的所有内容都包含在其中，语法格式如下。

```
<html>
文件的全部内容
</html>
```

该标签不带任何属性。

事实上，我们现在常用的 Web 浏览器（如 IE）都可以自动识别 HTML 文件，并不要求有<html>标签，也不会对该标签进行任何操作。但是，为了提高文件的适用性，使编写的 HTML 文件能适应不断变化的 Web 浏览器，我们还是应该养成使用这个标签的习惯。

2．<head>文件头标签

习惯上，我们把 HTML 文件分为文件头和文件主体两个部分。文件主体部分就是用户在 Web 浏览器窗口中看到的内容，而文件头部分用来规定该文件的标题（出现在 Web 浏览器窗口的标题栏中）和文件的一些属性。

<head>标签是一个表示网页头部的标签。在由<head>标签定义的元素中，并不放置网页的任何内容，而是放置关于 HTML 文件的信息，也就是说它并不属于 HTML 文件的主体。它包含文件的标题、编码方式及 URL（Uniform Resource Locator，统一资源定位符）等信息。这些信息大部分是用于提供索引或其他方面应用的。

写在<head>与</head>中间的文本，如果又写在<title>标签中，则表示该网页的名称，并作为窗口的名称显示在这个网页窗口的最上方。

> 📖 **说明：** 如果 HTML 文件不需要提供相关信息，则可以省略<head>标签。

3．<title>文件标题标签

每个 HTML 文件都需要有一个文件名称。在浏览器中，文件名称作为窗口名称显示在该窗口的最上方，这对浏览器的收藏功能很有用。如果用户认为某个网页对自己很有用，今后想经常打开，则可以选择“收藏”菜单中的“添加到收藏夹”命令（以 IE 浏览器为例）将它保存起来，供以后调用。网页的名称要写在<title>和</title>之间，并且<title>标签应包含在<head>与</head>之中。

HTML 文件的标签是可以嵌套的，即在一对标签（母标签）中可以嵌入另一对子标签，用来规定母标签所含范围的属性或其中某一部分内容，嵌套在<head>标签中使用的主要有<title>标签。

4．<meta>元信息标签

<meta>标签提供的信息是用户不可见的。它不显示在页面中，一般用来定义页面的名称、关键字、作者等。在 HTML 文件中，<meta>标签不需要设置结束标记，在一个 HTML 页面中可以有多个<meta>标签。<meta>标签的常用属性有两个：name 和 http-equiv。其中，name 属性主要用于描述页面，以便于搜索引擎机器人进行查找和分类。

5．<body>页面主体标签

页面的主体部分以<body>标志它的开始，以</body>标志它的结束。<body>标签包含文档的所有内容，如文本、超链接、图像、表格和列表等。在 HTML5 中，删除了所有<body>标签的特殊属性，包括 background 属性、bgcolor 属性、link 属性等。<body>标签支持 HTML 的全局属性和事件属性。

6．页面注释标签

在页面中，除上述基本标签外，还包含一种不显示在页面中的标签，那就是代码的注释标签。适当的注释可以帮助用户更好地了解页面中各模块的划分情况，也有助于以后对代码的检查和修改。给代码加注释，是一种很好的编程习惯。在 HTML5 文件中，注释分为 3 类：在文件开始标签<html></html>中的注释、在 CSS 中的注释和在 JavaScript 中的注释，而 JavaScript 中的注释有两种形式。下面将对这 3 类注释的具体语法进行介绍。

（1）在文件开始标签<html></html>中的注释，具体语法格式如下。

```
<!--注释的文字-->
```

注释文字的标记很简单，只需要在语法中“注释的文字”的位置上添加需要的内容即可。

（2）在 CSS 中的注释，具体语法格式如下。

```
/*注释的文字*/
```

在 CSS 中添加注释时，只需要在语法中“注释的文字”的位置上添加需要的内容即可。

（3）在 JavaScript 脚本语言中的注释有两种形式：单行注释和多行注释。

单行注释的具体语法格式如下。

```
//注释的文字
```

注释文字的标记很简单，只需要在语法中“注释的文字”的位置上添加需要的内容即可。

多行注释的具体语法格式如下。

```
/*注释的文字*/
```

在 JavaScript 脚本中进行多行注释时，只需要在语法中“注释的文字”的位置上添加需要的内容即可。

> ⚠ **注意**：在 JavaScript 脚本中添加多行注释或单行注释时，形式不是一成不变的。在进行多行注释时，单行注释也是有效的。运用“//注释的文字”对每一行文字进行注释达到的效果和“/*注释的文字*/”的效果是一样的。

1.3 使用 WebStorm 编写 HTML5 代码

使用 WebStorm 编写 HTML5 代码

WebStorm 是 JetBrains 公司旗下的一款 JavaScript 开发工具。该软件支持不同浏览器的提示，还包括所有用户自定义的函数（项目中），代码补全功能支持所有流行的库，如 jQuery、YUI、Dojo、Prototype、MooTools 和 Bindows 等，被广大的中国 JavaScript 开发者誉为“Web 前端开发神器”“最强大的 HTML5 编辑器”“最智能的 JavaScript IDE”等。

由于 WebStorm 的版本会不断更新，因此这里以 WebStorm 2023.3.4 版本（以下简称 WebStorm）为例，首先介绍下载和安装 WebStorm 的过程，其次介绍制作 HTML5 页面的方法。

1.3.1 下载和安装

（1）首先进入 WebStorm 官网下载页，如图 1-10 所示。

（2）单击“Download”按钮开始下载 WebStorm-2023.3.4.exe，下载完成后的结果如图 1-11 所示。注意使用不同的浏览器时，页面下载提示信息可能会有所不同，只要下载的内容为 WebStorm 安装程序即可。

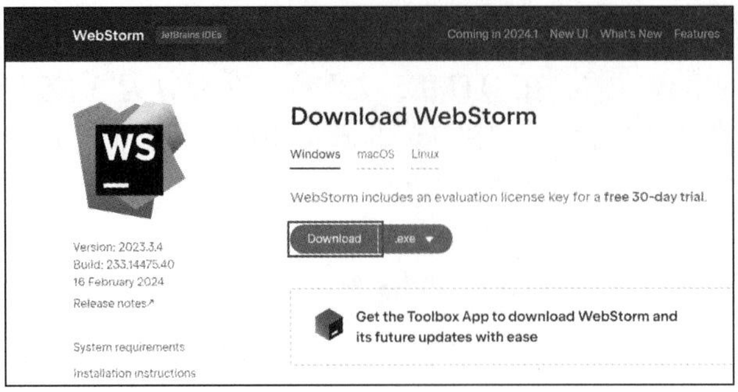

图 1-10　WebStorm 官网下载页

图 1-11　下载 WebStorm 安装程序

（3）下载完成之后，双击所下载的安装程序，打开“WebStorm 安装”窗口，如图 1-12 所示。直接单击图中的“下一步”按钮可进入“选择安装位置”界面，本例中，默认的安装路径为“C:\Program Files\JetBrains\WebStorm 2023.3.4”，用户也可以通过单击“浏览”按钮自定义安装路径，如图 1-13 所示。

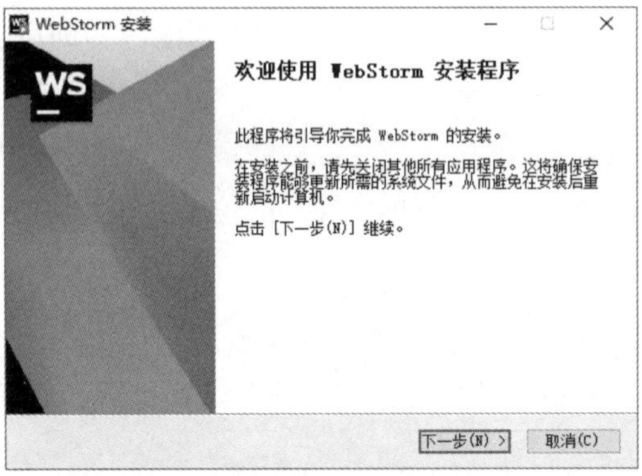

图 1-12　开始安装

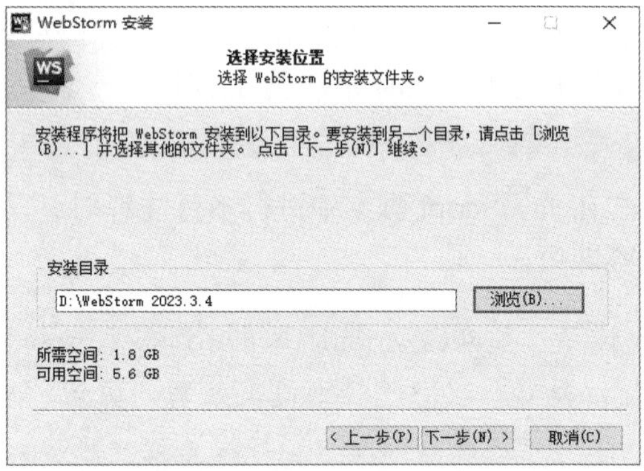

图 1-13　选择安装位置

（4）选择安装位置之后，单击“下一步”按钮，进入“安装选项”界面，为 WebStorm 选择安装选项，创建桌面快捷方式，如图 1-14 所示。选择完成后，继续单击“下一步”按钮，进入“选择开始菜单目录”界面，默认的“开始”菜单文件夹是“JetBrains”，如图 1-15 所示。

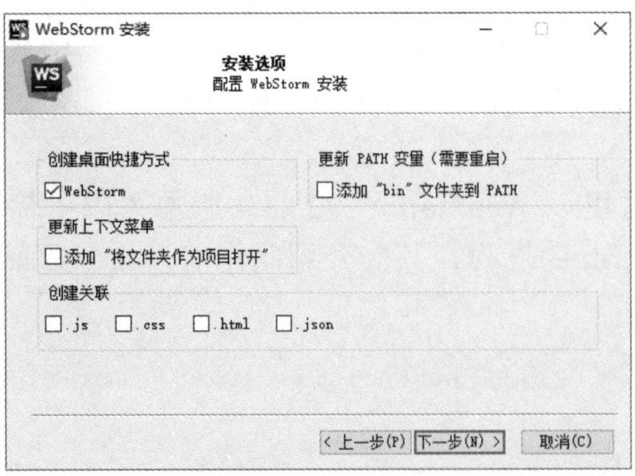

图 1-14　选择安装选项

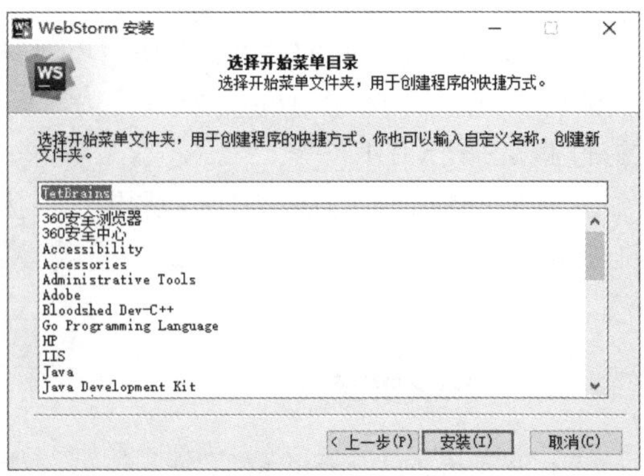

图 1-15　选择开始菜单目录

（5）单击图 1-15 中的“安装”按钮开始安装，安装进程如图 1-16 所示。安装进程结束后，显示图 1-17 所示的界面，单击“完成”按钮，完成 WebStorm 的安装。

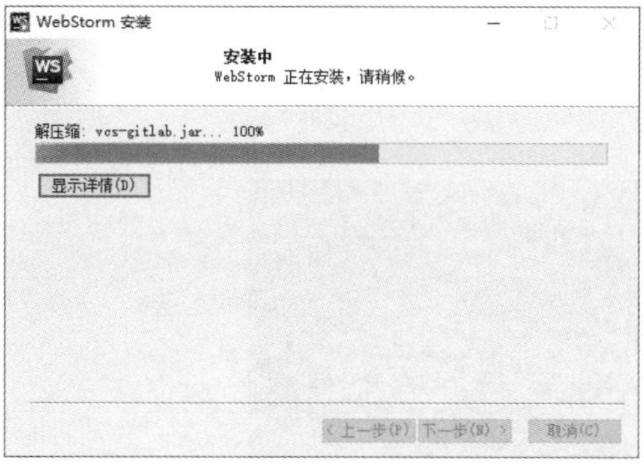

图 1-16　显示 WebStorm 的安装进程

图 1-17　安装完成

1.3.2　创建 HTML5 工程和文件，运行 HTML5 程序

（1）首次打开 WebStorm 时，会打开图 1-18 所示的设置提示对话框，提示用户是否需要导入 WebStorm 之前的设置，这里选中“Do not import settings”单选按钮，然后单击“OK”按钮，打开图 1-19 所示的选择试用或激活 WebStorm 界面。

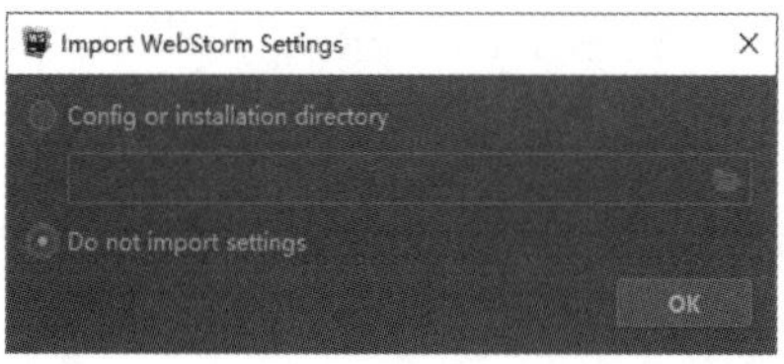

图 1-18　是否导入 WebStorm 设置提示对话框

图 1-19　选择试用或激活 WebStorm

（2）单击图 1-19 中的“Start Free 30-Day Trial”按钮开始 30 天免费试用，此时会打开 WebStorm 的欢迎界面，如图 1-20 所示。这时就表示 WebStorm 启动成功。在该窗口中选择“New Project”选项即可新建工程，然后打开图 1-21 所示的窗口，输入工程路径，或者单击文本框右侧的文件夹图标，在打开的对话框中选择工程路径。完成后，单击下方的“Create”按钮创建工程。

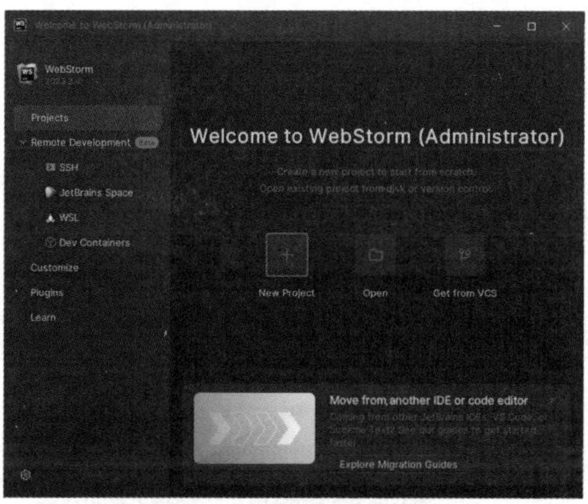

图 1-20　WebStorm 的欢迎界面

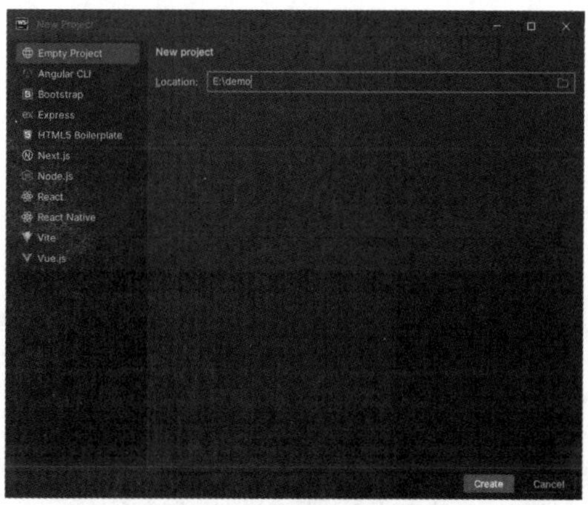

图 1-21　创建工程

（3）创建工程完成后，会进入图 1-22 所示的界面，在该界面中选中新建的 HTML5 工程，然后右击鼠标，在弹出的快捷菜单中选择“New”→“HTML File”选项，打开图 1-23 所示的对话框，在该对话框中为 HTML5 文件命名。

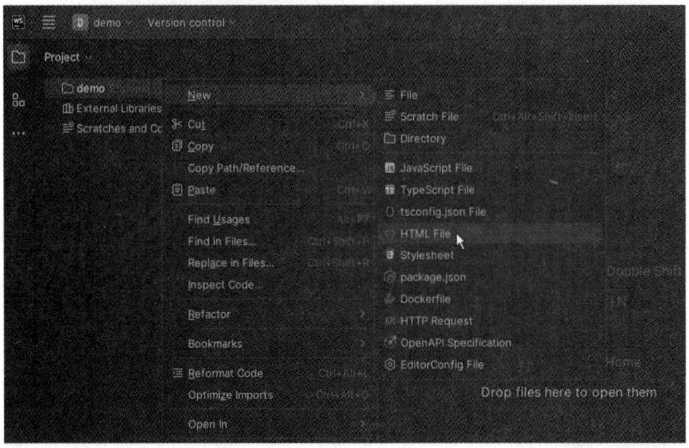

图 1-22　新建 HTML5 文件

（4）输入文件名后，按键盘上的“Enter”键，打开新建好的 HTML5 文件窗口，在窗口中编写代码，如图 1-24 所示。该窗口中的<tittle></tittle>中为网页标题，<body></body>中为网页的正文。编写代码完成后，在代码区域的右上方单击 Google Chrome 图标，即可在谷歌浏览器中运行该文件中的代码，运行结果如图 1-25 所示。

图 1-23　为 HTML5 文件命名

图 1-24　编写代码

图 1-25　运行结果

1.4 在 WebStorm 中引入 AIGC 工具

随着 AIGC 技术的迅猛发展，我们正步入一个全新的学习时代——利用 AIGC 技术高效学习和工作。例如，在学习程序开发的道路上，我们可以将 AIGC 工具引入编程工具中，使 AIGC 成为编程助手，其在 WebStorm 中可以通过安装插件来实现。下面介绍如何在 WebStorm 中引入 AIGC 工具。

1.4.1　AIGC 编程助手 Baidu Comate

Baidu Comate 即文心快码。它是一款智能代码生成工具，可以使编程更快、更好、更简单！Baidu Comate 由 ERNIE-Code 提供支持，ERNIE-Code 是一个经过百度多年积累的非敏感代码数据和 Github 公开代码数据训练的模型。它可以自动生成完整的、更符合场景的代码行或代码块，帮助开发人员轻松地完成开发任务。

在 WebStorm 中，选择“File”→“Settings”→“Plugins”菜单，选择“Marketplace”，在“搜索”文本框中输入“Baidu Comate”，找到“Baidu Comate”，然后单击“Install”按钮即可安装，如图 1-26 所示。

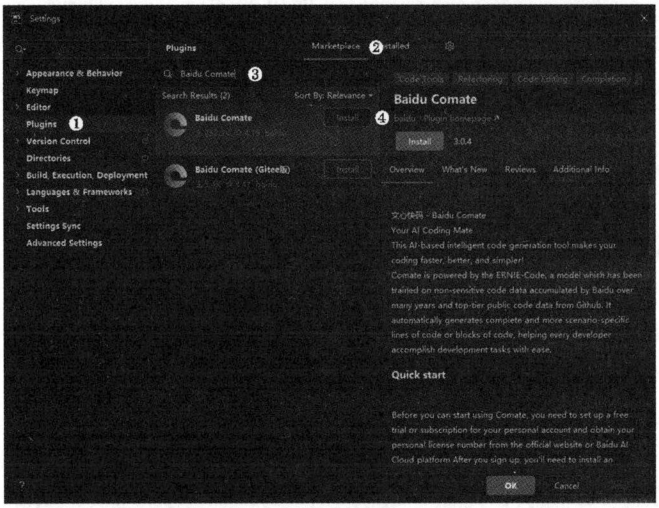

图 1-26 安装 AIGC 编程助手 Baidu Comate

1.4.2 AIGC 编程助手 TONGYI Lingma

TONGYI Lingma 即通义灵码，是一款基于通义大模型的智能编程辅助工具，具有行级/函数级实时续写、自然语言生成代码、单元测试生成、代码注释生成、代码解释、研发智能问答、异常报错排查等功能，并对阿里云 SDK/API 的使用场景进行调优，给开发者带来高效、流畅的编程体验。

在 WebStorm 中，选择“File”→“Settings”→“Plugins”菜单，选择“Marketplace”，在“搜索”文本框中输入“TONGYI Lingma”，找到“TONGYI Lingma”，然后单击“Install”按钮即可安装，如图 1-27 所示。

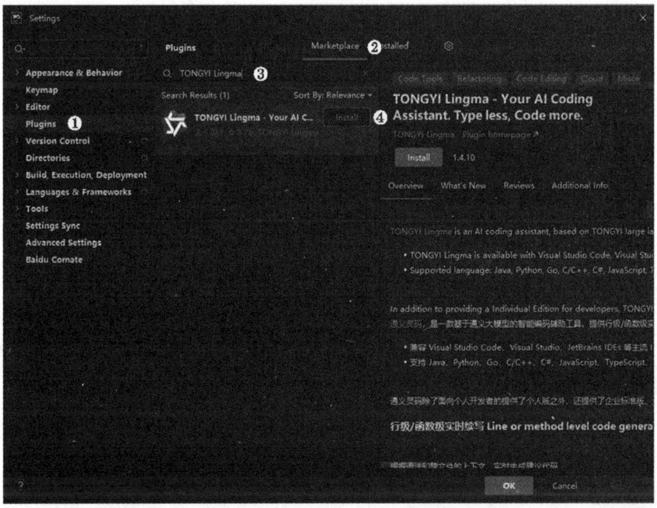

图 1-27 安装 AIGC 编程助手 TONGYI Lingma

1.4.3 DeepSeek R1 推理大模型

DeepSeek R1 是杭州深度求索人工智能基础技术研究有限公司（DeepSeek）研发的开源免费推理模型。DeepSeek R1 拥有卓越的性能，在数学、代码和推理任务上可与 OpenAI o1 媲美，其采用的大规模强化学习技术，仅需少量标注数据即可显著提升模型性能。该模型完全开源，采用 MIT 许可协议，并开源了多个小模型，进一步降低了 AIGC 应用门槛，赋能开源社区发展。当前，很多 AIGC 代码编写工具已经接入 DeepSeek R1 大模型，如腾讯的腾讯云 AI 代码助手、豆包的 MarsCode 等。

用户直接在开发工具的插件对话框中安装"腾讯云 AI 代码助手"或"MarsCode"，即可在编写代码时使用 DeepSeek R1 大模型辅助编程。

在日常的学习和工作中，以上 AIGC 工具都可以提高代码的编写效率，并提升代码质量。

小结

本章前两节主要介绍了 Web 的概念和网页的核心技术，以及 HTML5 网页的基本结构等内容，这些内容读者了解就可以；第三节详细介绍了如何安装 WebStorm 及如何使用 WebStorm 编写 HTML5 代码；第四节介绍了如何在 WebStorm 中引入 AIGC 工具。WebStorm 是制作网页常用的可视化软件之一，也是本书所使用的制作网页的软件，所以读者需要熟练掌握 WebStorm 的基本使用方法。

习题

1-1 网页制作的核心技术有哪些？
1-2 概述 HTML5 文件的基本结构。
1-3 创建一个 HTML 文档的开始标签是什么？结束标签是什么？
1-4 元素的分类有哪些？请分别具体说明。
1-5 说明网页中注释的意义，以及添加注释的方式。

第2章 搭建网站雏形

本章要点

- ❑ 掌握<p>标签和<img>标签的使用方法
- ❑ 简单使用<hr>
等标签美化页面
- ❑ 熟练使用<a>链接标签，理解绝对定位和相对定位
- ❑ 理解<div>标签和<span>标签的区别
- ❑ 掌握 AIGC 辅助快速学习的方法

本章将详细讲解“公司介绍”“合作伙伴”“友情链接”“联系方式”4 个案例。由于在国内的一些在线教育网站中，如“百度传课”等，都会有关于公司介绍、合作伙伴、友情链接和联系方式等内容的宣传和介绍，因此我们将通过 4 个案例讲解 HTML5 基础标签的使用方法。

2.1 【案例 1】制作第一个 HTML5 案例

【案例 1】制作第一个 HTML5 案例

2.1.1 案例描述

本案例非常简单，实现一个围棋简介的页面，页面中包括一段说明文字和一张展示围棋的图片。具体完成效果如图 2-1 所示，该页面主要由文字和图片构成。如果使用 Word 来制作的话，5 分钟就可以轻松完成。那么使用 HTML5 的技术来实现呢？也是相当容易的。使用<p>段落标签和<img>图片标签即可轻松实现，下面详细讲解实现过程。

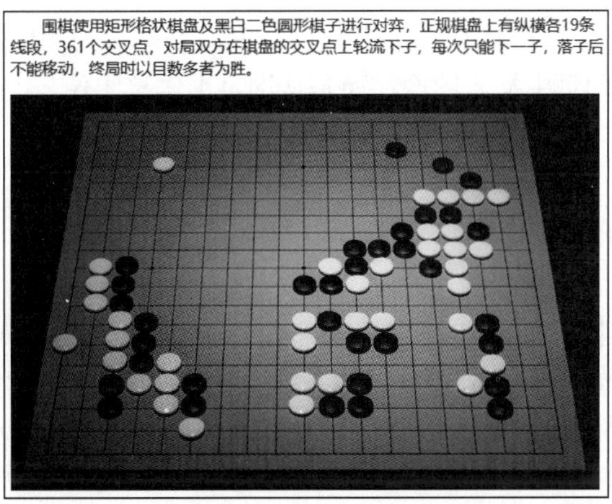

图 2-1 围棋简介页面

2.1.2 技术准备

1．<p>段落标签

在 HTML5 中，文本的段落效果是通过<p>标签来实现的。<p>标签会自动在其前后创建一些空白，浏览器则会自动添加这些空间。

（1）语法格式

```
<p>段落文字</p>
```

（2）语法解释

可以使用成对的<p>标签来划分段落，也可以使用单独的<p>标签来划分段落。

（3）举例

输出古词《武陵春·风住尘香花已尽》的原文内容，其代码如下（案例位置：资源包\MR\第 2 章\示例\2-1）。

```
<p>武陵春·风住尘香花已尽</p>
<p>风住尘香花已尽，日晚倦梳头。</p>
<p>物是人非事事休，欲语泪先流。</p>
<p>闻说双溪春尚好，也拟泛轻舟。</p>
<p>只恐双溪舴艋舟，载不动许多愁。</p>
```

页面效果如图 2-2 所示。

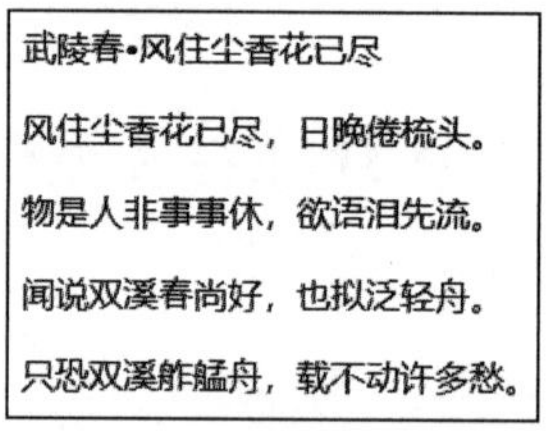
武陵春•风住尘香花已尽
风住尘香花已尽，日晚倦梳头。
物是人非事事休，欲语泪先流。
闻说双溪春尚好，也拟泛轻舟。
只恐双溪舴艋舟，载不动许多愁。

图 2-2　输出古词原文

> 📖 **说明：**在 HTML5 中，标签大多是由起始标签和结束标签组成的。例如，<p>标签在编码使用时，应该首先编写<p>起始标签和</p>结束标签，然后将文本内容放入两个标签之间。

2．<img>图片标签

网页的丰富多彩，图像的美化作用功不可没。<img>标签表示向网页中嵌入一幅图像。实际上，<img>标签并不会在网页中插入图像，而是从网页上链接图像，<img>标签创建的是引用图像的占位空间。

（1）语法格式

```
<img  src="图像文件的地址">
```

（2）语法解释

src 用来设置图像文件所在的地址，这一路径可以是相对地址，也可以是绝对地址。

绝对地址就是网页上的文件或目录在硬盘上的真正路径，如路径“E:\mr\2\2-1.jpg”。使用绝对地址定位链接目标文件比较清晰，但是其有两个缺点：一是需要输入完整的路径；二是如果该文件被移动，就需要重新设置所有的相关链接，这样可能会产生一些问题，如在本地测试网页时链接全部可用，但是到了网上就不可用了。

相对地址最适合网站的内部文件引用。只要在同一网站，即使不在同一个目录下，相对地址也非常适用。只要是处于站点文件夹之内，使用相对地址就可以自由地在文件之间构建链接。这种地址形式利用的是构建链接的两个文件之间的相对关系，不受站点文件夹所处服务器位置的影响，因此省略了绝对地址中的相同部分。这样做的优点是，站点文件夹所在的服务器地址发生改变时，文件夹中的所有内部文件地址都不会发生改变。

相对地址的使用方法如下。

- 如果要引用的文件位于该文件的同一目录中，则只需输入要链接文档的名称即可，如 2-1.jpg。
- 如果要引用的文件位于该文件的下一级目录中，则需先输入目录名，然后加“/”，最后输入文件名，如 mr/2-2.jpg。
- 如果要引用的文件位于该文件的上一级目录中，则先输入“../”，再输入目录名和文件名，如../../mr/ 2-2.jpg。

（3）举例

在网页中添加一张图片，具体代码如下（案例位置：资源包\MR\第 2 章\示例\2-2）。

```
<img src="test.jpg">
```

页面效果如图 2-3 所示。

图 2-3 <img>标签的示例页面

2.1.3 案例实现

【例 2-1】 实现围棋简介页面（案例位置：资源包\MR\第 2 章\源代码\2-1）。

1．页面结构图

实现本实例时，需要使用<p>标签添加围棋的说明文字，使用<img>标签添加围棋的图片，具体页面结构如图 2-4 所示。

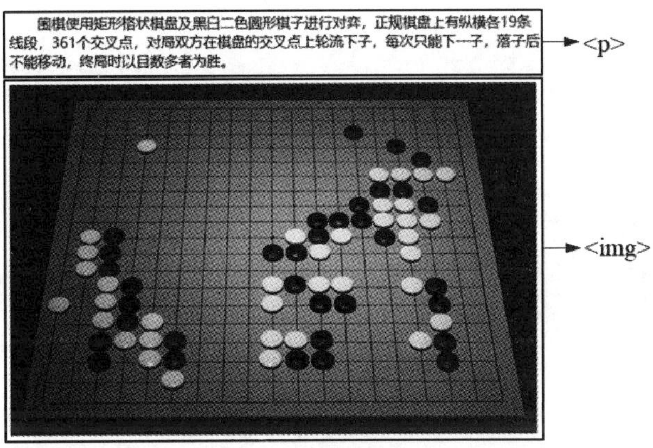

图 2-4 页面结构图 1

2. 代码实现

(1) 创建项目

创建项目的操作步骤如下。

① 在计算机桌面找到并双击打开 WebStorm 编辑器。

② 选择“File”→“New”→“project”，在打开的对话框中，“Location”表示项目存储的地址，输入“E:\Demo2-1”，表示将项目存储在 E 盘下的 Demo2-1 文件夹中，然后单击“Create”按钮。

通过上述 2 个步骤，我们就完成了对项目 Demo2-1 的创建。项目创建后的 WebStorm 窗口如图 2-5 所示。

(2) 创建 index.html 文件

index.html 文件用来编写页面代码，具体的创建步骤如下。

① 选中 WebStorm 编辑器左侧的 Demo2-1 文件夹，使其背景色呈蓝色。

② 右击鼠标，在弹出的快捷菜单中依次选择“New”→“HTML File”，在打开的对话框中输入“index”，然后按键盘上的“Enter”键。

通过上述步骤，我们就完成了对文件 index.html 的创建。文件创建后的 WebStorm 窗口如图 2-6 所示。

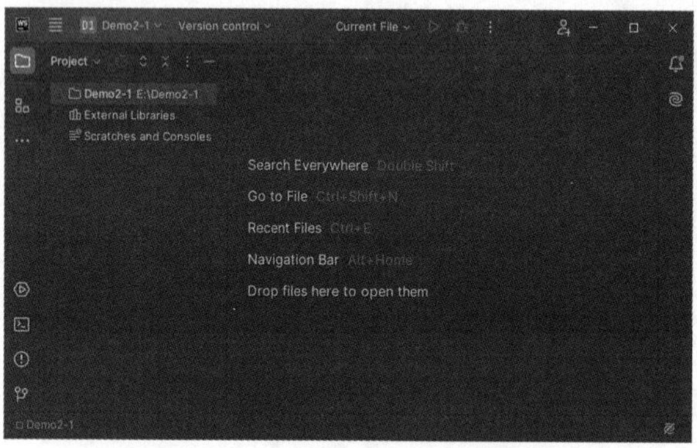

图 2-5 项目创建后的 WebStorm 窗口

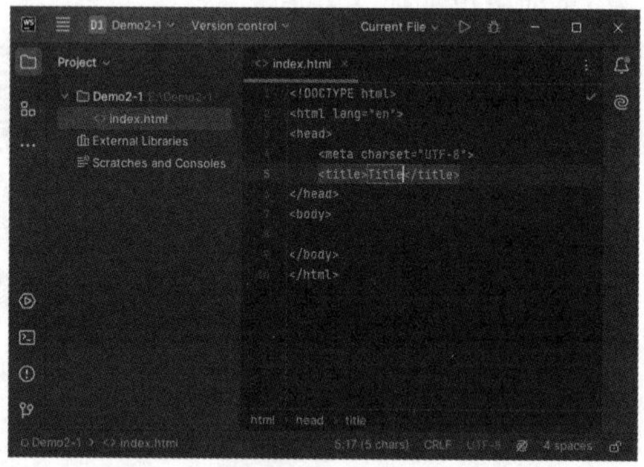

图 2-6 文件创建后的 WebStorm 窗口

(3) 编写 HTML5 代码

在 index.html 文件中编写 HTML5 代码。首先将<title>标签中的文本内容“Title”修改成“围棋简介”，然后在<body>标签中按照从上到下的顺序编写页面内容。使用<p>标签添加围棋的说明文字，使用<img>标签添加围棋图片，具体代码如下。

```
<!DOCTYPE html>
<html lang="en">
<head>
   <meta charset="UTF-8">
   <title>围棋简介</title>
</head>
<body>
<p>  围棋使用矩形格状棋盘及黑白二色圆形棋子进行对弈，正规棋盘上有纵横各 19 条线段，361 个交叉点，对局双方在棋盘的交叉点上轮流下子，每次只能下一子，落子后不能移动，终局时以目数多者为胜。</p>
<!--插入围棋图片-->
<img src="wq.png" alt="">
</body>
</html>
```

(4) 运行项目

代码编写完成后，单击 WebStorm 代码区右上角的谷歌浏览器图标，即可在谷歌浏览器中运行本案例，运行结果如图 2-1 所示。

2.1.4 动手试一试

通过案例 1 的学习，读者应该可以掌握<p>段落标签和<img>图片标签的使用方法。然后，请尝试利用<img>标签实现淘宝商城中的“猜你喜欢”页面，具体效果如图 2-7 所示（案例位置：资源包\MR\第 2 章\动手试一试\2-1）。

图 2-7 “猜你喜欢”页面

2.2 【案例 2】实现多图展示合作伙伴

【案例 2】实现多图展示合作伙伴

2.2.1 案例描述

本案例将实现明日学院的合作伙伴页面。观察图 2-8 所示的明日学院的合作伙伴页面，我们可以发现该页面与案例 1 的页面相似，同样由文字和图片构成，不同的是，案例 2 多出了一条分组用的水平线。水平线又是如何实现的呢？下面将进行详细的讲解。

图 2-8 合作伙伴页面效果

2.2.2 技术准备

1. <hr>水平线标签

在 HTML5 中，使用<hr>水平线标签来创建一条水平线。水平线可以在视觉上将网页分割成几个部分。在代码中添加一个<hr>水平线标签，就相当于添加了一条默认样式的水平线。

（1）语法格式

```
<hr>
```

（2）语法解释

<hr>水平线标签没有结束标签，只有起始标签，因为在这样的标签中，不需要输入文本内容。在 HTML5 中，将这样的标签称为单标签，<img>图片标签也属于单标签。

（3）举例

当内容主题发生变化时，使用<hr>标签进行分隔，代码如下（案例位置：资源包\MR\第 2 章\示例\2-3）。

```
<h1>HTML</h1>
<p>HTML 是 Internet 上用于编写网页的主要语言。</p>
<hr>
<h1>CSS</h1>
<p>CSS 是用于控制网页样式并允许将样式信息与网页内容分离的一种标记性语言。</p>
<hr>
<h1>JavaScript</h1>
<p>JavaScript 是一种解释型的、基于对象的脚本语言。</p>
</html>
```

页面效果如图 2-9 所示。

图 2-9　<hr>标签的示例页面

> 📖 **说明：** 在 HTML5 中，可以使用“<!--注释内容-->”的方式对代码进行解释说明，浏览器对这部分代码不执行任何操作。

2．
换行标签

段落与段落之间是隔行换行的，这样会导致文字的行间距过大，这时可以使用换行标签来完成文字的紧凑换行显示。

（1）语法格式

```
<p>
一段文字<br>一段文字
</p>
```

（2）语法解释

一个
标签代表一个换行，连续的多个标签可以多次换行。

（3）举例

在网页中显示古诗《咏柳》，其部分代码如下（案例位置：光盘\MR\第 2 章\示例\2-4）。

```
<p>  咏柳</p>
<p> 唐·贺知章</p>
<p>碧玉妆成一树高，<br>
    万条垂下绿丝绦。<br>
    不知细叶谁裁出，<br>
    二月春风似剪刀。<br>
</p>
```

页面效果如图 2-10 所示。

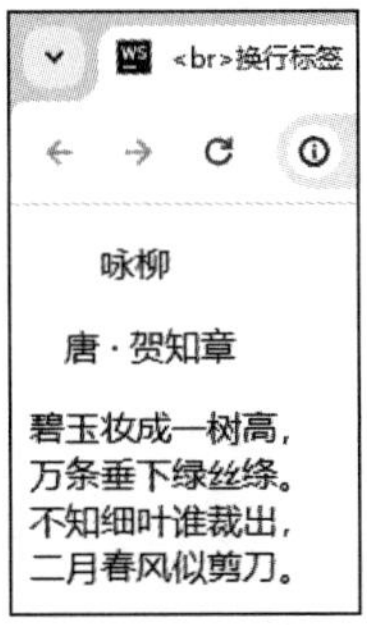

图 2-10　
标签的示例页面

2.2.3　案例实现

【例 2-2】 实现明日学院的合作伙伴页面（案例位置：资源包\MR\第 2 章\源代码\2-2）。

1．页面结构图

一个网页由多个标签组合而成，所以向页面添加内容时，不仅需要选择合适的标签，还要对每个标签进行合理的布局。本案例使用了<p>标签、<hr>标签、
标签及<img>标签，其页面结构如图 2-11 所示。

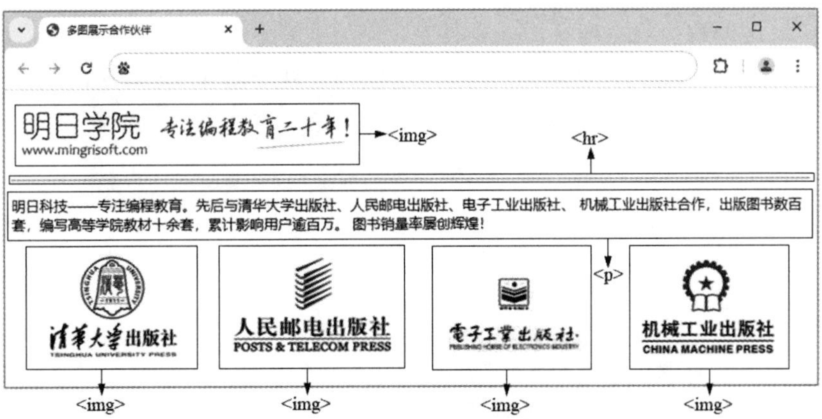

图 2-11　页面结构图 2

2．代码实现

（1）新建 index.html 文件，然后在该文件中编写 HTML5 代码。首先将<title>标签中的文本内容“Title”修改成“多图展示合作伙伴”，然后在<body>标签中按照从上到下的顺序编写页面内容。我们通过<img>标签引入 logo.png 图片，将公司图片链接进来，再通过<p>标签编写公司的介绍内容。具体代码如下。

```
<!DOCTYPE html>
<html>
<head>
    <!--指定页面编码格式-->
    <meta charset="UTF-8">
    <!--指定页头信息-->
    <title>多图展示合作伙伴</title>
</head>
<body>
<p><img src="logo.png"></p>
<hr>
<p>明日科技——专注编程教育。先后与清华大学出版社、人民邮电出版社、电子工业出版社、机械工业出版社合作，出版图书数百套，编写高等学院教材十余套，累计影响用户逾百万。图书销量屡创辉煌！</p>
<img src="1.png">
<img src="2.png">
<img src="3.png">
<img src="4.png">
</body>
</html>
```

（2）代码编写完成后，单击 WebStorm 代码区右上角的谷歌浏览器图标，即可在谷歌浏览器中运行本案例，运行结果如图 2-8 所示。

2.2.4 动手试一试

案例 2 讲解了<hr>水平线标签和
换行标签。学习完案例 2 的相关知识后，请读者使用<p>标签、<img>标签及<hr>标签制作明日学院官网中的课程页面，具体效果如图 2-12 所示（案例位置：资源包\MR\第 2 章\动手试一试\2-2）。

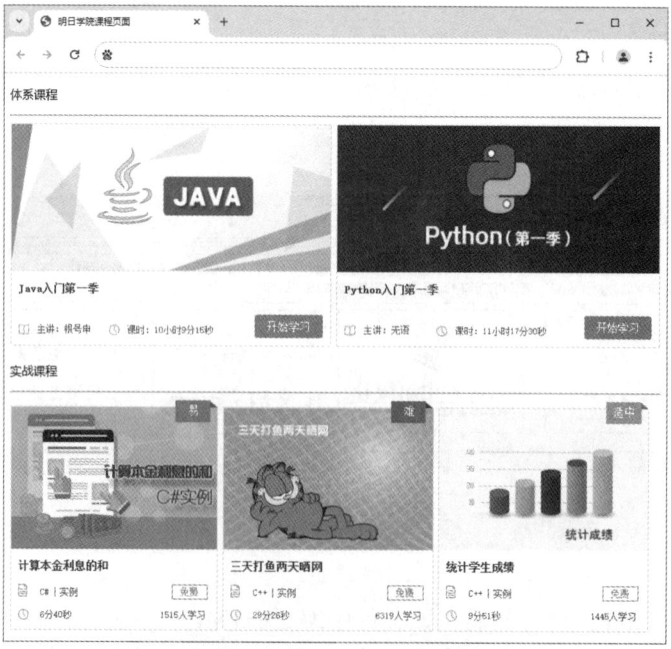

图 2-12　明日学院课程页面

2.3 【案例 3】通过外链实现友情链接

【案例 3】通过外链实现友情链接

2.3.1 案例描述

本案例制作一个友情链接，图 2-13 所示为明日学院的友情链接。友情链接的作用是可以通过该链接链接到其他相关行业的网站，便于用户广泛浏览。网站之间是如何链接起来的呢？互联网的本质就是信息互联，依靠的就是<a>链接标签。下面将对其进行详细的讲解。

图 2-13 明日学院的友情链接

2.3.2 技术准备

在 HTML5 中，<a>标签用于定义超链接，用于从一个网页链接到另一个网页。<a>标签中最重要的属性是 href 属性，它指示链接的目标。

（1）语法格式

```
<a href="" target="">链接文字</a>
```

（2）语法解释

- ❑ href：链接目标地址，是 Hypertext Reference 的缩写。
- ❑ target：打开新窗口的方式，主要有以下 4 个属性值。
  - _blank：新建一个窗口并打开。
  - _parent：在父窗口打开。
  - _self：在同一窗口打开（默认值）。
  - _top：在浏览器的整个窗口打开，将会忽略所有的框架结构。

说明： 在该语法中，链接地址可以是绝对地址，也可以是相对地址。

（3）举例

在网页中添加链接标签，代码如下（案例位置：资源包\MR\第 2 章\示例\2-5）。

```
欢迎访问<a href="https://www.mingrisoft.com/" target="_blank">明日学院</a>
```

页面效果如图 2-14 所示。

说明： 在填写链接地址时，为了简化代码和避免文件因位置改变而导致链接出错，一般填写相对地址。

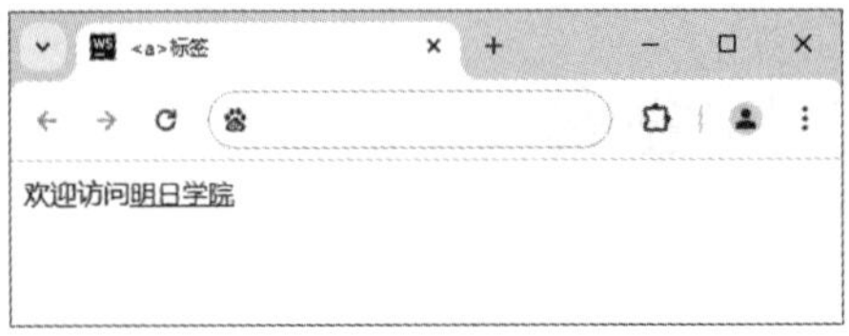

图 2-14　<a>标签的示例页面

2.3.3　案例实现

【例 2-3】 通过外链实现友情链接（案例位置：资源包\MR\第 2 章\源代码\2-3）。

1．页面结构图

本案例中主要使用了<img>标签、<p>标签及<a>标签，各标签在页面中的使用如图 2-15 所示。

图 2-15　页面结构图 3

2．代码实现

（1）新建 index.html 文件，在该文件中添加图片、文字等内容。具体代码如下。

```
<!DOCTYPE html>
<html><head>
    <!--指定页面编码格式-->
    <meta charset="UTF-8">
    <!--指定网页标题-->
    <title>友情链接</title>
</head>
<body>
<img src="img.jpg">
<p> 友情链接</p>
<p> 
    <a href="https://www.mingrisoft.com/bbs.html" target="_blank">技术问答</a> 
    <a href="https://www.mingrisoft.com/Index/ServiceCenter/credits.html" target="_blank">
学分获得</a> 
    <a href="https://www.mingrisoft.com/Index/ServiceCenter/vip.html" target="_blank">
VIP 权益</a> 
    <a href="https://www.mingrisoft.com/Index/ServiceCenter/course_need.html" target="_
blank">课程需求</a> 
    <a href="https://www.mingrisoft.com/Index/ServiceCenter/aboutus.html" target="_blank">
```

```
关于我们</a>
        </p>
        </body>
        </html>
```

（2）代码编写完成后，单击 WebStorm 代码区右上角的谷歌浏览器图标，即可在谷歌浏览器中运行本案例，运行结果如图 2-13 所示。

2.3.4 动手试一试

案例 3 重点讲解了<a>标签，<a>标签是 HTML5 技术中的核心标签。学习完案例 3 的相关知识后，读者可以通过链接标签实现一个五子棋游戏介绍的网页，网页中包括“游戏大厅”“玩家登录”“进入房间”“棋手对弈”4 个超链接，如图 2-16 所示。当单击不同的超链接时会跳转到对应的介绍页面。例如，当单击“棋手对弈”超链接时，页面效果如图 2-17 所示（案例位置：资源包\MR\第 2 章\动手试一试\2-3）。

图 2-16　五子棋游戏简介页面

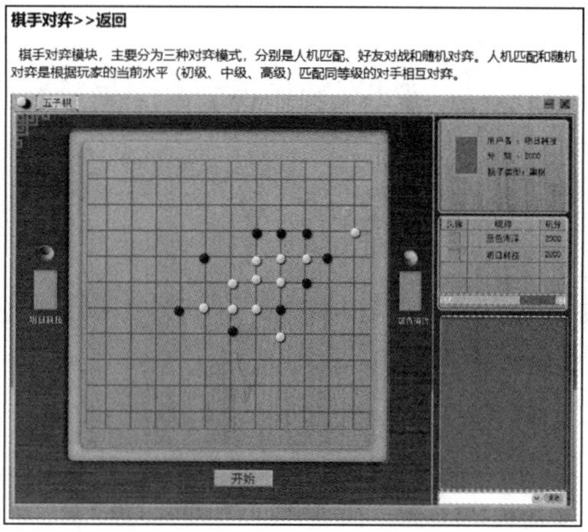

图 2-17　“棋手对弈”页面

2.4 【案例 4】使用分组标签制作联系方式

【案例 4】使用分组标签制作联系方式

2.4.1 案例描述

本案例将实现明日学院网站的“联系我们”页面。观察图 2-18 所示的明日学院网站的“联系我们”页面，会发现页面的内容较多，所以本案例将介绍<div>和<span>分组标签，对页面的内容进行分类分组处理。下面将详细介绍<div>标签和<span>标签。

图 2-18　明日学院网站的“联系我们”页面

2.4.2 技术准备

在 HTML5 中，我们使用<div>标签和<span>标签来分组。如同对 Word 文档中的段落进行处理，可以使用<div>标签和<span>标签对 HTML5 中的其他标签进行分组管理。

（1）语法格式

```
<div>
      块状分组内容
</div>
<span>行内分组内容</span>
```

（2）语法解释

<div>标签可以定义文档中的分区或节。<div>占用的宽度是一行，这意味着<div></div>中的内容自动地开始一个新行。

<span>标签用来对同一行内的文字进行分组。<span>占用的宽度与分组内容的宽度一致。

（3）举例

在网页中使用<div>标签和<span>标签输出古诗《望庐山瀑布》。代码如下（案例位置：资源包\MR\第 2 章\示例\2-6）。

```
<p>望庐山瀑布</p>
<div>日照香炉生紫烟，</div>
<div>遥看瀑布挂前川。</div>
<span>飞流直下三千尺，</span>
<span>疑是银河落九天。</span>
```

页面效果如图 2-19 所示。

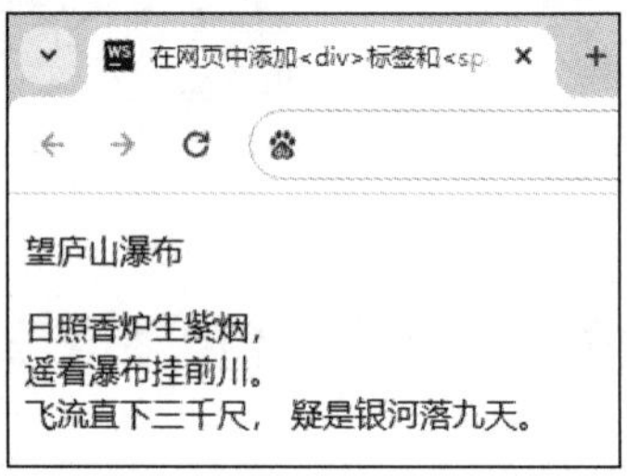

图 2-19 <div>和<span>标签的示例页面

2.4.3 案例实现

【例 2-4】 使用分组标签制作联系方式（案例位置：资源包\MR\第 2 章\源代码\2-4）。

1．页面结构图

本案例中使用的标签有<img>标签、<div>标签及<p>标签，其页面结构如图 2-20 所示。

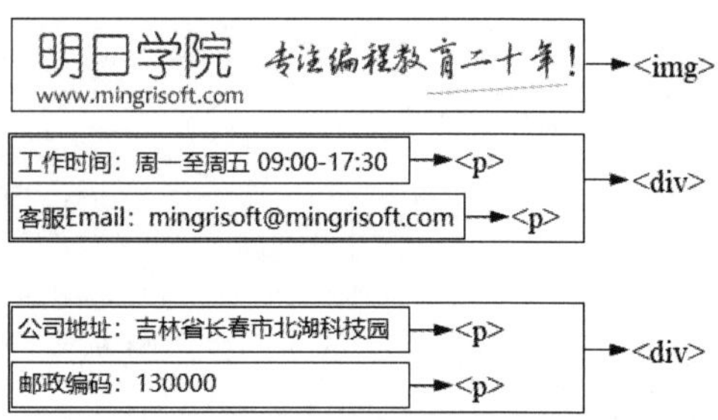

图 2-20 页面结构图 4

2．代码实现

（1）新建 index.html 文件，在该文件中编写 HTML 代码，具体代码如下。

```
<!DOCTYPE html>
<html lang="en">
<head>
    <meta charset="UTF-8">
    <title>联系我们</title>
</head>
<body>
<img src="logo.png">
<div>
    <p>工作时间：周一至周五 09:00-17:30</p>
    <p>客服 Email：mingrisoft@mingrisoft.com</p>
</div>
<br>
<div>
    <p>公司地址：吉林省长春市北湖科技园</p>
    <p>邮政编码：130000</p>
</div>
</body>
</html>
```

（2）代码编写完成后，单击 WebStorm 代码区右上角的谷歌浏览器图标，即可在谷歌浏览器中运行本案例，运行结果如图 2-18 所示。

2.4.4 动手试一试

通过案例 4 的学习，读者应该理解<div>标签和<span>标签的区别，并且能够灵活应用。然后，读者可以尝试制作图 2-21 所示的“商品介绍”页面（案例位置：资源包\MR\第 2 章\动手试一试\2-4）。

图 2-21 “商品介绍”页面

📖 **说明**：<div>和<span>标签是网页布局中最常用的两个标签。关于这两个标签的区别，读者可以通过 AIGC 大模型工具来辅助学习。例如，使用国内版的 ChatGPT 大模型——百度文心一言（或者其他企业的大模型工具），可以直接输入“<div>标签和<span>标签的区别”，则其会自动为您提供该知识的讲解，如图 2-22 所示。

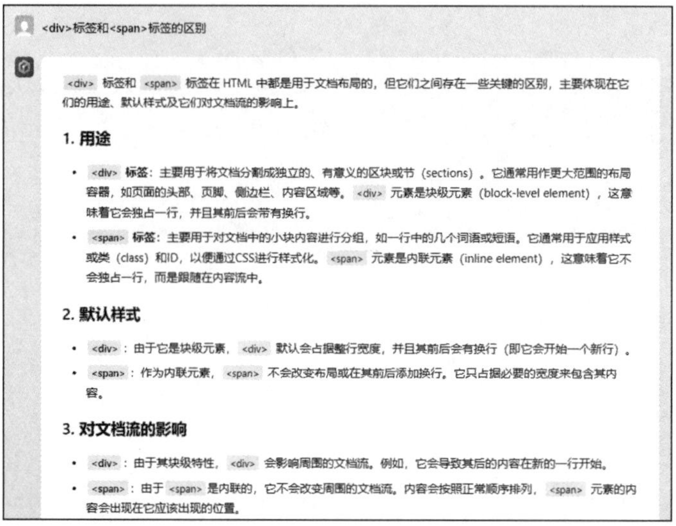

图 2-22　使用 AIGC 大模型工具辅助学习

2.5 AIGC 辅助快速学习

国内的大模型工具提供商大多提供了 AIGC 编程助手，如百度的 Baidu Comate、腾讯的 AI 代码助手、阿里巴巴的 TONGYI Lingma 等。在开发工具中使用这些 AIGC 编程助手，有助于高效编程，提高开发效率。例如，在开发工具中可以使用 AIGC 辅助生成注释、解释代码和查询术语等。

2.5.1 AIGC 辅助生成注释

AIGC 工具可以为代码生成注释。首先选择指定的代码，然后单击右键，选择“通义灵码”→“生成注释”，如图 2-23 所示，即可为指定的代码生成注释，如图 2-24 所示。

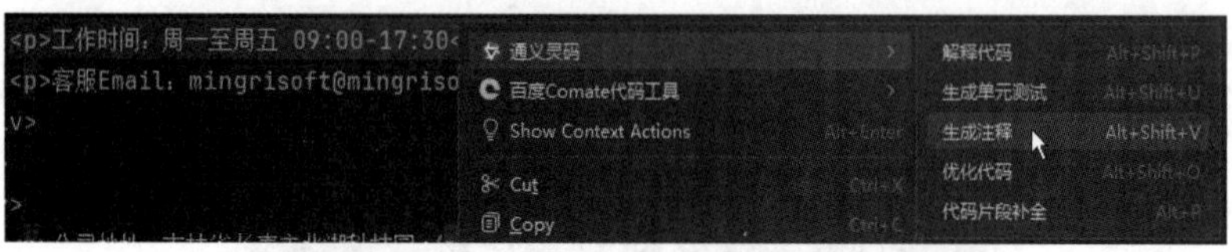

图 2-23　选择“生成注释”选项

图 2-24　AIGC 辅助生成注释

2.5.2 AIGC 辅助解释代码

AIGC 工具可以对代码进行解释，首先选择指定的代码，然后单击右键，选择“通义灵码”→“解释代码”，如图 2-25 所示，即可生成相关的解释，如图 2-26 所示。

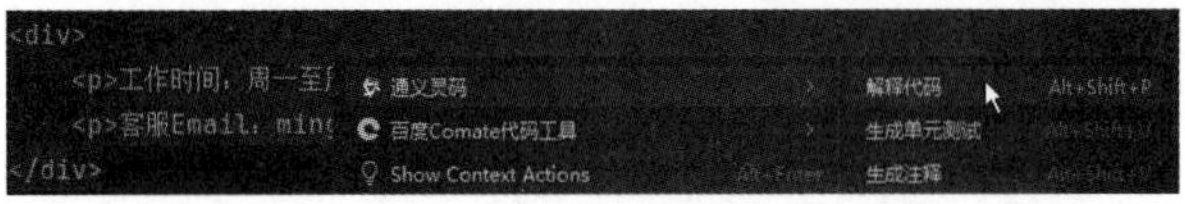

图 2-25　选择“解释代码”选项

图 2-26　AIGC 辅助解释代码

2.5.3　AIGC 辅助查询术语

在学习过程中，如果遇到不理解的术语等也可以向 AIGC 提问。例如，想要知道“什么是超链接”，可以打开“Baidu Comate”对话窗口，在下方输入框中输入“什么是超链接”，单击“发送”按钮或按“Enter”键，AIGC 便会快速作答，如图 2-27 所示。

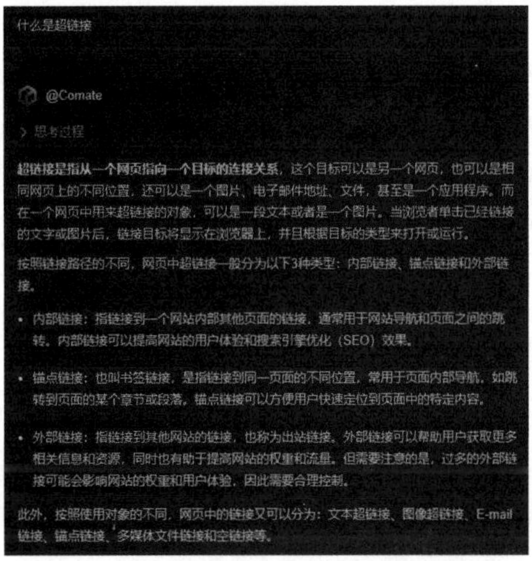

图 2-27　AIGC 辅助查询术语

小结

本章主要讲解了 HTML5 网页中一些常用的添加文字和图片等内容的标签，以及借助 AIGC 快速学习的方法。学完本章后，读者应该掌握如何在网页中添加文字和图片。尤其是可以添加文字的标签有很多，读者应该会灵活选择这些标签。

习题

2-1　简述<p>标签和
标签的区别。
2-2　概述绝对地址和相对地址的利弊。
2-3　使用链接标签打开新窗口的方式有哪些？
2-4　<div>标签和<span>标签的区别是什么？
2-5　如何为图片添加链接？

第3章 用 CSS3 装饰网站

本章要点

- ❑ 了解 CSS 的发展历史
- ❑ 掌握 CSS3 语法
- ❑ 理解类选择器和 ID 选择器
- ❑ 能够使用 CSS 中的文本、列表及背景等相关属性

本章通过制作图文混排展示“人邮经典”系列图书、商品列表页面、网购商城的商品抢购页面和多彩网站主题背景等来介绍 CSS3 的相关知识。CSS3 是早在几年前就问世的一种样式表语言，至今还没有完成所有规范化草案的制订。虽然最终的、完整的、规范权威的 CSS3 标准还没有尘埃落定，但是各主流浏览器已经开始支持其中的绝大部分特性。如果想成为前卫的高级网页设计师，那么就应该从现在开始积极去学习和实践 CSS3。本章将对 CSS3 的新特性、CSS3 的常用属性，以及常用的几种 CSS3 选择器进行详细的讲解。

3.1 【案例 1】使用图文混排展示“人邮经典”系列图书

3.1.1 案例描述

【案例 1】使用图文混排展示“人邮经典”系列图书

本案例实现了明日学院“人邮经典”系列图书页面。通过这个案例，向读者介绍 CSS3 的相关知识。根据之前学习的内容，我们不使用 CSS3 也可以制作图 3-1 所示的页面，但是 CSS3 因其高效且功能强大等特性已经成为目前制作网页的标配。下面将对其进行详细的讲解。

图 3-1 明日学院“人邮经典”系列图书页面

3.1.2 技术准备

1. 选择器

CSS 可以改变 HTML 标签的样式，那么 CSS 是如何改变它的样式的呢？简单地说，就是告诉 CSS 三件事："改变谁""改什么""怎么改"。告诉 CSS "改变谁"时就需要用到选择器，选择器是用来选择标签的，如 ID 选择器就是通过 ID 来选择标签，类选择器就是通过类名来选择标签；"改什么"就是告诉 CSS 改变这个标签的具体样式属性；"怎么改"则是指定这个样式属性的属性值。

举个例子，如果我们想要将 HTML 中所有<p>标签内的文字变成红色，则需要通过标签选择器告诉 CSS 要改变所有的<p>标签，改变它的颜色属性，改为红色。清楚了这三件事，CSS 就可以为我们服务了。

📖 **说明：** 通过选择器选中的标签是所有符合条件的标签，所以不一定只有一个标签。

2. ID 选择器和类选择器

ID 选择器可以为含有 ID 属性的标签指定 CSS 样式，ID 选择器以"#"来定义；类选择器可以为含有 class 属性的标签指定 CSS 样式，类选择器以"."来定义。

（1）语法格式

ID 选择器：

```
#red{color:red;}
```

类选择器：

```
.red{color:red;}
```

（2）语法解释

类选择器和 ID 选择器的区别如下。

第一个区别是 ID 选择器前面有一个"#"，也称为棋盘号或井号，语法格式如下。

```
#intro{color:red;}
```

而类选择器前面有一个"."，即英文格式下的句号（半角句号），语法格式如下。

```
.intro{color:red;}
```

第二个区别是 ID 选择器引用 ID 属性的值，而类选择器引用的是 class 属性的值。

⚠ **注意：** 在一个网页中，标签的 class 属性可以定义多个，而 ID 属性只能定义一个。例如，一个页面中只能有一个标签的 ID 的属性值为"intro"。

3.1.3 案例实现

【例 3-1】 使用图文混排展示"人邮经典"系列图书（案例位置：资源包\MR\第 3 章\源代码\3-1）。

1. 页面结构图

本案例使用了<div>标签、<p>标签及<img>标签等，并且为了给各标签添加样式，分别设置了 class 属性，其页面结构如图 3-2 所示。

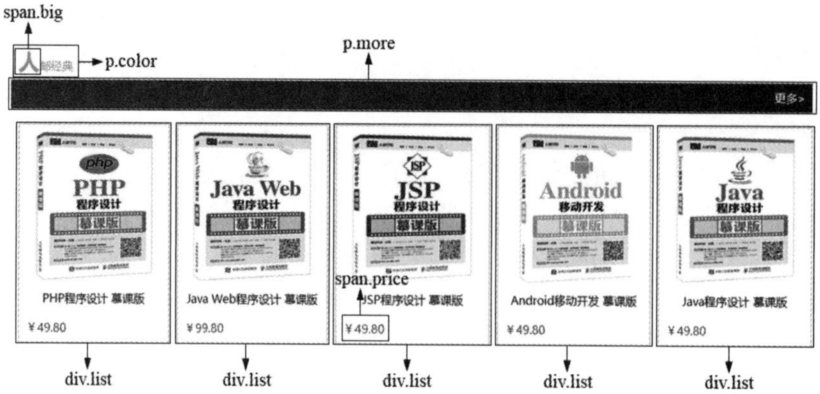

图 3-2 页面结构图 1

2. 代码实现

（1）新建 index.html 文件，在 index 文件的<body>标签中添加 HTML 代码，以添加图片及文字等内容，代码如下。

```
<div class="cont">
   <p class="color"><span class="big">人</span>邮经典</p>
   <p class="more"><a>更多></a></p>
   <div>
      <div class="list">
         <img src="img/book1.jpg">
         <p>PHP 程序设计 慕课版</p>
         <p><span class="price">¥49.80</span></p>
      </div>
      <div class="list">
         <img src="img/book2.jpg">
         <p>Java Web 程序设计 慕课版</p>
         <p><span class="price">¥99.80</span></p>
      </div>
      <div class="list">
         <img src="img/book3.jpg">
         <p>JSP 程序设计 慕课版</p>
         <p><span class="price">¥49.80</span></p>
      </div>
      <div class="list">
         <img src="img/book4.jpg">
         <p>Android 移动开发 慕课版</p>
         <p><span class="price">¥49.80</span></p>
      </div>
      <div class="list">
         <img src="img/book5.jpg">
         <p>Java 程序设计 慕课版</p>
         <p><span class="price">¥49.80</span></p>
      </div>
   </div>
</div>
```

（2）在 index.html 文件的<head>标签中添加<style>标签，然后在<style>标签中编写 CSS 代码，具体代码如下。

```
<style>
   *{                                          /*设置所有标签的共有样式*/
```

```
      padding: 0;                          /*设置所有标签的内边距*/
      margin: 0;                           /*设置所有标签的外边距*/
   }
   .cont{                                  /*通过类选择器设置主题内容的样式*/
      width: 1140px;                       /*设置宽度*/
      margin: 20px auto;                   /*通过外边距设置内容的位置*/
   }
   .color{
      color: #51bcff;                      /*设置文字颜色*/
      height: 45px;                        /*设置标签高度*/
   }
   .big{                                   /*设置"人邮经典"中第一个字的样式*/
      font-size: 30px;
      font-weight: bold;
   }
   .more{                                  /*设置文字"更多"文字的样式*/
      background: #343434;                 /*设置背景颜色*/
      color: #fff;
   }
   .list img{                              /*设置图片样式*/
      margin-top: 10px;                    /*设置向上的外边距*/
      height: 203px;                       /*设置图片高度*/
   }
   .list{                                  /*设置图书列表的样式*/
      margin-top: 20px;
      width: 215px;                        /*设置宽度*/
      margin-left: 11px;                   /*设置向左的外边距*/
      float: left;                         /*设置浮动*/
      border: 1px silver solid;            /*设置边框样式*/
      text-align: center;                  /*设置文本对齐方式*/
   }
   p{                                      /*设置所有 p 标签的样式*/
      padding: 0 10px;                     /*设置内边距*/
      height: 40px;
      line-height: 40px;                   /*设置行高*/
   }
   .price{
      color: #ff0c2a;
      float: left;
   }
   a{
      float: right;
      line-height: 40px;                   /*设置行高*/
   }
</style>
```

（3）代码编写完成后，单击 WebStorm 代码区右上角的谷歌浏览器图标，即可在谷歌浏览器中运行本案例，运行结果如图 3-1 所示。

3.1.4 动手试一试

案例 1 重点讲解了 CSS3 中的 ID 选择器和类选择器。学习完案例 1 的相关知识后，读者可以尝试制作商城中的“爆款特卖”页面，具体效果如图 3-3 所示（案例位置：资源包\MR\第 3 章\动手试一试\3-1）。

图 3-3　商城中的“爆款特卖”页面

3.2【案例 2】制作商品列表页面

【案例 2】制作商品列表页面

3.2.1　案例描述

本案例实现了一个购物网站中的商品列表页面，具体如图 3-4 所示。我们可以看到页面中的商品信息按顺序展示出来，这就运用了 HTML 中的列表。HTML 列表作为页面布局的重要工具，在这里发挥了巨大的作用。下面我们将对其进行详细的讲解。

图 3-4　商品列表页面

3.2.2　技术准备

HTML 语言中提供了列表标签，通过列表标签可以将文字或其他 HTML 元素以列表的形式依次排列。为了更好地控制列表的样式，CSS 提供了一些属性，我们可以通过这些属性设置列表的项目符号的种类、图片位置及排列顺序等。下面仅列举列表中常用的 CSS 属性。

- list-style：把所有用于列表的属性设置在一个声明中。
- list-style-image：将图像设置为列表项标志。
- list-style-position：设置列表项标志的位置。
- list-style-type：设置列表项标志的类型。

举例：实现网页导航，代码如下（案例位置：资源包\MR\第 3 章\示例\3-1）。

（1）新建 HTML 文件，在 HTML 文件中使用无序列表添加导航文字，具体代码如下。

```
<div class="cont">
 <div class="top">
     <ul>
          <li>IT 科技</li>
          <li>教育培训</li>
          <li>热门考试</li>
          <li>文娱商城</li>
          <li>文学小说</li>
     </ul>
 </div>
 <div class="bottom">
     <ul>
          <li>编程语言</li>
          <li>电工电气</li>
          <li>电子通信</li>
          <li>办公软件</li>
          <li>科学自然</li>
          <li>农业林业</li>
          <li>百科知识</li>
     </ul>
 </div>
</div>
```

（2）建立一个 CSS 文件，在 CSS 文件中设置页面的布局及列表样式，并分别设置两个导航栏中列表项的样式，关键代码如下。

```
.top ul>:first-child{                              /*单独设置导航栏中第一项的样式*/
   width: 250px;                                   /*设置导航栏中第一项的宽度*/
}
.top ul li{                                        /*设置导航栏中其他列表项的样式*/
   text-align: center;                             /*设置文字的对齐方式*/
   width: 130px;                                   /*设置其他列表项的宽度*/
   list-style-type: none;                          /*设置列表项的项目符号的类型*/
   float: left;                                    /*设置列表项的浮动方式*/
   line-height: 50px;                              /*设置行高*/
}
.bottom ul li{                                     /*设置侧边导航的列表项的样式*/
   text-align: center;                             /*设置列表项中文字的对齐方式*/
   height: 40px;                                   /*设置列表项的高度*/
   list-style-image: url("../img/list1.png");      /*设置列表项的图标*/
   list-style-position: inside;                    /*设置列表项的图标的位置*/
   border-radius: 10px;                            /*设置列表项的圆角边框*/
   margin-top: 5px;                                /*设置列表项的向上的外间距*/
   border: 1px dashed red;                         /*设置边框样式*/
}
.bottom ul li:hover{                               /*设置当鼠标指针滑过列表项时，列表项的样式*/
   list-style-image: url("../img/list2.png");      /*设置列表项的项目符号*/
   background: rgba(255,255,255,0.5);              /*设置背景颜色*/
}
```

页面效果如图 3-5 所示。

图 3-5　CSS 列表属性的示例页面

3.2.3　案例实现

【例 3-2】 制作商品列表页面（案例位置：资源包\MR\第 3 章\源代码\3-2）。

1．页面结构图

本案例主要通过无序列表来实现商品列表页面，案例中使用的标签及类名如图 3-6 所示。

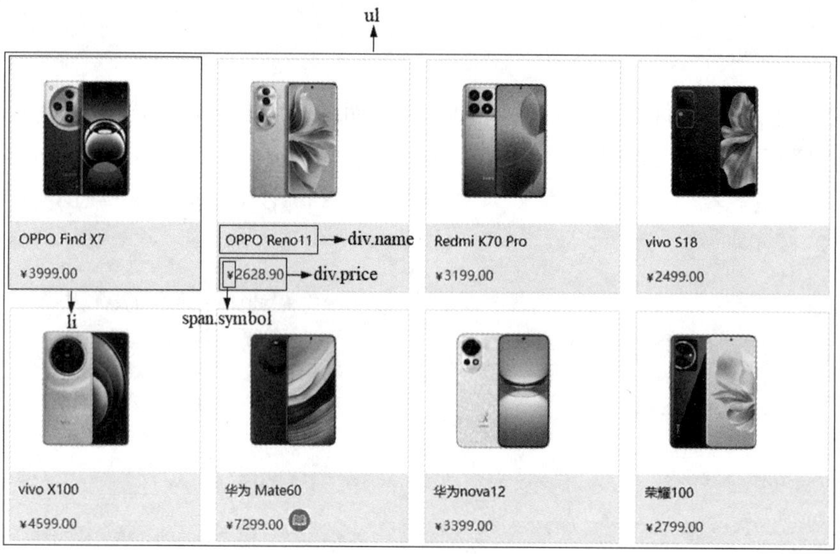

图 3-6　页面结构图 2

2．代码实现

（1）新建 index.html 文件，在 index.html 文件的<body>标签中编写 HTML 代码，添加无序列表标签及图片、文字等内容，具体代码如下。

```
<div class="cont">
   <ul class="right">
      <li>
         <div><img src="img/phone1.png" height="150" alt=""> </div>
         <div class="name">OPPO Find X7</div>
         <div class="price"><span class="symbol">¥</span><span>3999.00</span></div>
      </li>
      <li>
         <div><img src="img/phone2.png" height="150" alt=""> </div>
```

```
            <div class="name">OPPO Reno11</div>
            <div class="price"><span class="symbol">¥</span><span>2628.90</span></div>
        </li>
        <!--省略部分相似代码-->
    </ul>
</div>
```

（2）在 index.html 文件的<head>标签中添加<style>标签，然后在<style>标签中添加 CSS 代码，具体代码如下。

```
    <style>
        *{                                  /*清除页面中默认的内外边距*/
            padding: 0;
            margin: 0;
        }
        .cont{
            width: 1190px;                  /*设置页面的宽度*/
            margin: 20px auto;              /*设置页面的整体外边距*/
        }
        .right{
            width: 1100px;                  /*设置商品列表的总宽度*/
        }
        .right li{                          /*设置列表的样式*/
            width: 235px;
            float: left;
            list-style: none;
            border: 1px solid #e6e6e6;      /*添加边框*/
            margin: 10px;                   /*改变其外边距*/
        }
        .right div img{                     /*设置商品图片的样式*/
            padding: 20px;                  /*设置内边距*/
        }
        .right .name,.right .price{
            background: #f0f2f7;            /*设置文字的背景颜色*/
            padding: 10px 10px;             /*设置文字的内边距*/
        }
        .right .price{                      /*设置价格的样式*/
            color: #f00;
        }
        .right .symbol{                     /*设置符号的样式*/
            font-weight: bold;
            font-size: 12px;
        }
    </style>
```

（3）代码编写完成后，单击 WebStorm 代码区右上角的谷歌浏览器图标，即可在谷歌浏览器中运行本案例，运行结果如图 3-4 所示。

3.2.4 动手试一试

案例 2 主要讲解了列表中常用的 CSS 属性。学习完案例 2 的相关知识后，读者可以尝试制作一个留言墙效果，具体效果如图 3-7 所示（案例位置：资源包\MR\第 3 章\动手试一试\3-2）。

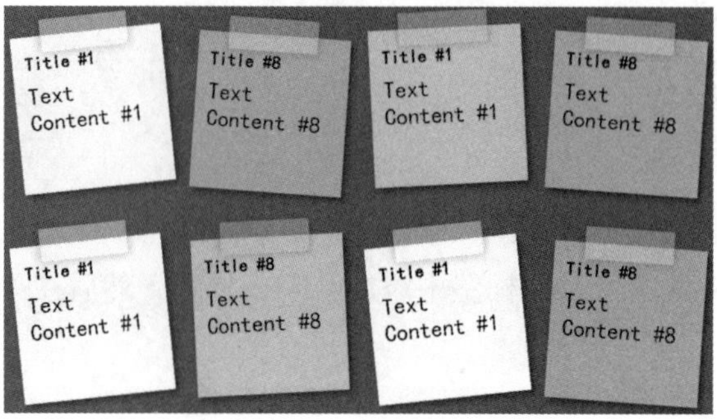

图 3-7　留言墙效果

3.3【案例 3】制作网购商城的商品抢购页面

【案例 3】制作网购商城的商品抢购页面

3.3.1　案例描述

本案例实现了一个网购商城的商品抢购页面。观察图 3-8 所示的页面，我们可以发现商品信息使用了不同大小的文字，同时页面文字的颜色也可以使用 CSS 样式属性进行设置。下面将对本案例进行详细的讲解。

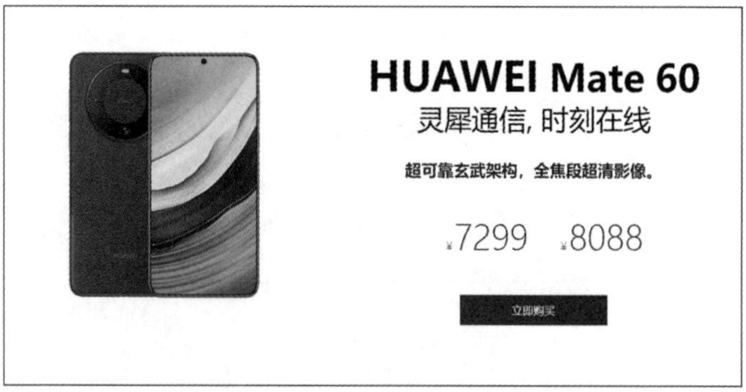

图 3-8　商品抢购页面

3.3.2　技术准备

1．<a>链接标签的 CSS 属性

<a>链接标签可以设置的 CSS 属性有很多，但是链接的特殊性在于能够根据它们所处的状态来设置它们的样式。

（1）语法格式

```
a:link
a:visited
a:hover
a:active
```

（2）语法解释

a:link 表示普通的、未被访问的链接；a:visited 表示已被访问的链接；a:hover 表示鼠标指针移动到链接上；a:active 表示正在被单击的链接。

（3）举例

设置网页中各种状态的链接样式，代码如下（案例位置：资源包\MR\第 3 章\示例\3-2）。

```
<!DOCTYPE html>
<html>
<head>
   <style>
      a:link {color:#FF0000;}       /*未被访问的链接*/
      a:visited {color:#00FF00;}   /*已被访问的链接*/
      a:hover {color:#FF00FF;}      /*鼠标指针移动到链接上*/
      a:active {color:#0000FF;}    /*正在被单击的链接*/
   </style>
</head>
<body>
<p><b><a href="https://www.mingrisoft.com" target="_blank">欢迎访问明日学院</a></b></p>
</body>
</html>
```

页面效果如图 3-9 所示。

图 3-9　链接标签 CSS 属性的示例页面

2．文本相关的 CSS 属性

在 HTML5 中，常用的文本样式可以使用 CSS 属性来实现。除此之外，文本的对齐方式、换行风格等可以通过 CSS 中的文本相关属性来设置。

（1）设置字体属性 font-family，语法格式如下。

```
font-family: name,[name1],[name2]
```

name：字体的名称。name1 和 name2 类似于"备用字体"，即若计算机中含有 name 字体，则显示为 name 字体；若计算机中没有 name 字体，则显示为 name1 字体；若计算机中也没有 name1 字体，则显示为 name2 字体。

例如，在下面的代码中，把所有类名为"mr-font1"的标签中文字的字体设置为宋体，如果计算机中没有宋体，则将文字设置为黑体；如果计算机中也没有黑体，则将文字设置为楷体。

```
.mr-font1{
   font-family: "宋体","黑体","楷体";
}
```

📖 **说明：**输入字体名称时，不要输入中文（全角）的双引号，而要使用英文（半角）的双引号。

（2）设置字号属性 font-size，语法格式如下。

```
font-size:length
```

length 指字体的尺寸，由数字和长度单位组成。这里的单位可以是相对单位也可以是绝对单位，绝对单位不会随着显示器的变化而变化。表 3-1 列举了常用的绝对单位及其说明。

表 3-1　常用的绝对单位及其说明

绝对单位	说明
in	inch，英寸（1 英寸=2.54 厘米）
cm	centimeter，厘米
mm	millimeter，毫米
pt	point，印刷的点数，在一般的显示器中 1pt 相当于 1/72 inch
pc	pica，1pc=12pt

常见的相对单位有 px、em 和 ex，下面将逐一介绍它们的用法。

① 长度单位 px。px 是一个长度单位，表示在浏览器上 1 个像素的大小。因为不同的显示器分辨率不同，每个像素的实际大小也就不同，所以 px 被称为相对单位，也就是相对于 1 个像素的比例。

② 长度单位 em 和 ex。1em 表示的长度是其父标签中字母 m 的标准高度，1ex 则表示字母 x 的标准高度。当父标签的文字大小变化时，使用这两个单位的子标签的大小也会同比例变化。在文字排版时，有时会要求第一个字母比其他字母大很多，并下沉显示，这时就可以使用这两个单位。

（3）设置文字颜色属性 color，语法格式如下。

```
color: color
```

color 指的是具体的颜色值。颜色值的表示方法可以是颜色的英文单词、十六进制、RGB 或者 HSL。

文字的各种颜色配合其他页面标签形成了五彩缤纷的页面。在 CSS 中文字颜色是通过 color 属性设置的，例如以下代码都表示蓝色，且在浏览器中都可以正常显示。

```
h3{color:blue;}                /*使用颜色词表示颜色*/
h3{color:#0000ff;}             /*使用十六进制表示颜色*/
h3{color:#00f;}                /*十六进制的简写，全写为#0000ff*/
h3{color:rgb(0,0,255);}        /*分别给出红、绿、蓝 3 个颜色分量的十进制数值，也就是 RGB 格式*/
```

📖 **说明：** 如果读者对颜色的表示方法还不熟悉，或者希望了解各种颜色的具体名称，则建议在互联网上继续检索相关信息。

（4）设置文字的水平对齐方式属性 text-align，语法格式如下。

```
text-align:left|center|right|justify
```

- left：左对齐。
- center：居中对齐。
- right：右对齐。
- justify：两端对齐。

（5）设置段首缩进属性 text-indent，语法格式如下。

```
text-indent:length
```

length 就是由百分比数值或浮点数和单位标识符组成的长度值，允许为负值。我们可以这样理解，text-indent 属性定义了两种缩进方式，一种是直接定义长度缩进，由浮点数和单位标识符组合表示，另一种就是通过百分比定义缩进。

3.3.3 案例实现

【例 3-3】 制作网购商城的商品抢购页面（案例位置：资源包\MR\第 3 章\源代码\3-3）。

1．页面结构图

本案例主要通过 4 个<p>标签和 1 个<a>标签实现商品抢购页面的文本展示，具体页面结构如图 3-10 所示。

图 3-10 页面结构图 3

2. 代码实现

（1）新建 index.html 文件，在 index.html 文件中编写代码，将<title>标签中的文本写为本案例的标题，然后在<body>标签中编写代码，代码如下。

```
<div class="mr-box">
   <div class="mr-img"><img src="images/1.png"></div>
   <div class="mr-text">
      <p class="mr-font1">HUAWEI<span>Mate</span><span>60</span></p>
      <p class="mr-font2">灵犀通信，时刻在线</p>
      <p class="mr-font3">超可靠玄武架构，全焦段超清影像。</p>
      <p class="mr-font4">
         <span class="mr-font">¥</span><span>7299</span>
         <span class="mr-font">¥</span><span>8088</span>
      </p>
      <a class="mr-buy" href="#">立即购买</a>
   </div>
</div>
```

（2）在 index.html 文件的<head>标签中添加<style>标签，然后在<style>标签中编写 CSS 代码，关键代码如下。

```
<style>
   .mr-box{
      width: 1108px;              /*设置宽度*/
      margin: 0 auto;             /*设置外边距*/
      border: 2px solid red;      /*设置边框*/
      height: 551px;              /*设置高度*/
      font-weight: 500;           /*设置文字粗细*/
   }
   .mr-img{
      width: 405px;               /*设置宽度*/
      float: left;                /*设置左浮动*/
      margin: 42px;               /*设置外边距*/
   }
   .mr-text{
      float: left;                /*设置左浮动*/
      width: 618px;               /*设置宽度*/
      text-align: center;         /*设置文本水平居中*/
   }
   /*第 1 行文字的样式*/
```

```
    .mr-font1{
        font-size: 60px;            /*设置文字大小*/
        font-weight: bolder;        /*设置文字粗细*/
    }
    .mr-font1 span{
        margin-left: 15px;          /*设置左外边距*/
        font-size: 55px;            /*设置文字大小*/
    }
    /*第 2 行文字的样式*/
    .mr-font2{
        margin: -64px auto 32px;    /*设置外边距*/
        font-size: 41px;            /*设置文字大小*/
    }
    /*第 3 行文字的样式*/
    .mr-font3{
        font-size: 24px;            /*设置文字大小*/
        color: #A00501;             /*设置文字颜色*/
        font-weight: 600;           /*设置文字粗细*/
    }
    /*省略其他 CSS 代码*/
</style>
```

（3）代码编写完成后，单击 WebStorm 代码区右上角的谷歌浏览器图标，即可在谷歌浏览器中运行本案例，运行结果如图 3-8 所示。

3.3.4 动手试一试

案例 3 主要讲解了超链接及文本的相关 CSS 属性。学习完案例 3 的相关知识后，读者可以制作一个简单的电子商城活动页面，具体效果如图 3-11 所示（案例位置：资源包\MR\第 3 章\动手试一试\3-3）。

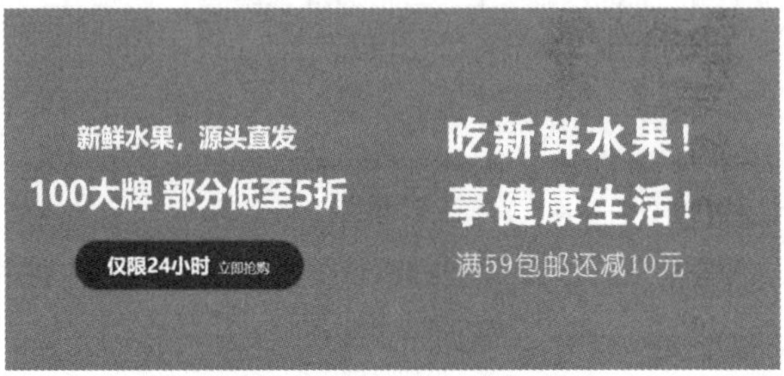

图 3-11 电子商城活动页面

3.4 【案例 4】打造多彩网站主题背景

【案例 4】打造多彩网站主题背景

3.4.1 案例描述

本案例实现了一个课程主题背景页面。观察图 3-12 所示的课程主题背景页面，我们可以发现页面的背景图片为整个页面增添了更丰富的效果。在 HTML5 中，这样的效果可以通过 CSS 背景属性 background 来实现。下面将对其进行详细的讲解。

由多名专业讲师精心打造精品课程，让学习创造你的生活！
系统地掌握工作方法和技巧，获得全新的职业提升！
查看所有课程

图 3-12　课程主题背景页面

3.4.2　技术准备

背景属性是指在给网页添加背景色或背景图时所用的 CSS 样式，它的能力远远超过 HTML。通常，我们给网页添加背景时主要会用到以下几个属性。

（1）添加背景颜色属性 background-color，语法格式如下。

```
background-color:color|transparent
```

- ❑ color：设置背景的颜色。它可以采用英文单词、十六进制、RGB、HSL、HSLA 和 RGBA 等来表示。
- ❑ transparent：表示背景颜色透明。

（2）添加 HTML 中标签的背景图片属性 background-image。这与 HTML 中的插入图片不同，背景图片放在网页的最底层，文字和图片等都位于其上，语法格式如下。

```
background-image:url()
```

代码中的 url 为图片的地址，可以是相对地址也可以是绝对地址。

（3）设置图像的平铺方式属性 background-repeat，语法格式如下。

```
background-repeat:inherit|no-repeat|repeat|repeat-x|repeat-y
```

在 CSS 样式中，background-repeat 属性包含以下 5 个属性值，表 3-2 列举了各属性值的含义。

表 3-2　background-repeat 属性的属性值及其含义

属性值	含义
inherit	从父标签继承 background-repeat 属性的设置
no-repeat	背景图片只显示一次，不重复
repeat	在水平和垂直方向上重复显示背景图片
repeat-x	只沿 *x* 轴方向重复显示背景图片
repeat-y	只沿 *y* 轴方向重复显示背景图片

（4）设置背景图片是否随页面中的内容滚动属性 background-attachment，语法格式如下。

```
background-attachment:scroll|fixed
```

- ❑ scroll：当页面滚动时，背景图片跟着页面一起滚动。
- ❑ fixed：将背景图片固定在页面的可见区域。

（5）设定背景图片在页面中的位置属性 background-position，语法格式如下。

```
background-position:length|percentage|top|center|bottom|left|right
```

在 CSS 样式中，background-position 属性包含以下 7 个属性值，表 3-3 列举了各属性值的含义。

表 3-3　background-position 属性的属性值及其含义

属性值	含义
length	设置背景图片与页面边距水平和垂直方向的距离，单位为 cm、mm、px 等
percentage	根据页面标签框的宽度和高度的百分比放置背景图片
top	设置背景图片顶部居中显示
center	设置背景图片居中显示
bottom	设置背景图片底部居中显示
left	设置背景图片左部居中显示
right	设置背景图片右部居中显示

说明：当需要为背景图片设置多个属性时，可以将属性写为“background”，然后将各属性值写在一行，并使用空格进行分隔，如下面的 CSS 代码。

```
.mr-cont{
    background-image: url(../img/bg.png);
    background-position: right bottom;
    background-repeat: no-repeat;
}
```

上述代码分别定义了背景图片、背景图片的位置和重复方式，但是代码比较多，为了简化代码也可以将其写成下面的形式。

```
.mr-cont{
    background: url(../img/bg.png) right bottom no-repeat;
}
```

3.4.3　案例实现

【例 3-4】 打造多彩网站主题背景（案例位置：资源包\MR\第 3 章\源代码\3-4）。

1．页面结构图

本案例通过<p>和<a>标签添加网页中的文字，并通过 CSS 背景属性为网页及<a>标签添加背景，具体结构如图 3-13 所示。

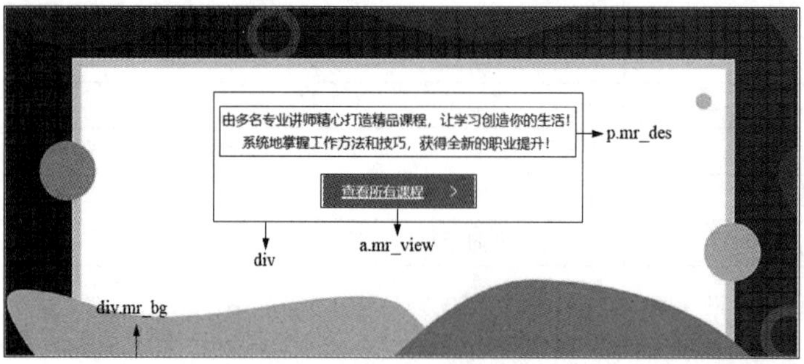

图 3-13　页面结构图 4

2．代码实现

（1）新建 index.html 文件，在该文件中创建<title>标签中的内容，然后在<body>标签中编写 HTML 代码，部分代码如下。

```
<div class="mr_bg">
    <div>
```

```
        <p class="mr_des">由多名专业讲师精心打造精品课程，让学习创造你的生活！<br>
            系统地掌握工作方法和技巧，获得全新的职业提升！</p>
        <a href="#" class="mr_view">查看所有课程</a>
    </div>
</div>
```

（2）在<head>标签中添加<style>标签，然后在<style>标签中添加 CSS 代码，具体代码如下。

```
<style>
    .mr_bg{                                                     /*设置页面的总体样式*/
        width: 100%;                                            /*设置宽度*/
        height: 383px;                                          /*设置高度*/
        background: url(bg2.png) center top no-repeat;          /*设置背景样式*/
        padding-top: 117px;                                     /*设置向上的内边距*/
    }
    .mr_des{
        width: 850px;                                           /*设置宽度*/
        margin: 30px auto;                                      /*设置外边距*/
        font-size: 20px;                                        /*设置字号*/
        line-height: 32px;                                      /*设置行高*/
        color: #fff;                                            /*设置文字颜色*/
        text-align: center;                                     /*设置文本的对齐方式*/
    }
    .mr_view{
        width: 220px;
        height: 44px;                                           /*设置高度*/
        display: block;                                         /*设置显示方式*/
        color: #fff;
        font-size: 20px;
        line-height: 44px;                                      /*设置行高*/
        text-indent: 26px;                                      /*设置文字缩进*/
        border-radius: 2px;                                     /*设置圆角边框*/
        margin: 20px auto;                                      /*设置外边距*/
        background: #278dc7 url(3.png) 185px -91px no-repeat;   /*设置背景*/
    }
</style>
```

（3）代码编写完成后，单击 WebStorm 代码区右上角的谷歌浏览器图标，即可在谷歌浏览器中运行本案例，运行结果如图 3-12 所示。

3.4.4 动手试一试

学完案例 4 的相关知识后，读者应该掌握设置网页背景的 CSS 属性等方法。然后，读者可以实现在页面中设置两个背景图像的功能，一个背景图像在页面左侧，另一个背景图像在页面右侧，具体效果如图 3-14 所示（案例位置：资源包\MR\第 3 章\动手试一试\3-4）。

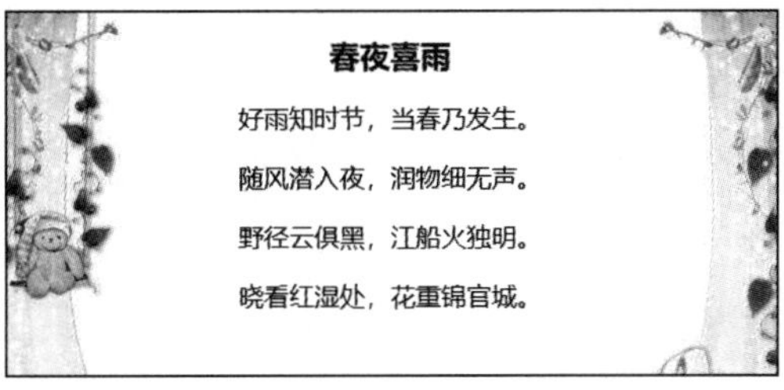

图 3-14　设置两个背景图像页面

📖 **说明：** 和背景相关的 CSS 属性，除 3.4.2 节中介绍的几个外，还有其他属性，如控制背景图像大小的属性等。如果想了解更多和背景相关的 CSS 属性，则可以通过 AIGC 大模型工具来辅助学习。例如，在通义千问大模型工具中直接输入“CSS 中和背景相关的属性”，则其会自动提供相关的内容，如图 3-15 所示。

图 3-15　使用 AIGC 大模型工具辅助学习

3.5 AIGC 辅助编程——添加 CSS 样式

在使用 HTML 和 CSS 编写网页代码时，AIGC 工具可以提供有力的支持。以下介绍如何利用 AIGC 工具来巩固本章所学的知识。

3.5.1 为文本添加 CSS 样式

在 AIGC 工具的输入框中输入“编写一个案例，为文本添加 CSS 样式”，AIGC 工具会自动生成案例代码，其中，HTML 关键代码如下。

```
<p class="styled-text">这是一段带有 CSS 样式的文本。</p>
```

CSS 代码如下。

```
.styled-text {
   color: blue;                          /*设置文字颜色*/
   font-size: 20px;                      /*设置文字大小*/
   font-weight: bold;                    /*设置文字粗细*/
   text-decoration: underline;           /*设置文字装饰，如下画线*/
   background-color: lightgray;          /*设置背景颜色*/
   padding: 10px;                        /*设置内边距*/
   border: 2px solid black;              /*设置边框*/
}
```

实现效果如图 3-16 所示。

图 3-16　为文本添加 CSS 样式

3.5.2　为列表构成的导航菜单添加 CSS 样式

在 AIGC 工具的输入框中输入“编写一个案例，为列表构成的导航菜单添加 CSS 样式”，AIGC 工具会自动生成案例代码，其中，HTML 关键代码如下。

```
<nav>
        <ul class="nav-menu">
           <li><a href="#">首页</a></li>
           <li><a href="#">产品</a></li>
           <li><a href="#">服务</a></li>
           <li><a href="#">关于我们</a></li>
           <li><a href="#">联系我们</a></li>
        </ul>
</nav>
```

CSS 代码如下。

```
        /*导航菜单的整体样式*/
        .nav-menu {
           list-style-type: none;          /*移除默认的列表样式*/
           margin: 0;                      /*移除外边距*/
           padding: 0;                     /*移除内边距*/
           background-color: #333;         /*设置背景颜色*/
           overflow: hidden;               /*隐藏溢出的内容*/
        }
        /*导航菜单项的样式*/
        .nav-menu li {
           float: left;                    /*使列表项水平排列*/
        }
        /*导航链接的样式*/
        .nav-menu li a {
           display: block;                 /*将链接转换为块级元素*/
           color: white;                   /*链接文字颜色*/
           text-align: center;             /*设置文字居中*/
           padding: 14px 20px;             /*设置内边距*/
           text-decoration: none;          /*移除链接的下画线*/
        }
        /*鼠标指针悬停时链接的样式*/
        .nav-menu li a:hover {
           background-color: #111;         /*设置背景颜色变深*/
        }
```

实现效果如图 3-17 所示。

图 3-17　为列表构成的导航菜单添加 CSS 样式

小结

本章主要讲解了 CSS 基础知识，首先通过案例 1 介绍了 CSS3 中的 ID 选择器和类选择器等内容，然后通过 3 个案例分别介绍了列表、链接及与背景相关的 CSS 属性等，这些属性是设置页面背景时常用的属性，最后介绍了如何利用 AIGC 工具来巩固本章所学知识。学习完本章的内容后，读者可以对简单的网页进行布局和美化。

习题

3-1 什么是 CSS？它的作用是什么？

3-2 ID 选择器和类选择器的区别是什么？

3-3 HTML 中列表的分类有哪些？CSS 中的列表属性有哪些？

3-4 链接标签相关的 CSS 属性有哪些？使用时应该注意什么？

3-5 使用 CSS 设置背景图片时，设置背景图片的平铺方式的属性是什么？其属性值有哪些？

第4章 HTML5 多媒体实现网站“家庭影院”

本章要点

- ❑ 掌握在网页中添加音频或视频播放器的方法
- ❑ 掌握在 HTML 网页中引入 JavaScript 文件路径的方法
- ❑ 了解 audio 的常见事件及其使用方法
- ❑ 熟练使用 CSS 中的类选择器和 ID 选择器

在 HTML5 出现之前，要在网络上展示视频、音频、动画，除使用第三方自主开发的播放器外，使用最多的工具还有 Flash，但必须在浏览器中安装 Flash 插件。HTML5 的出现解决了这个问题。HTML5 提供了音视频的标准接口，通过 HTML5 的相关技术，播放视频、动画、音频等多媒体再也不需要安装插件了，只需要一个支持 HTML5 的浏览器即可。本章我们主要学习 HTML5 多媒体的相关知识。

4.1 【案例 1】实现网页中的视频播放器

【案例 1】实现网页中的视频播放器

4.1.1 案例描述

本案例实现的是一个播放视频页面，如图 4-1 所示，这是明日学院官网的课程视频页面。我们可以发现，在网页中播放视频时，视频内容的下方有播放/暂停、时间进度条和音量控制按钮等。可以说，HTML5 中的视频播放标签已经完全取代了 Flash 视频组件。国内主流的视频网站如优酷、爱奇艺等，都在使用 HTML5 技术进行视频的播放。接下来讲解 HTML5 视频播放组件的核心标签——<video>标签。

图 4-1 播放视频页面

4.1.2 技术准备

HTML5 使用<video>标签播放视频，如电影片段或其他视频等。目前，<video>标签支持 3 种视频格式：MP4、WebM 和 Ogg。在国内主要使用的是 MP4 格式。

（1）语法格式

```
<video src="your.mp4"></video>
```

（2）语法解释

src 属性表示引入视频的 URL 地址。

除 src 必选属性外，<video>标签还有可选属性，具体如表 4-1 所示。

表 4-1　<video>标签的可选属性

属性	描述
autoplay	如果出现此属性，则视频就绪后马上播放
height	设置视频播放器的高度
loop	表示多媒体文件完成播放后会再次开始播放
width	设置视频播放器的宽度
controls	表示将显示视频控件，如播放按钮等

（3）举例

在网页中添加视频，关键代码如下（案例位置：资源包\MR\第 4 章\示例\4-1）。

```
<video src="test.mp4" controls="controls">
</video>
```

页面效果如图 4-2 所示。

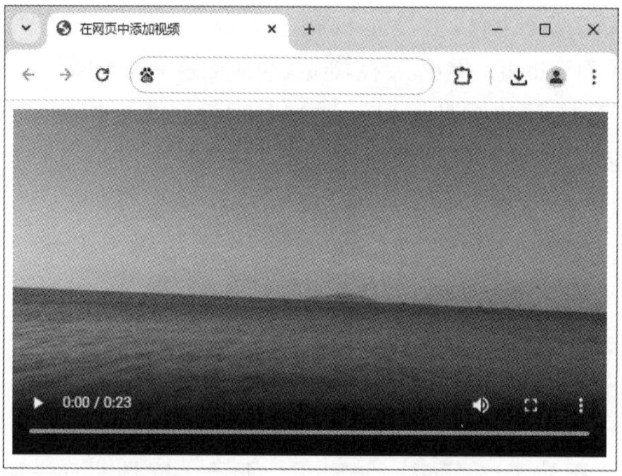

图 4-2　<video>标签的示例页面

4.1.3　案例实现

【例 4-1】 实现网页中的视频播放器（案例位置：资源包\MR\第 4 章\源代码\4-1）。

1．页面结构图

本页面对应的代码中含有<div>和<video>两个标签，<div>标签用于设置背景图片及视频的位置，<video>标签用于在网页中添加视频，具体页面结构如图 4-3 所示。

图 4-3　页面结构图 1

2．代码实现

（1）新建 index.html 文件。在该文件的<body>

标签中添加<div>标签和<video>标签，具体代码如下。

```
<body>
   <div class="cont">
      <video src="Python.mp4" controls="controls" width="700" height="500" autoplay loop> </video>
   </div>
</body>
```

（2）在 index.html 文件的<head>标签中添加<style>标签，然后在<style>标签中设置大小、背景等样式，具体代码如下。

```
<style type="text/css">
  .cont{
     width: 700px;
     height: 500px;
     padding: 50px 100px;
     margin: 20px auto;
     text-align: center;
     background-image: url("bg1.jpg");
     background-size: 100% 100%;
  }
</style>
```

（3）代码编写完成后，单击 WebStorm 代码区右上角的谷歌浏览器图标，即可在谷歌浏览器中运行本案例，运行结果如图 4-1 所示。

⚠ **注意：** 本案例中的图片 bg1.jpg 读者可自行替换，操作方法可参考第 2 章图片部分的内容。

4.1.4 动手试一试

学习完案例 1 的相关知识后，读者应掌握 HTML5 中<video>标签的使用方法。然后，请尝试使用<video>标签在网页中添加一段视频，具体效果如图 4-4 所示（案例位置：资源包\MR\第 4 章\动手试一试\4-1）。

图 4-4　在网页中添加一段视频

4.2 【案例 2】实现动态文字弹幕

【案例 2】实现动态文字弹幕

4.2.1 案例描述

本案例实现给页面添加文字弹幕的效果，那么，什么是文字弹幕呢？相信读者有过这样的经历，在看视频时，屏幕上会弹出动态的文字。这些动态的文字就是文字弹幕，如图 4-5 所示。文字弹幕是一种多媒体特效，可以通过 HTML5 技术来实现。下面具体讲解 HTML5 中的<marquee>标签。

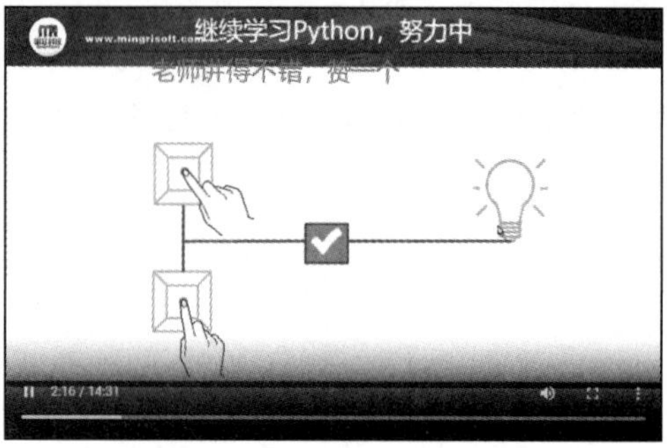

图 4-5 视频中的文字弹幕

4.2.2 技术准备

<marquee>标签可以将文字设置为动态滚动的效果。在<marquee>标签中添加文字，这些文字便具有神奇的滚动效果，还可以设置这些文字的颜色、滚动方向等。

（1）语法格式

```
<marquee direction="滚动方向"  behavior="滚动方式"  scrollamount="滚动速度">
   滚动文字
</marquee>
```

（2）语法解释

- ❑ direction：表示文字滚动方向。滚动方向可以包含 4 个值，分别是 up、down、left 和 right，分别表示文字向上、向下、向左和向右滚动，默认值为 left。
- ❑ scrollamount：表示文字滚动速度。
- ❑ behavior：表示文字滚动方式，如往复运动等，滚动方式的取值有如下 3 种。
  - scroll：表示循环滚动，默认效果。
  - slide：只滚动一次即停止。
  - alternate：来回交替进行滚动。

（3）举例

在网页中添加滚动的文字，代码如下（案例位置：资源包\MR\第 4 章\示例\4-2）。

```
<marquee>
   天生我材必有用，千金散尽还复来。
</marquee>
```

页面效果如图 4-6 所示。

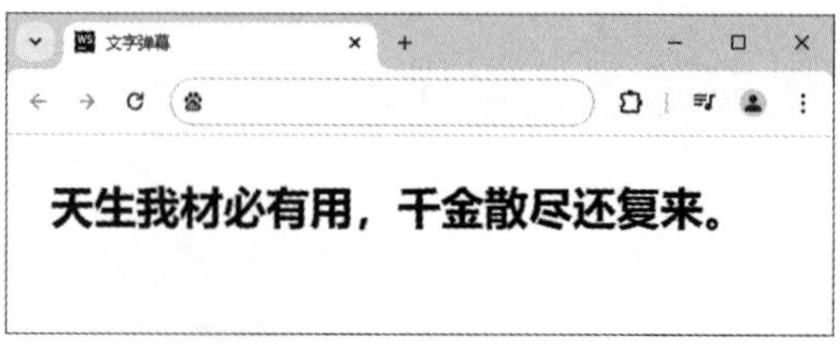

图 4-6 <marquee>标签的示例页面

4.2.3　案例实现

【例 4-2】 实现动态文字弹幕（案例位置：资源包\MR\第 4 章\源代码\4-2）。

1．页面结构图

本案例主要讲解<video>标签和<marquee>标签，其中<video>标签用于在网页中添加视频，<marquee>标签用于在网页中添加文字弹幕，具体页面结构如图 4-7 所示。

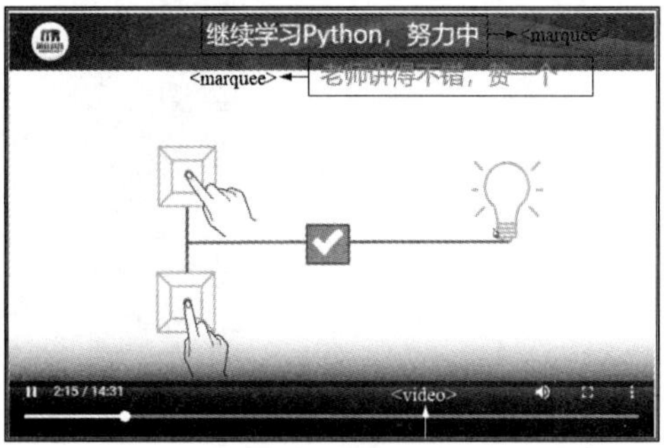

图 4-7　页面结构图 2

2．代码实现

（1）新建 index.html 文件，在该文件的<body>标签中添加<video>标签与<marquee>标签，具体代码如下。

```
<body>
<div class="cont">
   <video src="MP4.mp4" width="700" height="500" autoplay loop controls></video>
   <marquee class="fast" direction="right" behavior="scroll" scrollamount="20">
      继续学习 Python，努力中
   </marquee>
   <marquee class="left" direction="left" behavior="alternate" scrollamount="10">
      老师讲得不错，赞一个
   </marquee>
</div>
</body>
```

（2）在 index.html 文件的<head>标签中添加<style>标签，在<style>标签中添加 CSS 代码设置视频窗口的大小及文字弹幕样式，代码如下。

```
<style type="text/css">
   .cont{
      width: 700px;
      height: 500px;
      margin: 60px auto;
      font-size: 32px;
      position: relative;
   }
/*省略其他 CSS 代码*/
</style>
```

（3）代码编写完成后，单击 WebStorm 代码区右上角的谷歌浏览器图标，即可在浏览器中运行本案例，运行结果如图 4-5 所示。

4.2.4　动手试一试

案例 2 讲解了<marquee>标签。使用<marquee>标签虽然简单，但是在实际开发中并不常用，所以读者只需了解、会使用该标签即可。学习完案例 2 的相关知识后，读者可以尝试实现“王者荣耀”游戏中的小喇叭功能，具体效果如图 4-8 所示（案例位置：资源包\MR\第 4 章\动手试一试\4-2）。

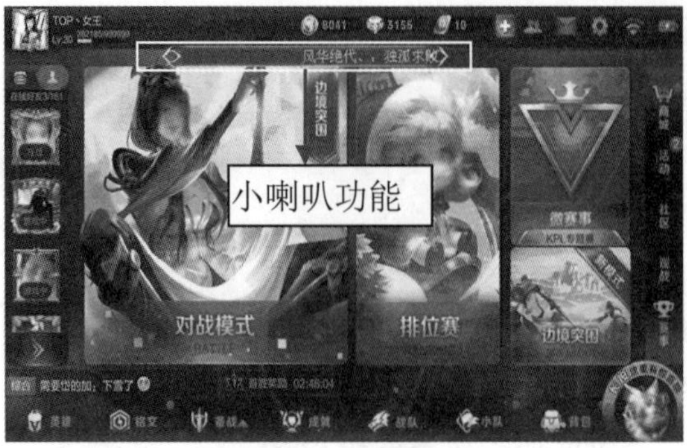

图 4-8　小喇叭功能

4.3 【案例 3】实现神奇的在线听书功能

【案例 3】实现神奇的在线听书功能

4.3.1　案例描述

很多在线电子书网站都提供了在线听书的功能。本案例就来实现这样的功能，让一本书（实际是图书图片）“讲话”或者在网页中播放音频，效果如图 4-9 所示。这具体是怎么做到的呢？下面进行详细的讲解。

图 4-9　在线听书页面

4.3.2　技术准备

HTML5 使用<audio>标签来实现播放声音文件或音频。<audio>标签支持的音频格式的扩展名为.mp3、.wav，且支持 Ogg Vorbis 格式的音频。国内经常使用的是.mp3 格式。

（1）语法格式

```
<audio  src="song.mp3"  controls="controls"></audio>
```

（2）常用属性

该标签的常用属性如表 4-2 所示。

表 4-2　<audio>标签的常用属性

属性	描述
src	要播放的音频 URL
controls	显示播放控件，如播放按钮等
autoplay	音频就绪后马上播放
loop	声音文件完成播放后会再次开始播放
preload	音频在页面加载时进行加载，并预备播放

（3）举例

在网页中添加一段音频，代码如下（案例位置：资源包\MR\第 4 章\示例\4-3）。

```
<body style="padding-left: 20px;">
   <h2>茉莉芬芳</h2>
   <h5>演奏：无名</h5>
   <audio src="ChineseZither002.mp3" controls loop>
      您的浏览器不支持<audio>标签!
   </audio>
</body>
```

页面效果如图 4-10 所示。

图 4-10 <audio>标签的示例页面

4.3.3 案例实现

【例 4-3】 实现神奇的在线听书功能（案例位置：资源包\MR\第 4 章\源代码\4-3）。

1．页面结构图

需要在该页面相应的代码中添加两个<div>标签，分别用于添加背景图片和设置音频控件的位置，然后通过<audio>标签添加音频，具体页面结构如图 4-11 所示。

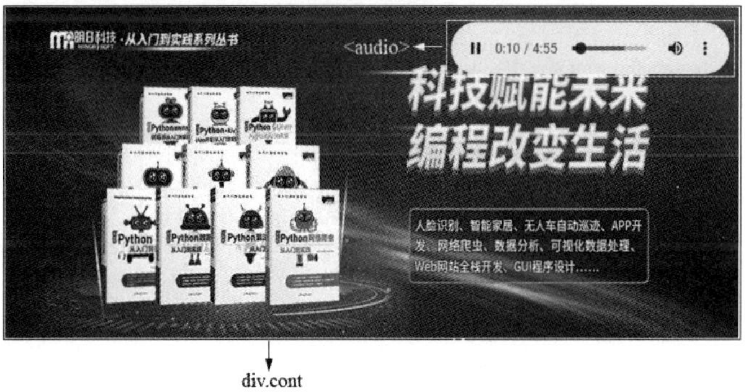

图 4-11 页面结构图 3

2．代码实现

（1）新建 index.html 文件，然后在该文件的<body>标签中添加 HTML 代码，在<head>标签中添加<style>标签，并在<style>标签中添加 CSS 代码，具体代码如下。

```
<!DOCTYPE html>
<html lang="en">
<head>
   <meta charset="UTF-8">
   <title>在线听书</title>
```

```
    <style>
        .cont{
            width: 790px;
            height: 340px;
            background: url(bg.jpg) no-repeat;
            margin: 20px auto;
        }
        .styleA{
            margin-left: 480px;
            padding-top: 15px;
        }
    </style>
</head>
<body>
<div class="cont">
    <div class="styleA">
        <audio src="bg.mp3" controls="controls" loop autoplay></audio>
    </div>
</div>
</body>
</html>
```

（2）代码编写完成后，单击 WebStorm 代码区右上角的谷歌浏览器图标，即可在谷歌浏览器中运行本案例，运行结果如图 4-9 所示。

4.3.4 动手试一试

案例 3 讲解了<audio>标签的使用方法。读者需要重点掌握<audio>标签常用的 src 属性和 controls 属性。学习完案例 3 的相关知识后，读者可以使用<audio>标签为网页添加背景音乐，具体效果如图 4-12 所示（案例位置：资源包\MR\第 4 章\动手试一试\4-3）。

图 4-12　为网页添加背景音乐

4.4【案例 4】定制专属视频播放器

【案例 4】定制专属视频播放器

4.4.1 案例描述

本案例是本章中案例 1 的升级版，如果说案例 1 是 2GB 内存的笔记本电脑，还是二手的，那么本案例就是 8GB 固态硬盘的最新款笔记本电脑。二者功能相同，但是“出身”不同。这里的“出身”不同是指用不同的技术来实现对网页视频的控制。由于互联网的发展，人们已经不满足案例 1 中使用 HTML5 标签控制视频，而是希望可以在此基础上，赋予视频更强的生命力，案例 4 的 JavaScript 视频播放器就此诞生，如图 4-13 所示。下面进行详细的讲解。

图 4-13　自定义视频播放器的显示控件

4.4.2　技术准备

1．多媒体标签的事件处理

在利用<video>标签或<audio>标签读取或播放多媒体数据时，会触发一系列的事件，如果使用 JavaScript 脚本来捕捉这些事件，就可以对这些事件进行处理。这些事件的捕捉及处理，可以按以下两种方式来进行。

（1）一种是监听的方式，即使用 addEventListener(事件名称,处理函数,处理方式)方法来对事件的发生进行监听，该方法的定义如下。

```
videoElement.addEventListener(type,listener,useCapture);
```

videoElement 表示页面对应代码中的<video>标签或<audio>标签。type 为事件名称；listener 表示绑定的函数；useCapture 是一个布尔值，表示该事件的响应方式，该值如果为 true，则浏览器采用 Capture 响应方式，如果为 false，则浏览器采用 bubbing 响应方式，默认值为 false。

（2）另一种是直接赋值的方式。事件处理方式为 JavaScript 脚本中常见的获取事件句柄的方式。

2．多媒体标签的常见事件

以下介绍浏览器在请求多媒体数据、下载多媒体数据、播放多媒体数据一直到播放结束这一系列过程中会触发的常见事件，如表 4-3 所示。

表 4-3　多媒体标签的常见事件

事件	描述
loadstart	浏览器开始请求多媒体数据
progress	浏览器正在获取多媒体数据
suspend	浏览器非主动获取多媒体数据，但没有加载完整多媒体资源
abort	浏览器在完全加载前中止获取多媒体数据，但是并不是由错误引起的
error	获取多媒体数据出错

续表

事件	描述
emptied	多媒体标签的网络状态突然变为未初始化；引起的原因可能有两个：①载入多媒体过程中突然发生一个致命错误；②在浏览器正在选择支持的播放格式时，又调用了 load 方法重新载入多媒体
stalled	浏览器获取多媒体数据异常
play	即将开始播放，当执行了 play 方法时触发，或数据下载后标签被设为 autoplay（自动播放）属性
pause	暂停播放，当执行了 pause 方法时触发
loadedmetadata	浏览器获取完多媒体资源的时长和字节
loadeddata	浏览器已加载当前播放位置的多媒体数据
waiting	播放由于下一帧无效（如未加载）而停止（但浏览器确认下一帧会马上有效）
playing	已经开始播放
canplay	浏览器能够开始播放，但估计以当前速率播放不能直接将多媒体资源播放完（播放期间需要缓冲）
canplaythrough	浏览器估计以当前速率直接播放可以直接播放完整个多媒体资源（期间不需要缓冲）
seeking	当用户开始拖动播放进度条或请求跳转到多媒体内容的另一个位置时触发
seeked	当用户完成播放位置的跳转并到达新位置时触发
timeupdate	当前播放位置（currentTime 属性）改变，可能是播放过程中的自然改变，也可能是被人为地改变，或者是播放不能连续而发生的跳变
ended	播放由于多媒体结束而停止
ratechange	默认播放速率（defaultPlaybackRate 属性）改变或播放速率（playbackRate 属性）改变
durationchange	多媒体时长（duration 属性）改变
volumechange	音量（volume 属性）改变或静音（muted 属性）

4.4.3 案例实现

【例 4-4】 自定义视频播放器的显示控件（案例位置：资源包\MR\第 4 章\源代码\4-4）。

1. 页面结构图

本案例主要由<video>标签和<button>标签来实现，其中<video>标签用于添加视频，<button>标签用于添加视频的控制按钮，具体页面结构如图 4-14 所示。

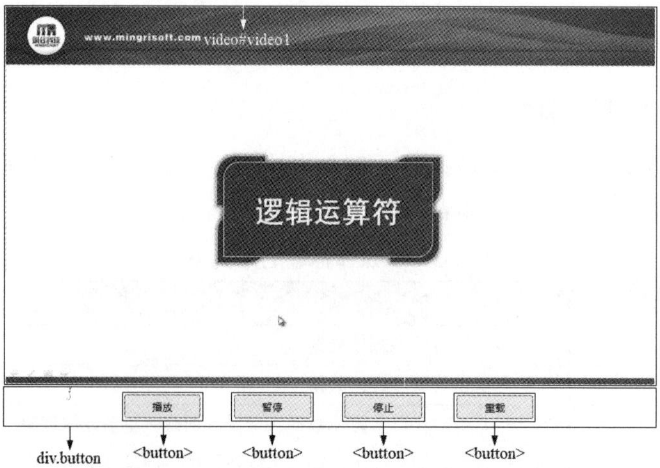

图 4-14　页面结构图 4

2．代码实现

（1）新建 index.html 文件，在<body>标签中编写代码，添加<video>等标签，具体代码如下。

```
<body onLoad="init()" >
<div class="mr-content">
<div style="float: left">
   <video id="video1" src="MP4.mp4" class="mr-video" width="850"></video>
   <div class="button">
      <button onClick="play()">播放</button>     <!--应用 play()方法-->
      <button onClick="pause()">暂停</button>    <!--应用 pause()方法-->
      <button onClick="stop()">停止</button> <!--应用 pause()方法，再将播放位置设置为 0-->
      <button onClick="load()">重载</button>     <!--应用 load()方法-->
   </div>
</div>
</div>
</body>
```

（2）在 index.html 文件的<head>标签中添加<script>标签和<style>标签，其中<script>标签用于引入 JavaScript 文件，在<style>标签中编写 CSS 代码。具体代码如下。

```
<script type="text/javascript" src="mr.js"></script>
<style>
   *{
      padding: 0;
      margin: 0;
   }
/*省略其他 CSS 代码*/
</style>
```

（3）新建 JavaScript 文件，具体创建方法：右击项目文件夹，在弹出的快捷菜单中单击“New”→“JavaScript File”选项，如图 4-15 所示。

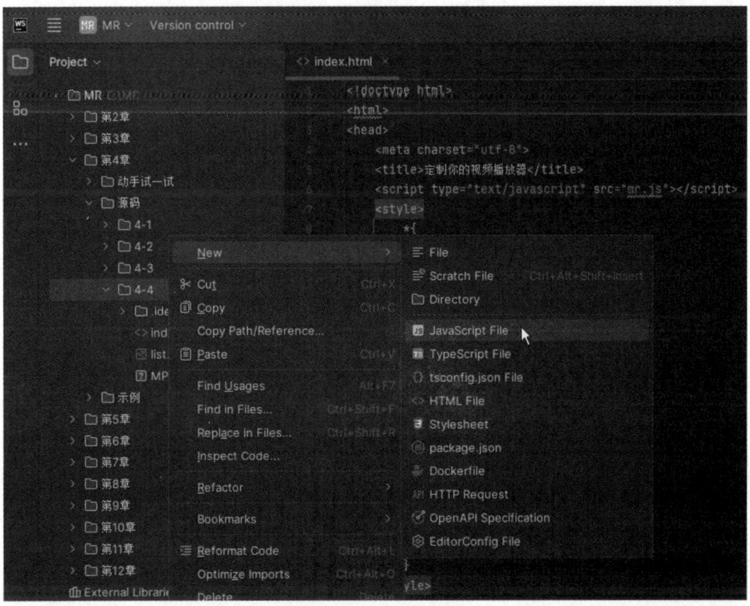

图 4-15　新建 JavaScript 文件

（4）在打开的对话框中为文件命名，如图 4-16 所示，在文本框中输入文件名，然后按键盘上的“Enter”键，即可建立一个 JavaScript 文件。

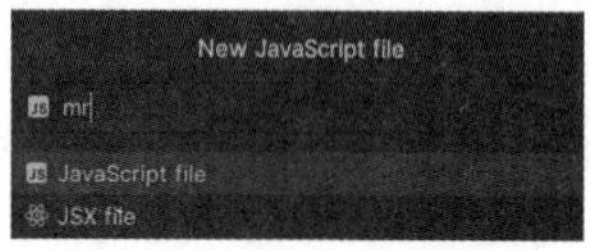

图 4-16 为 JavaScript 文件命名

（5）在该文件中编写 JavaScript 代码。具体 JavaScript 相关知识我们会在后面章节中进行讲述，本案例中的 JavaScript 代码如下。

```
var video;
/*声明变量*/
function init(){
    video = document.getElementById("video1");
    video.addEventListener("ended", function() {alert("播放结束。");}, true);
}
function play(){
    video.play();           /*播放视频*/
}
function pause(){
    video.pause();          /*暂停视频*/
}
function stop(){
    video.pause();          /*暂停视频*/
    video.currentTime = 0;  /*设置播放位置为 0，即视频开头*/
}
function load(){
    video.load();           /*重载视频*/
    video.play();           /*播放视频*/
}
```

（6）代码编写完成后，返回 index.html 文件，然后单击 WebStorm 代码区右上角的谷歌浏览器图标，即可在谷歌浏览器中运行本案例，运行结果如图 4-13 所示。

4.4.4 动手试一试

案例 4 中涉及了 JavaScript 脚本方面的知识，读者只需掌握引入外部 JavaScript 文件的方法即可。学习完案例 4 的相关知识后，读者可以仿照案例 4 自定义视频的播放、放大、缩小等按钮，如图 4-17 所示（案例位置：资源包\MR\第 4 章\动手试一试\4-4）。

图 4-17 自定义视频播放器中的相关按钮

4.5 AIGC 辅助编程——在网页中嵌入多媒体

在使用 HTML 和 CSS 编写网页代码时，AIGC 工具可以提供有力的支持。以下介绍如何利用 AIGC 工具来巩固本章所学的知识。

4.5.1 随机播放背景音乐

在 AIGC 工具的输入框中输入“使用 HTML5 编写一个案例，随机播放背景音乐”，AIGC 工具会自动生成如下案例代码。

```
<body>
    <h1>欢迎来到我的网站！</h1>
    <p>背景音乐将随机播放……</p>
    <audio id="backgroundMusic" autoplay loop></audio>
    <script>
        //音乐文件数组
        var musicFiles = [
            'music1.mp3',
            'music2.mp3',
            'music3.mp3'
            //可以添加更多音乐文件
        ];
        //随机选择一个音乐文件
        var randomIndex = Math.floor(Math.random() * musicFiles.length);
        var selectedMusic = musicFiles[randomIndex];
        //获取<audio>标签并设置其 src 属性，以播放选定的背景音乐
        var audioElement = document.getElementById('backgroundMusic');
        audioElement.src = selectedMusic;
    </script>
</body>
```

在上述代码中，我们创建了一个包含音乐文件路径的数组 musicFiles。然后，使用 JavaScript 的 Math.random()函数来随机选择一个音乐文件。最后，通过设置<audio>标签的 src 属性来播放选定的背景音乐。

4.5.2 定制播放器并设置时间

在 AIGC 工具的输入框中输入“编写一个案例，定制播放器并显示当前播放时间和总时间”，AIGC 工具会自动生成案例代码，其中，HTML 关键代码如下。

```
<div class="video-container">
    <video id="myVideo" width="640" height="360" controls>
        <source src="path_to_your_video.mp4" type="video/mp4">
        Your browser does not support the video tag.
    </video>
    <div id="timeDisplay">00:00 / 00:00</div>
</div>
```

CSS 代码如下。

```
.video-container {
    position: relative;
    width: 640px;
    margin: 0 auto;
}
```

```
    #timeDisplay {
        position: absolute;
        bottom: 10px;
        left: 10px;
        background-color: rgba(0, 0, 0, 0.5);
        color: white;
        padding: 5px;
        border-radius: 5px;
    }
```

JavaScript 代码如下。

```
document.addEventListener('DOMContentLoaded', function() {
    var video = document.getElementById('myVideo');
    var timeDisplay = document.getElementById('timeDisplay');
        video.addEventListener('timeupdate', function() {
        var currentTime = formatTime(video.currentTime);
        var duration = formatTime(video.duration);
        timeDisplay.textContent = currentTime + ' / ' + duration;
    });
    function formatTime(seconds) {
        var minutes = Math.floor(seconds / 60);
        var remainingSeconds = seconds % 60;
        var minutesString = minutes < 10 ? '0' + minutes : minutes;
        var secondsString = remainingSeconds < 10 ? '0' + remainingSeconds : remainingSeconds;
        return minutesString + ':' + secondsString;
    }
});
```

这个实例中，我们创建了一个带有自定义时间显示的简单视频播放器。当视频播放时间更新时，JavaScript 会捕获 timeupdate 事件，并更新页面上显示的时间。时间格式被设置为 MM:SS 格式。读者需要将 path_to_your_video.mp4 替换为自己的视频文件路径。

小结

在线学习网站少不了多媒体内容的播放，如播放视频学习课程和音频课程等。本章通过“实现网页中的视频播放器”“实现动态文字弹幕”“实现神奇的在线听书功能”“定制专属视频播放器”4 个案例，讲解了 HTML5 多媒体的知识内容，并在最后介绍了如何利用 AIGC 工具来巩固本章所学的知识。学习完本章的内容后，读者应该掌握如何在网页中添加音频和视频，并且懂得如何在 HTML 文件中引入 JavaScript 文件。

习题

4-1　在网页中添加视频时应使用什么标签？

4-2　<marquee>标签的属性值有哪些？

4-3　在网页中添加音频时使用什么标签？该标签有哪些属性值？

4-4　如何在网页中为视频添加暂停、重载等按钮？

4-5　如何实现在音频开始播放时调用其他函数？

第5章 通过 HTML5 表单与用户交互

本章要点

- ❑ 理解表单的概念
- ❑ 能够灵活运用表单中的各控件
- ❑ 熟记<input>标签的 type 属性值及其含义
- ❑ 能独立设计简单的表单页面
- ❑ 了解<label>标签在表单中的适用范围

在线教育网站中经常会遇到用户登录、注册或提交订单等情况，这时就需要使用 HTML5 中的表单来实现。表单的用途有很多，在制作网页特别是制作动态网页时常常会用到。表单主要用来收集客户端提供的相关信息，使网页具有交互的功能，是用户与网站实现交互的重要手段。在网页的制作过程中常常需要使用表单。本章将重点介绍表单中各标签的使用。

5.1 【案例 1】使用表单实现用户注册页面

【案例 1】使用表单实现用户注册页面

5.1.1 案例描述

如今的网站都会有用户注册的页面和功能，本案例将实现“用户注册”页面，如图 5-1 所示。我们观察图 5-1 可以发现，页面中包含用户名、密码、确认密码和“注册”按钮等内容，虽然这些内容和操作我们都非常熟悉，但是这些内容具体是如何通过 HTML5 代码实现的呢？下面将详细讲解 HTML5 表单方面的内容。

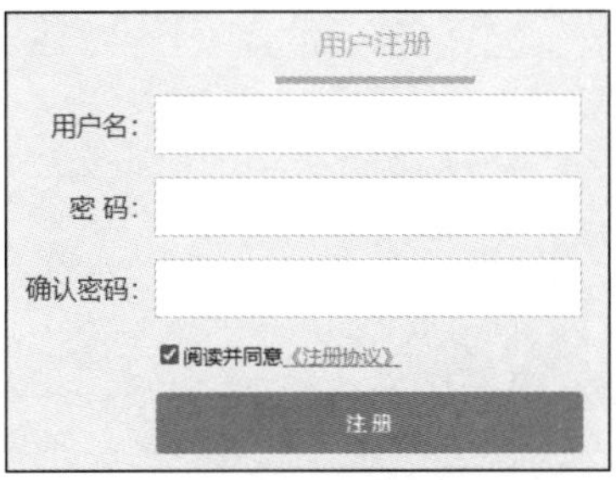

图 5-1 “用户注册”页面

5.1.2 技术准备

表单是网页上的一个特定区域。这个区域通过<form>标签声明，相当于一个表单容器，表示其他的表单标签需要在其范围内才有效，也就是说，在<form></form>之间的一切都属于表单的内容。这里的内容包含所有的表单控件，以及任何必需的伴随数据，如控件的标签、处理数据的脚本或程序的位置等。

在表单的<form>标签中，还可以设置表单的基本属性，包括表单的名称、处理程序、传送方式等。

（1）语法格式

```
<form action="" name=""  method="" enctype=""  target="">
  …
</form>
```

（2）语法解释

在上述语法中，属性和含义如表 5-1 所示。

表 5-1　<form>表单标签中的属性和含义

属性	含义	说明
action	表单的处理程序，也就是表单中收集到的资料将要提交的程序地址	这一地址可以是绝对地址，也可以是相对地址，还可以是一些其他的地址，如 E-mail 地址等
name	为了防止表单信息在提交到后台处理程序时出现混乱而设置的名称	表单的名称尽量与表单的功能相符，并且名称中不能含有空格和特殊符号
method	定义处理程序从表单中获得信息的方法，有 get（默认值）和 post 两个值	get 方法指表单数据会被视为 CGI 或 ASP 的参数发送； post 方法指表单数据是与 URL 分开发送的，客户端的计算机会通知服务器来读取数据
enctype	表单信息提交的编码方式。其属性值有 text/plain、application/x-www- form-urlencoded 和 multipart/form- data 3 个	text/plain 指以纯文本的形式传送； application/x-www-form-urlencoded 指默认的编码形式； multipart/form-data 指 MIME 编码，上传文件的表单必须选择该选项
target	目标窗口的打开方式	其属性值和含义与链接标签中 target 相同

（3）举例

仿制游戏"棋说世界"的注册页面，页面中包含邮箱、密码和确认密码。具体代码如下（案例位置：资源包\MR\第 5 章\示例\5-1）。

```
<!doctype html>
<html lang="en">
<head>
   <meta charset="UTF-8">
   <title>用户注册</title>
   <style>
      .mr-cont{
         width: 1000px;
         height: 500px;
         margin: 20px auto;
         position: relative;
         background: url(img/bg.png);
      }
      form{
         position: absolute;
         top: 150px;
         left: 285px;
         height: 280px;
         width: 260px;
         background: rgba(0,0,0,0.1);
         padding: 12px 45px;
      }
```

```
        form div{
            margin-top: 20px;
            background: #fff;
            width: 255px;
            height: 40px;
        }
        [type="Email"],[type="text"]{
            height: 20px;
            margin-top: 10px;
            border: 1px solid #fff;
        }
        form div img{
            vertical-align: middle;
            margin-left: 20px;
            height: 30px;
        }
        .btn{
            margin-top: 30px;
            background: url(img/btn1.png);
            height: 40px;
            width: 260px;
            text-align: center;
            line-height: 40px;
        }
    </style>
</head>
<body>
<div class="mr-cont">
    <div>
        <form>
            <div><img src="img/email.png"><input type="email" placeholder="请输入邮箱"/></div>
            <div><img src="img/pass.png"><input type="text" placeholder="请设置密码"/></div>
            <div><img src="img/pass.png"><input type="text" placeholder="请确认密码"/></div>
            <div class="btn"> 注 册</div>
        </form>
    </div>
</div>
</body>
</html>
```

页面效果如图 5-2 所示。

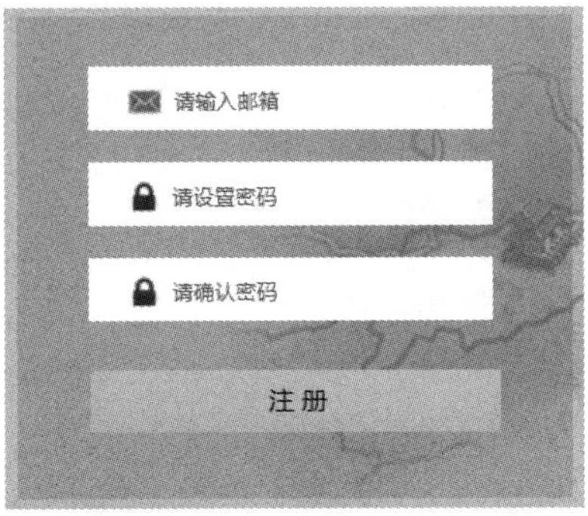

图 5-2　表单的使用案例

5.1.3　案例实现

【例 5-1】 使用表单实现用户注册页面（案例位置：资源包\MR\第 5 章\源代码\5-1）。

1．页面结构图

图 5-1 所示的页面中含有<div>标签及<form>标签，并且在<form>标签中添加了文本框、密码框、按钮等多个表单元素，具体页面结构如图 5-3 所示。

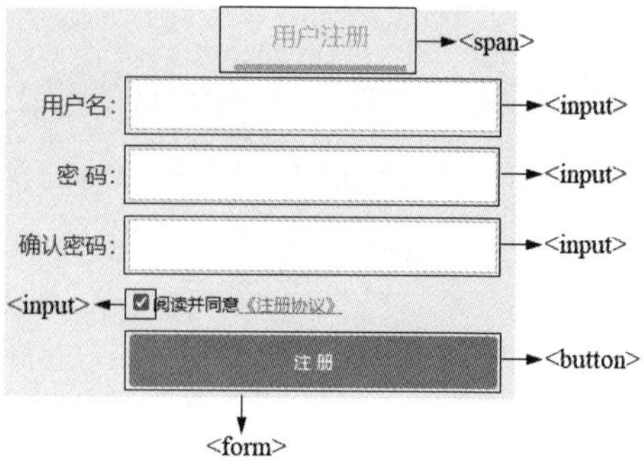

图 5-3　页面结构图 1

2．代码实现

（1）新建 index.html 文件，在<body>标签中定义用户注册表单，在表单中添加多个表单元素，关键代码如下。

```
<body class="gray-bg">
<div class="middle-box">
   <div>
     <span>
         <a class="active">用户注册</a>
     </span>
       <form id="form" name="form" method="post" action="" autocomplete="off">
          <div class="form-group">
             <label for="name">用户名：</label>
             <input name="name" id="name" type="text"  class="form-control">
          </div>
          <div class="form-group">
             <label for="password">密 码：</label>
             <input name="password" id="password" type="password" class="form-control">
          </div>
         <div class="form-group">
             <label for="passwords">确认密码：</label>
             <input name="passwords" id="passwords" type="password" class="form-control">
          </div>
         <div class="form-group">
             <div class="agreement">
              <input type="checkbox" checked="checked">阅读并同意<a href="#">《注册协议》</a>
              </div>
          </div>
         <div>
          <button type="submit" id="send" class="btn-primary">注 册</button>
         </div>
      </form>
   </div>
</div>
</body>
```

（2）新建 CSS 文件，具体创建方法：右击项目文件夹，在弹出的快捷菜单中依次单击“New”→“Stylesheet”选项，具体如图 5-4 所示。然后打开图 5-5 所示的文件命名对话框，在相应的文本框中输入名称，本案例中 CSS 文件的名称为 style.css，然后按键盘上的“Enter”键，CSS 文件创建完成。

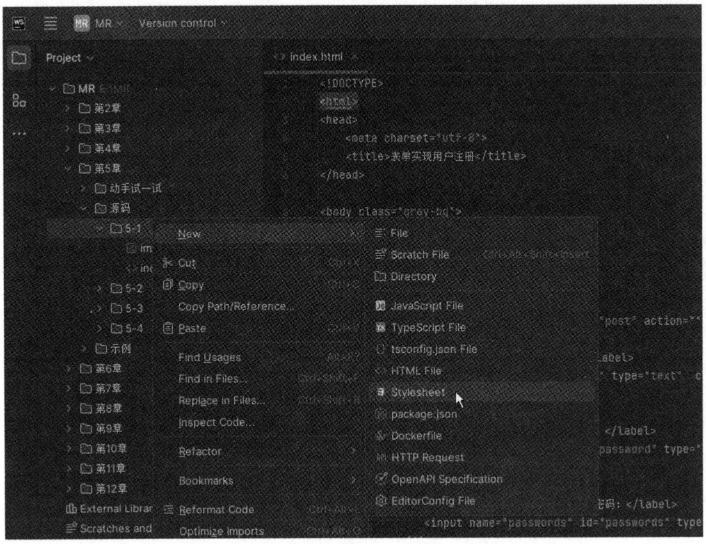

图 5-4　新建 CSS 文件

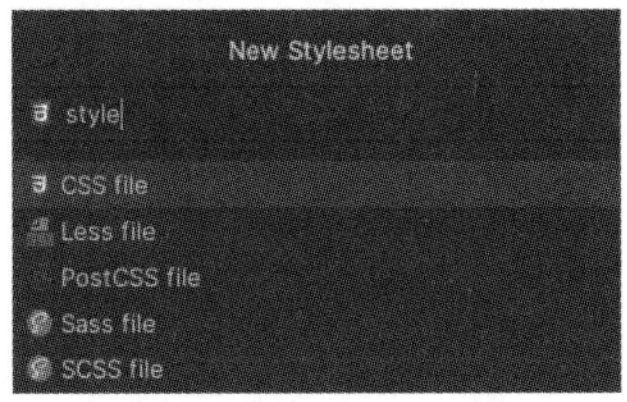

图 5-5　为 CSS 文件命名

（3）在 CSS 文件中编写 CSS 代码，关键代码如下。

```
.gray-bg{
    background-color: #f3f3f4;          /*设置背景颜色*/
}
.middle-box{
    max-width: 610px;                   /*设置最大宽度*/
    margin: 0 auto;                     /*设置外边距*/
    text-align: center;                 /*设置水平居中对齐*/
}
.btn-primary{
    background-color: #1ab394;          /*设置背景颜色*/
    color: #FFFFFF;                     /*设置文字的颜色*/
    width: 300px;                       /*设置宽度*/
    padding: 10px 12px;                 /*设置内边距*/
    font-size: 14px;                    /*设置文字的大小*/
    text-align: center;                 /*设置水平居中对齐*/
    vertical-align: middle;             /*设置垂直居中对齐*/
    cursor: pointer;                    /*设置鼠标指针的形状*/
    border: 1px solid transparent;      /*设置边框*/
    border-radius: 4px;                 /*设置圆角边框*/
    margin-right: 8px;                  /*设置右外边距*/
}
/*省略其他 CSS 代码*/
```

（4）编写完 CSS 代码以后，需要在 index.html 文件中通过<link>标签引入该 CSS 文件，在引入 CSS 文件时，在 index.html 文件的<head>标签添加以下代码即可。

```
<link rel="stylesheet" type="text/css" href="style.css">
```

其中，rel 属性用于定义引入文件与该 index.html 文件的关系，type 属性用于指定引入文件的 MIME 类型，href 属性用于指定 CSS 文件的路径。

（5）代码编写完成后，返回 index.html 文件，然后单击 WebStorm 代码区右上角的谷歌浏览器图标，即可在谷歌浏览器中运行本案例，运行结果如图 5-1 所示。

5.1.4　动手试一试

学习完案例 1 的相关知识后，读者应掌握 HTML5 中<form>表单标签的使用方法。然后，读者可以使用<form>标签和<input>标签等制作一个仿 QQ 登录页面，具体效果如图 5-6 所示（案例位置：资源包\MR\第 5 章\动手试一试\5-1）。

图 5-6　仿 QQ 登录页面

5.2【案例 2】实现用户信息收集页面

【案例 2】实现用户信息收集页面

5.2.1　案例描述

本案例实现的是用户信息收集页面，在该页面中需要输入用户的姓名，而对其他信息，用户仅需选择与自己相符的选项即可，如图 5-7 所示。那么，这又是通过什么代码来实现的呢？接下来，将详细讲解表单中的单行文本框、单选按钮和复选框等内容。

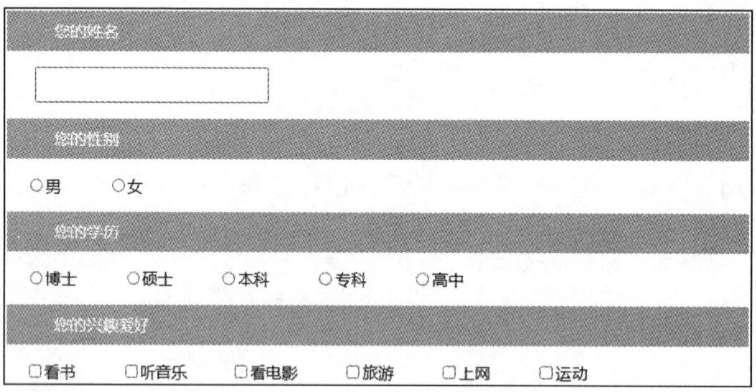

图 5-7　申请个人讲师的页面效果

5.2.2　技术准备

1．<input>标签

<input>标签是<form>标签中的文本框标签。<input>标签中的 type 属性不同，其对应的表现形式和应用也各有差异。最常用的是单行文本框，其 type 属性值为 text，表示可以输入任何类型的文本，如数字或字母等信息，输入的内容以单行显示。

（1）语法格式

```
<input type="text" name=" " size=" " maxlength=" " value=" ">
```

（2）语法解释

- name：文本框的名称，用于和页面中的其他控件进行区别，命名时不能包含特殊字符，也不能以 HTML 作为名称。
- size：定义文本框在页面中显示的长度，以字符作为单位。
- maxlength：定义在文本框中最多可以输入的文字数。
- value：定义文本框中的默认值。

（3）举例

在网页中添加收货人信息表单，表单中含有 3 个文本框。部分代码如下（案例位置：资源包\MR\第 5 章\示例\5-2）。

```
<h1>收货人信息</h1>
<form method="get">
   <label>姓名：<input type="text" name="username" size="20"></label><p>
   <label>电话：<input type="text" name="tel" size="20"></label><p>
   <label>地址：<input type="text" name="address" size="20" maxlength="50"></label>
</form>
```

页面效果如图 5-8 所示。

图 5-8　<input>标签的示例页面

📖 说明：在上面的案例中使用了<label>标签，<label>标签可以实现绑定元素功能。简单地说，正常情况下若要使某个<input>标签获取焦点，则只有单击该标签才可以实现，而使用<label>标签以后，单击与该标签绑定的文字或图片就可以获取焦点。

2. 单选按钮和复选框

单选按钮和复选框经常被用于问卷调查和购物车结算商品等场景。其中，单选按钮只能实现在一组选项中选择其中一个，而复选框则与之相反，可以实现多选甚至全选。

（1）单选按钮

在网页中，单选按钮用来让浏览者在答案之间进行单一选择，在页面中以圆框表示，其语法格式如下。

```
<input type="radio" value="单选按钮的取值" name="单选按钮的名称" checked="checked"/>
```

该语法中各属性的解释如下。

- value：设置用户选中该项目后，传送到处理程序中的值。
- name：单选按钮的名称，需要注意的是，在一组单选按钮中，往往其名称相同，这样在传递时才能更好地对某一个选择内容的取值进行判断。
- checked：表示这一单选按钮默认被选中，在一组单选按钮中只能有一项单选按钮被设置为 checked。

（2）复选框

浏览者填写表单时，有一些内容可以通过让浏览者进行多项选择的形式来实现，如在收集个人信息时，在个人爱好的选项中进行选择等。复选框能够进行项目的多项选择，以一个方框表示，其语法格式如下。

```
<input type="checkbox" value="复选框的值" name="复选框名称" checked="checked" />
```

在该语法中，各属性的含义与属性值与单选按钮相同，此处不做过多叙述。但与单选按钮不同的是，在一组多选框中，可以设置多个复选框被默认选中。

（3）举例

实现一则问卷调查，测试你对古文的了解。部分代码如下（案例位置：资源包\MR\第 5 章\示例\5-3）。

```
<div class="mr-cont">
   <form>
   <h2>测试你对古文的了解</h2>
      <p>1、“不识庐山真面目”的下一句是？</p>
      <!--单选按钮-->
      <p><label><input type="radio" name="question1">远近高低各不同</label></p>
      <p><label><input type="radio" name="question1">只缘身在此山中</label></p>
      <p><label><input type="radio" name="question1">多少楼台烟雨中</label></p>
      <p><label><input type="radio" name="question1">以上都不对</label></p>
      <p>2、“阡陌交通，鸡犬相闻”出自以下谁的文章？</p>
      <!--单选按钮-->
      <p><label><input type="radio" name="question2">李白</label>
      <label><input type="radio" name="question2">白居易</label>
      <label><input type="radio" name="question2">陶渊明</label>
      <label><input type="radio" name="question2">杜甫</label></p>
      <p>3、以下人物属于“唐宋八大家”的是？</p>
      <!--复选框-->
      <p><label><input type="checkbox" name="question3">韩愈</label>
         <label><input type="checkbox" name="question3">李白</label>
         <label><input type="checkbox" name="question3">苏轼</label></p>
      <p><label><input type="checkbox" name="question3">曾巩</label>
         <label><input type="checkbox" name="question3">杜甫</label>
         <label><input type="checkbox" name="question3">柳宗元</label></p>
   </form>
</div>
```

效果如图 5-9 所示。

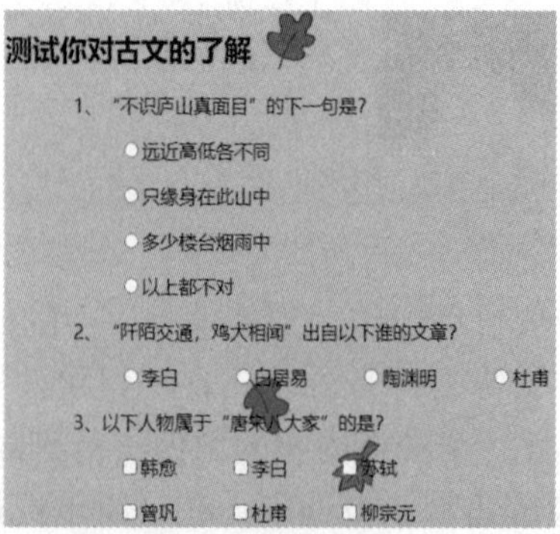

图 5-9　单选框和复选框的示例效果

5.2.3 案例实现

【例 5-2】 实现用户信息收集页面（案例位置：资源包\MR\第 5 章\源代码\5-2）。

1．页面结构图

本案例主要使用文本框、单选按钮和复选框，以及<label>标签来实现。使用<label>标签嵌套单选按钮/复选框及对应的文字，目的在于单击文字就可以选中单选按钮/复选框，这样可以为用户提供便利。具体页面结构如图 5-10 所示。

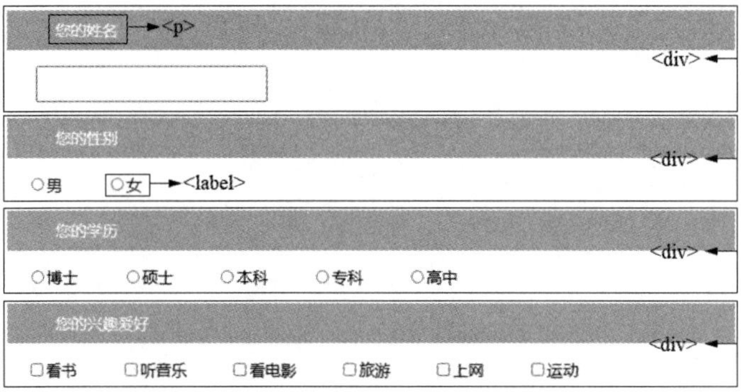

图 5-10 页面结构图 2

2．代码实现

（1）新建 index.html 文件，在<head>标签中引入 CSS 文件，然后在<body>标签中添加 HTML 代码，具体代码如下。

```
<div class="cont">
   <div>
      <p>您的姓名</p>
      <!--单行文本框-->
      <label><input type="text"></label>
   </div>
   <div>
      <p>您的性别</p>
      <!--单选按钮-->
      <label><input type="radio" name="sex">男</label>
      <label><input type="radio" name="sex">女</label>
   </div>
   <div>
      <p>您的学历</p>
      <!--单选按钮-->
      <label><input type="radio" name="education">博士</label>
      <label><input type="radio" name="education">硕士</label>
      <label><input type="radio" name="education">本科</label>
      <label><input type="radio" name="education">专科</label>
      <label><input type="radio" name="education">高中</label>
   </div>
   <div>
      <p>您的兴趣爱好</p>
      <!--复选框-->
      <label><input type="checkbox">看书</label>
```

```
        <label><input type="checkbox">听音乐</label>
        <label><input type="checkbox">看电影</label>
        <label><input type="checkbox">旅游</label>
        <label><input type="checkbox">上网</label>
        <label><input type="checkbox">运动</label>
    </div>
</div>
```

（2）新建 CSS 文件，然后在 CSS 文件中添加 CSS 代码，具体代码如下。

```
.cont{                              /*设置页面的整体样式*/
    margin: 0 auto;                 /*设置页面的整体外边距*/
    width: 750px;
}

[type="text"]{                      /*设置单行文本框的样式*/
    margin-left: 10px;              /*设置向左的外边距*/
    height: 30px;                   /*设置单行文本框的高度*/
    width: 230px;
}
label{
    margin: 10px 20px;              /*设置外边距*/
}
.cont>div>:first-child{             /*设置其他问题的样式*/
    color: white;
    height: 40px;                   /*设置高度*/
    line-height: 40px;              /*设置文字的行高*/
    padding-left: 50px;             /*设置向左的内边距*/
    background: #6dc5ef;            /*设置背景颜色*/
}
```

（3）代码编写完成后，单击 WebStorm 代码区右上角的谷歌浏览器图标，即可在谷歌浏览器中运行本案例，运行结果如图 5-7 所示。

5.2.4 动手试一试

通过案例 2 的学习，读者应该了解并掌握<input>标签的功能和使用方法。通过改变 type 属性的属性值，读者可以在页面中添加不同的表单控件。然后，读者可以尝试制作一个手机筛选页面，具体效果如图 5-11 所示（案例位置：资源包\MR\第 5 章\动手试一试\5-2）。

图 5-11 手机筛选页面

5.3 【案例 3】仿制发表朋友圈页面

【案例 3】仿制发表朋友圈页面

5.3.1 案例描述

本案例实现了一个仿制发表朋友圈的页面。我们观察图 5-12 所示页面的内容，可以发现，在页面的上方有一个宽大的文本框。这个文本框在 HTML5 中称为文本域，可以使用<textarea>文本域标签轻松实现。下面我们将详细讲解<textarea>文本域标签的相关内容。

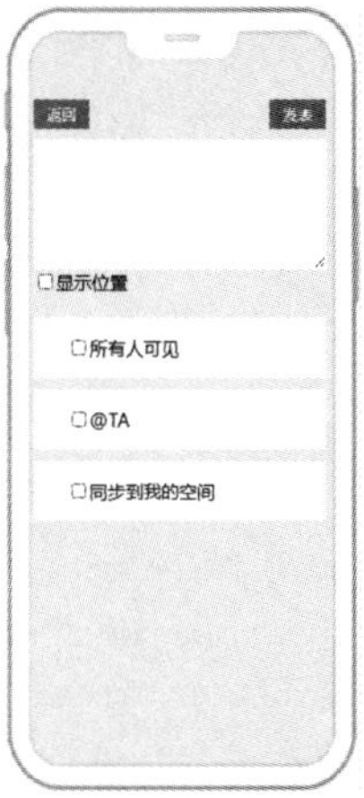

图 5-12　仿制发表朋友圈页面

5.3.2　技术准备

<textarea>标签用于定义多行的文本输入控件。文本域中可容纳无限大小的文本，文本的默认字体是等宽字体（通常是 Courier）。可以通过 cols 和 rows 属性来规定 textarea 的尺寸，不过更好的办法是使用 CSS 的 height 和 width 属性来规定 textarea 的尺寸。

（1）语法格式

```
<textarea  name="文本域名称"  value="文本域默认值"  rows="文本域行数"  cols="文本域列数">
</textarea>
```

（2）语法解释

- ❑ name：文本域的名称。
- ❑ value：文本域的默认值。
- ❑ rows：文本域的行数。
- ❑ cols：文本域的列数。

（3）举例

实现文章添加页面，具体代码如下（案例位置：资源包\MR\第 5 章\示例\5-4）。

```
<!DOCTYPE html>
<html lang="en">
<head>
   <meta charset="UTF-8">
<title>文章添加页面</title>
<style>
body{
   background-color: #FFF8EB;
   margin-top: 10px;
   font-size: 12px;
}
div{
   margin: 10px;
}
.operate{
   margin-left: 160px;
}
```

```
    </style>
    </head>
    <body>
    <form name="form1">
       <div class="author">
          <label>作者名称：<input name="author" type="text" id="author"></label>
       </div>
       <div class="theme">
          <label>文章主题：<input name="title" type="text" id="title"></label>
       </div>
       <div class="content">
          <label>文章内容：<textarea name="content" cols="45" rows="6" id="content"></textarea>
</label>
       </div>
       <div class="operate">
          <input name="add" type="submit" id="add" value="添 加"> 
          <input type="reset" name="Submit2" value="重 置">
       </div>
    </form>
    </body>
    </html>
```

页面效果如图 5-13 所示。

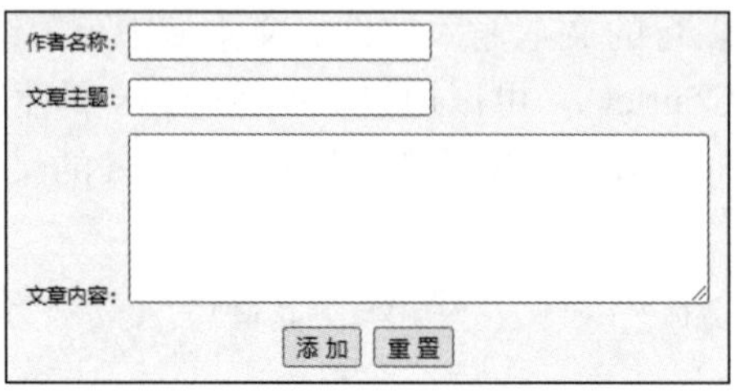

图 5-13　<textarea>标签的示例页面

5.3.3　案例实现

【例 5-3】 仿制发表朋友圈页面（案例位置：资源包\MR\第 5 章\源代码\5-3）。

1．页面结构图

本案例所使用的标签较多，其中用于输入发表内容的区域使用了文本域，用于添加多行文字，上方的“返回”按钮和“发表”按钮都使用了<input>标签。具体页面结构如图 5-14 所示。

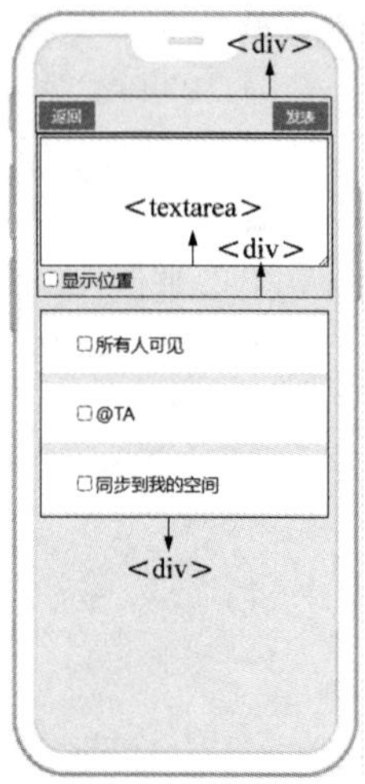

图 5-14　页面结构图 3

2．代码实现

（1）新建 index.html 文件，在该文件中引入 CSS 文件，然后在<body>标签中添加相关标签及文字等内容，代码如下。

```
<div class="mr-cont">
 <div class="none"></div>
  <div class="top">
     <input type="button" value="返回">
     <input type="button" value="发表">
  </div>
```

```
    <div class="cont">
        <textarea cols="34" rows="7"></textarea>
        <label><input type="checkbox">显示位置</label>
    </div>
    <div class="bottom">
        <label><input type="checkbox">所有人可见</label>
        <label><input type="checkbox">@TA</label>
        <label><input type="checkbox">同步到我的空间</label>
    </div>
</div>
```

（2）新建 style.css 文件，在该文件中添加 CSS 代码设置页面样式，关键代码如下。

```
body{
 background:rgba(222,246,248,1.00);
}
.mr-cont{
 height: 670px;
 width: 320px;
 background:url(../img/mobile.png);
 margin: 0 auto;
}
.none{
 height:60px;
}
.top{
 padding:20px 0 14px 0;
}
.top input{
 display: block;
 float: left;
 height: 25px;
 width: 50px;
 color: #fff;
 background:#19ad17;
 border: 1px solid #19ad17;
}
/*省略其他 CSS 代码*/
```

（3）代码编写完成后，返回 index.html 文件，然后单击 WebStorm 代码区右上角的谷歌浏览器图标，即可在谷歌浏览器中运行本案例，运行结果如图 5-12 所示。

5.3.4 动手试一试

通过案例 3 的学习，读者应该学会使用<textarea>文本域标签在页面中添加段落文字。然后，读者可以使用<input>标签和<textarea>标签制作商品评价页面，具体效果如图 5-15 所示（案例位置：资源包\MR\第 5 章\动手试一试\5-3）。

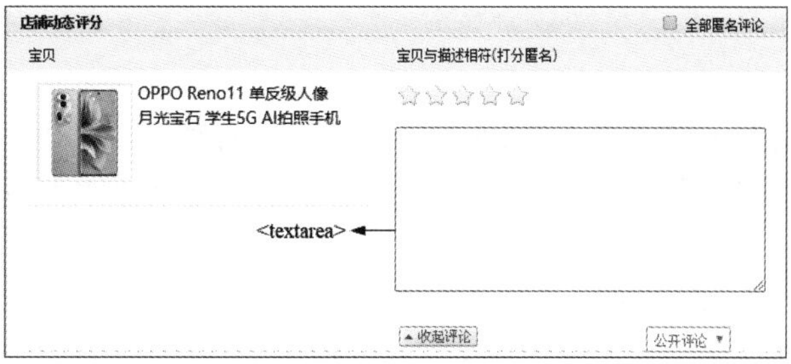

图 5-15　商品评价页面

5.4 【案例 4】实现上传头像页面

【案例 4】实现上传头像页面

5.4.1 案例描述

本案例在表单布局中增加了一个文件/图片上传组件。在 HTML5 中，文件/图片上传组件使用的是<input>标签，将 type 属性设置为不同的值即可。通过文件/图片上传组件，用户可以将相关的图片/文件上传到网站后台，如图 5-16 所示。下面将对该组件进行详细的讲解。

图 5-16 上传头像页面

5.4.2 技术准备

图像域和文件域在网页中也比较常见。其中，图像域用于解决表单中按钮比较单调，与页面内容不协调的问题；而文件域则常用于需要上传文件的表单。

1. 图像域

图像域是指带有图片的“提交”按钮，如果网页使用了较为丰富的色彩，或稍微复杂的设计，则再使用表单默认的按钮形式会破坏整体的美感。这时，可以使用图像域创建和网页整体效果相统一的“图像提交”按钮。

（1）语法格式

```
<input type="image" src=" " name=" "/>
```

（2）语法解释

- src：图片地址，可以是绝对地址也可以是相对地址。
- name：按钮的名称，如 submit、button 等，默认值为“button”。

2. 文件域

文件域在上传文件时常被用到，用于查找硬盘中的文件路径，然后通过表单将选中的文件上传。我们在添加电子邮件附件、上传头像、发送文件时常常会看到这一控件。

（1）语法格式

```
<input type="file" accept="" name="">
```

（2）语法解释

- accept：所接受的文件类别，有 26 种选择，可以省略，但不可以自定义文件类型。
- name：文件传输按钮的名称，用于与页面中的其他控件进行区别。

（3）举例

制作选择文件上传的页面，部分代码如下（案例位置：资源包\MR\第 5 章\示例\5-5）。

```
    <form class="cont">
      <div>
```

```
        <p>
            <span>文件</span>
            <span>（只支持<span class="color">.txt、.doc、.docx</span>格式）</span>
        </p>
        <div class="btn">
            <input type="button" value="选择文件"><!--添加按钮-->
            <input type="file"><!--添加文件域，单击可以选择文件-->
        </div>
    </div>
    <input type="image" name="submit" src="img/btn.jpg"><!--添加图像域-->
</form>
```

页面效果如图 5-17 所示。

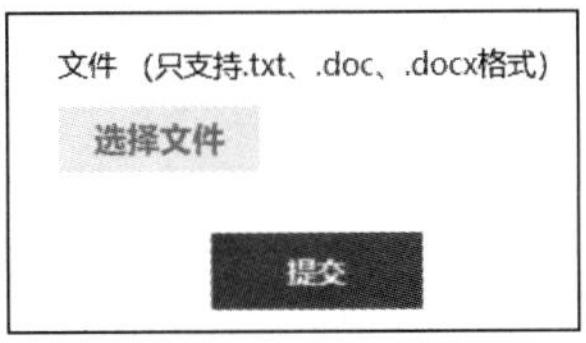

图 5-17　图像域与文件域的示例页面

5.4.3　案例实现

【例 5-4】 实现上传头像页面（案例位置：资源包\MR\第 5 章\源代码\5-4）。

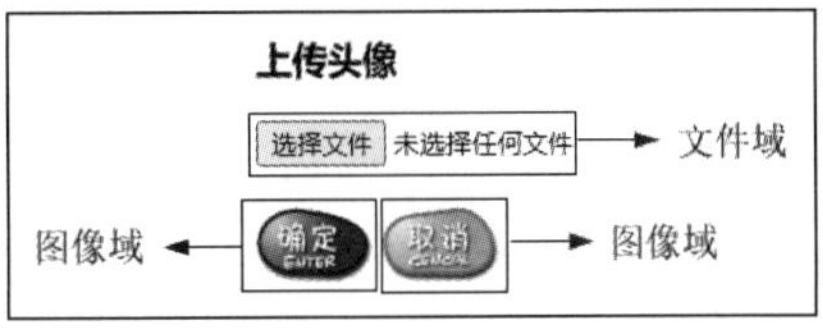

图 5-18　页面结构图 4

1．页面结构图

本案例中使用的表单控件有文件域和图像域，具体页面结构如图 5-18 所示。

2．代码实现

（1）新建 index.html 文件，在<body>标签中添加一个表单，在表单中添加一个文件域和两个图像域，具体代码如下。

```
<!DOCTYPE html>
<html>
<head>
    <meta charset="UTF-8">
    <title>上传头像</title>
    <style>
        div{
            margin-bottom: 20px;
        }
    </style>
</head>
<body>
<form method="post" name="invest" enctype="text/plain">
    <div>
        <h3>上传头像</h3>
        <!--文件域-->
        <input type="file">
    </div>
    <input type="image" src="images/11.png" name="image1"/>
    <input type="image" src="images/22.png" name="image2"/>
```

```
</form>
</body>
</html>
```

（2）代码编写完成后，单击 WebStorm 代码区右上角的谷歌浏览器图标，即可在谷歌浏览器中运行本案例，运行结果如图 5-16 所示。

5.4.4 动手试一试

学习完案例 4 的内容后，读者应该了解了表单中常用的控件类型，并可以制作登录等页面。然后，读者可以尝试制作一个“个人简介”页面，具体效果如图 5-19 所示（案例位置：资源包\MR\第 5 章\动手试一试\5-4）。

图 5-19 “个人简介”页面

5.5 AIGC 辅助编程——使用表单构建网页

在使用表单构建网页时，AIGC 工具可以提供有力的支持。以下介绍如何利用 AIGC 工具来巩固本章所学的知识。

5.5.1 使用复选框实现选择课程页面

在 AIGC 工具的输入框中输入“编写一个案例，使用复选框实现选择课程页面”，AIGC 工具会自动生成案例代码，其中，HTML 关键代码如下。

```
<body>
  <h1>请选择您要参加的课程</h1>
  <form id="courseForm">
    <div class="course">
      <input type="checkbox" id="course1" name="courses" value="数学">
      <label for="course1">数学</label>
    </div>
    <div class="course">
      <input type="checkbox" id="course2" name="courses" value="物理">
      <label for="course2">物理</label>
    </div>
    <div class="course">
      <input type="checkbox" id="course3" name="courses" value="化学">
      <label for="course3">化学</label>
```

```
    </div>
    <div class="submit-button">
      <input type="button" value="提交">
    </div>
  </form>
</body>
```

CSS 代码如下。

```
body {
    font-family: Arial, sans-serif;
    margin: 20px;
}
h1 {
   text-align: center;
}
.course {
   margin-bottom: 10px;
}
.course label {
   display: inline-block;
   width: 200px;
}
.submit-button {
   margin-top: 20px;
   text-align: center;
}
.submit-button input {
   padding: 10px 20px;
   font-size: 16px;
}
```

5.5.2 使用文本域实现留言板

在 AIGC 工具的输入框中输入“编写一个案例，使用文本域实现留言板”，AIGC 工具会自动生成案例代码，其中，HTML 关键代码如下。

```
<div class="message-board">
   <h1>留言板</h1>
   <textarea id="messageInput" placeholder="请输入您的留言……"></textarea>
   <button onclick="addMessage()">提交留言</button>
   <div class="messages" id="messageList"></div>
</div>
```

CSS 代码如下。

```
body {
   font-family: Arial, sans-serif;
   margin: 20px;
}
.message-board {
   max-width: 600px;
   margin: 0 auto;
}
textarea {
   width: 100%;
   padding: 10px;
   margin-bottom: 10px;
   height: 100px;
}
button {
```

```
        padding: 10px 20px;
        font-size: 16px;
        cursor: pointer;
    }
    .messages {
        margin-top: 20px;
    }
    .message {
        padding: 10px;
        border-bottom: 1px solid #ddd;
    }
```

将上述代码保存为HTML文件，并在浏览器中打开HTML文件，即可看到一个简单的留言板。

小结

本章主要讲解表单中常用的控件，包括文本框、文本域、单选按钮、复选框，以及文件域和图像域。表单是网页中不可或缺的一部分，表单可以实现用户与网站的交互。学习完本章的内容后，读者应该掌握表单在网页中的运用。

习题

5-1　简述表单的作用。

5-2　单行文本框和文本域的区别是什么？

5-3　请写出设置一个单选按钮的代码。

5-4　文件域的作用是什么？

第 6 章 列表与表格——让网站更规整

本章要点

- ❑ 理解各种列表与表格的特点
- ❑ 掌握各种列表与表格的使用方法
- ❑ 使用各种列表与表格布局网页

表格在网页设计中经常被使用。它可以存储更多的内容，可以方便地传达信息。HTML5 中的列表在网站设计中具有很大的比重，使信息的显示整齐、直观，便于用户理解。在后面的 CSS 样式学习中我们将大量使用列表元素的高级功能。

【案例 1】实现限时抢购页面

6.1 【案例 1】实现限时抢购页面

6.1.1 案例描述

一个限时抢购页面中会有一些可以选购的商品，如何设计这些商品的展示效果呢？HTML5 中的列表就是一个特别棒的工具。本案例展示限时抢购页面中的商品列表，效果如图 6-1 所示。接下来详细讲解列表的相关内容。

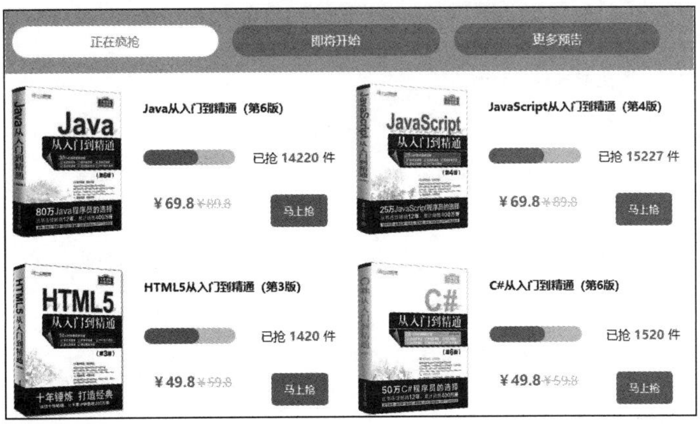

图 6-1 限时抢购页面中的商品列表

6.1.2 技术准备

定义列表是一种两个层次的列表，用于解释名词的定义，名词为第一层次，解释为第二层次，并且不包含项目符号。

（1）语法格式

```
<dl>
    <dt>名词 1</dt>
    <dd>解释 1</dd>
    <dd>解释 2</dd>
    <dd>解释 3</dd>
    <dt>名词 2</dt>
    <dd>解释 1</dd>
    <dd>解释 2</dd>
    <dd>解释 3</dd>
    …
</dl>
```

（2）语法解释

在定义列表中，一个<dt>标签下可以有多个<dd>标签用于名词的解释和说明，以实现定义列表的嵌套。

（3）举例

使用定义列表显示古诗，具体代码如下（案例位置：资源包\MR\第 6 章\示例\6-1）。

```
<!DOCTYPE html>
<html>
<head>
    <meta charset="UTF-8">
    <title>使用定义列表显示古诗</title>
</head>
<body>
<p>古诗介绍</p>
<dl>
    <dt>赠孟浩然</dt>
    <dd>作者：李白</dd>
    <dd>诗体：五言律诗</dd>
    <dd>吾爱孟夫子， 风流天下闻。<br/>
        红颜弃轩冕， 白首卧松云。<br/>
        醉月频中圣， 迷花不事君。<br/>
        高山安可仰， 徒此揖清芬。<br/><br/>
    </dd>
</dl>
<dl>
    <dt>蜀相</dt>
    <dd>作者：杜甫</dd>
    <dd>诗体：七言律诗</dd>
    <dd>丞相祠堂何处寻， 锦官城外柏森森，<br/>
        映阶碧草自春色， 隔叶黄鹂空好音。<br/>
        三顾频烦天下计， 两朝开济老臣心。<br/>
        出师未捷身先死， 长使英雄泪满襟。<br/>
    </dd>
</dl>
</body>
</html>
```

页面效果如图 6-2 所示。

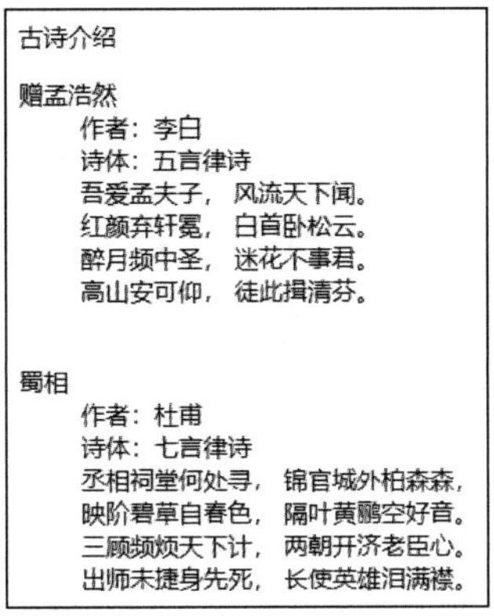

图 6-2　定义列表的示例页面

6.1.3　案例实现

【例 6-1】 实现限时抢购页面（案例位置：资源包\MR\第 6 章\源代码\6-1）。

1．页面结构图

本案例主要由 4 个<dl>定义列表来实现，具体页面结构如图 6-3 所示。而每一个<dl>定义列表标签中含有 1 个<dt>标签和 1 个<dd>标签，然后在<dd>标签中嵌套<p>标签和<div>标签，具体页面结构如图 6-4 所示。

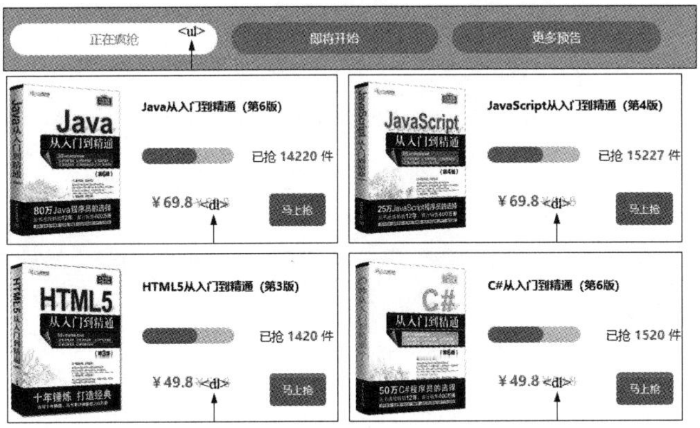

图 6-3　页面结构图 1

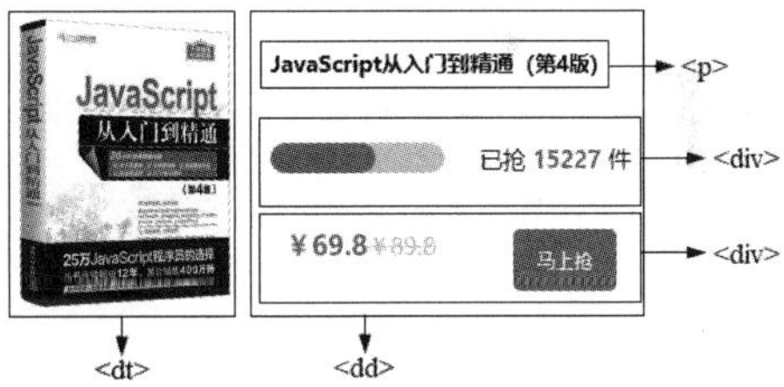

图 6-4　页面结构图 2

2．代码实现

（1）新建 index.html 文件，在 index.html 文件中将<title>标签的文字修改为该网页的标题，然后在<body>标签中添加两个无序列表，在第二个无序列表中添加定义列表标签、图片及文字等内容，代码如下。

```
<div class="cont">
   <!--导航-->
   <ul class="nav">
      <li>正在疯抢</li>
      <li>即将开始</li>
      <li>更多预告</li>
   </ul>
   <!--商品列表-->
```

```
    <ul class="list">
        <li>
            <dl>
                <dt><img src="img/book1.jpg" alt=""></dt>
                <dd>
                    <p class="title">Java 从入门到精通（第 6 版）</p>
                    <div class="pro">
                        <div class="progress">
                            <div class="progress_bar" style="width: 60%"></div>
                        </div>
                        <p class="sold">已抢<span>14220</span>件</p>
                    </div>
                    <div class="info">
                        <p class="price"><span>¥69.8</span><span>¥89.8</span></p>
                        <button type="button">马上抢</button>
                    </div>
                </dd>
            </dl>
        </li>
        <li>
            <dl>
                <dt><img src="img/book2.jpg" alt=""></dt>
                <dd>
                    <p class="title">JavaScript 从入门到精通（第 4 版）</p>
                    <div class="pro">
                        <div class="progress">
                            <div class="progress_bar" style="width: 60%"></div>
                        </div>
                        <p class="sold">已抢<span>15227</span>件</p>
                    </div>
                    <div class="info">
                        <p class="price"><span>¥69.8</span><span>¥89.8</span></p>
                        <button type="button">马上抢</button>
                    </div>
                </dd>
            </dl>
        </li>
        <!--省略雷同代码-->
    </ul>
</div>
```

（2）新建 style.css 文件，在该文件中添加 CSS 代码，设置页面样式，关键代码如下。

```
* {
    padding: 0;
    margin: 0;
}
/*整体样式*/
.cont{
    width: 900px;
    margin: 10% auto;
}
/*导航*/
.nav{
    width: 900px;
    height: 80px;
    background: #ff9d89;
}
li{
    list-style: none;
```

```
}
<!--省略部分代码-->
```

（3）返回 index.html 文件，在该文件的<head>标签中引入 CSS 样式文件，代码如下。

```
<link href="css/style.css" type="text/css" rel="stylesheet">
```

（4）代码编写完成后，单击 WebStorm 代码区右上角的谷歌浏览器图标，即可在谷歌浏览器中运行本案例，运行结果如图 6-1 所示。

6.1.4 动手试一试

通过案例 1 的学习，读者应掌握 HTML5 中定义列表的使用方法。然后，读者可以结合定义列表标签与 CSS 相关知识，制作实战课程列表页面，具体效果如图 6-5 所示（案例位置：资源包\MR\第 6 章\动手试一试\6-1）。

图 6-5 实战课程列表页面

6.2 【案例 2】制作抽屉风格的滑出菜单特效

【案例 2】制作抽屉风格的滑出菜单特效

6.2.1 案例描述

导航菜单如同地图一样，用于指引用户到各功能页面去，因此，导航菜单是网站的必备项目。本案例实现一个抽屉风格的滑出菜单特效，如图 6-6 所示。当鼠标指针停留在导航项上时，可以发现该导航项的背景颜色和文字颜色都会发生改变，同时该菜单项会向右滑出。下面详细讲解无序列表标签的相关内容。

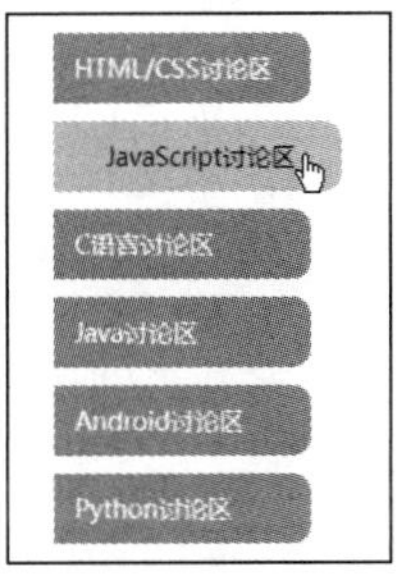

图 6-6 抽屉风格的滑出菜单特效

6.2.2　技术准备

无序列表的特征在于提供一种不编号的列表方式，在每一个项目文字之前，以符号作为分项标识。

（1）语法格式

```
<ul>
    <li>第 1 项</li>
    <li>第 2 项</li>
     …
</ul>
```

（2）语法解释

在该语法中，使用<ul></ul>表示这一个无序列表的开始和结束，而<li>则表示一个列表项的开始。在一个无序列表中可以包含多个列表项。

（3）举例

使用无序列表定义人邮经典图书系列，具体代码如下（案例位置：资源包\MR\第 6 章\示例\6-2）。

```
<!DOCTYPE html>
<html lang="en">
<head>
    <meta charset="UTF-8">
    <title>无序列表</title>
</head>
<body>
<p>人邮经典图书</p>
<ul>
    <li>程序设计慕课版系列</li>
    <li>程序开发范例宝典系列</li>
    <li>标准教程系列</li>
    <li>编程宝典系列</li>
</ul>
</body>
</html>
```

页面效果如图 6-7 所示。

图 6-7　无序列表标签的示例页面

6.2.3　案例实现

【例 6-2】 制作抽屉风格的滑出菜单特效（案例位置：资源包\MR\第 6 章\源代码\6-2）。

1．页面结构图

本案例主要由导航菜单项来实现，具体页面结构如图 6-8 所示。

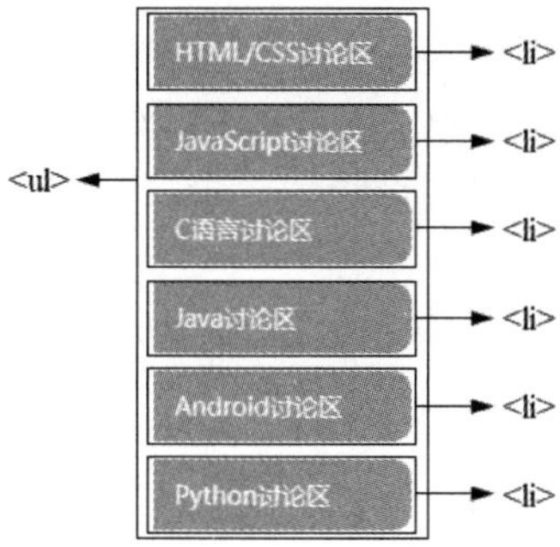

图 6-8　页面结构图 3

2．代码实现

（1）新建 index.html 文件，在 index.html 文件的<title>标签中添加网页的标题，然后在<body>标签中添加无序列表标签等内容，代码如下。

```
<ul class="menu">
   <li><a href="#">HTML/CSS 讨论区</a></li>
   <li><a href="#">JavaScript 讨论区</a></li>
   <li><a href="#">C 语言讨论区</a></li>
   <li><a href="#">Java 讨论区</a></li>
   <li><a href="#">Android 讨论区</a></li>
   <li><a href="#">Python 讨论区</a></li>
</ul>
```

（2）新建 CSS 文件，将 CSS 文件命名为 style.css，然后在 CSS 文件中添加代码设置网页样式，具体代码如下。

```
<style type="text/css">
       .menu{
          width: 200px;                                       /*设置元素的宽度*/
          list-style: none;                                   /*设置列表为无样式*/
          position: fixed;                                    /*设置定位属性*/
          top: 30px;
          left: 20px;
       }
       .menu li{
          margin-top: 10px;                                   /*设置元素的上外边距*/
       }
       .menu li a{
          display: block;                                     /*设置为块级元素*/
          background: orange;                                 /*设置背景颜色*/
          width: 120px;                                       /*设置元素的宽度*/
          font-size: 14px;                                    /*设置文字的大小*/
          text-decoration: none;
          color: white;                                       /*设置文字的颜色*/
          padding: 10px 15px 10px 12px;                       /*设置内边距*/
          -webkit-border-top-right-radius: 10px;              /*设置上右圆角边框*/
          border-top-right-radius: 10px;                      /*设置上右圆角边框*/
          -webkit-border-bottom-right-radius: 10px;           /*设置下右圆角边框*/
          border-bottom-right-radius: 10px;                   /*设置下右圆角边框*/
          -webkit-transition: padding 0.5s;        /*设置过渡效果，兼容 WebKit 内核浏览器*/
          transition: padding 0.5s;                /*设置过渡效果*/
```

```
    }
    .menu li a:hover{
        background: lightgreen;             /*设置背景颜色*/
        padding: 10px 15px 10px 30px;       /*设置内边距*/
        color: blue;                        /*设置文字的颜色*/
    }
</style>
```

（3）代码编写完成后，单击 WebStorm 代码区右上角的谷歌浏览器图标，即可在谷歌浏览器中运行本案例，运行结果如图 6-6 所示。

6.2.4 动手试一试

通过案例 2 的学习，读者应该了解并掌握 HTML5 中无序列表标签的使用方法。然后，读者可以制作横向导航菜单页面，具体效果如图 6-9 所示（案例位置：资源包\MR\第 6 章\动手试一试\6-2）。

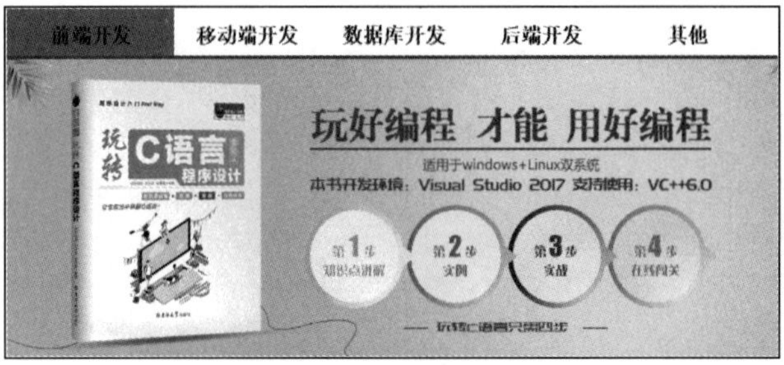

图 6-9 横向导航菜单页面

6.3 【案例 3】实现 2023 年度国内手机销量排名

【案例 3】实现 2023 年度国内手机销量排名

6.3.1 案例描述

某些市场调研机构每年都会公布国内手机的销量排名情况，本案例将实现 2023 年度国内手机销量排名的列表页面，效果如图 6-10 所示。我们可以发现，该页面从上到下的排列布局非常整齐。本案例将使用 HTML5 中的有序列表标签，通过有序列表标签，可以在列表的基础上添加序号。下面对有序列表的相关内容进行详细的讲解。

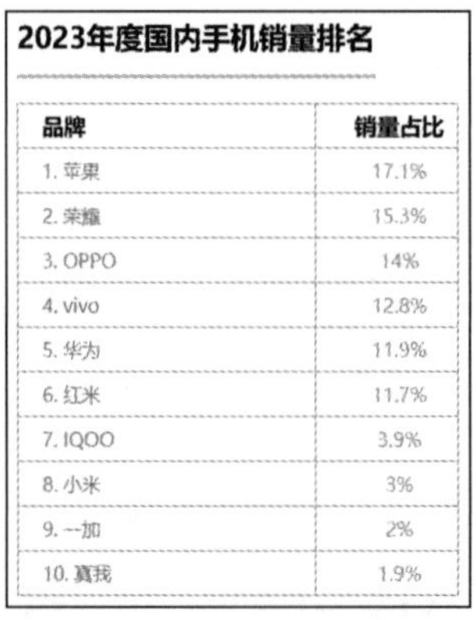

2023年度国内手机销量排名

品牌	销量占比
1. 苹果	17.1%
2. 荣耀	15.3%
3. OPPO	14%
4. vivo	12.8%
5. 华为	11.9%
6. 红米	11.7%
7. IQOO	3.9%
8. 小米	3%
9. 一加	2%
10. 真我	1.9%

图 6-10 2023 年度国内手机销量排名列表页面

6.3.2 技术准备

默认情况下，有序列表的序号是阿拉伯数字，通过 type 属性可以调整序号的类型，如将其修改成字母等。

（1）语法格式

```
<ol type=序号类型>
    <li>第 1 项</li>
    <li>第 2 项</li>
    <li>第 3 项</li>
    …
</ol>
```

（2）语法解释

在该语法中，序号类型可以有 5 种，如表 6-1 所示。

表 6-1　有序列表的序号类型

参数名称	参数解释
1	数字 1、2、3、4 等
a	小写英文字母 a、b、c、d 等
A	大写英文字母 A、B、C、D 等
i	小写罗马数字ⅰ、ⅱ、ⅲ、ⅳ等
I	大写罗马数字Ⅰ、Ⅱ、Ⅲ、Ⅳ等

（3）举例

使用有序列表定义一道选择题，具体代码如下（案例位置：资源包\MR\第 6 章\示例\6-3）。

```
<p>下列几位唐朝诗人当中，被后世尊称为“诗圣”的是（_______）</p>
<ol type="A">
    <li>李白</li>
    <li>杜甫</li>
    <li>白居易</li>
    <li>杜牧</li>
</ol>
```

页面效果如图 6-11 所示。

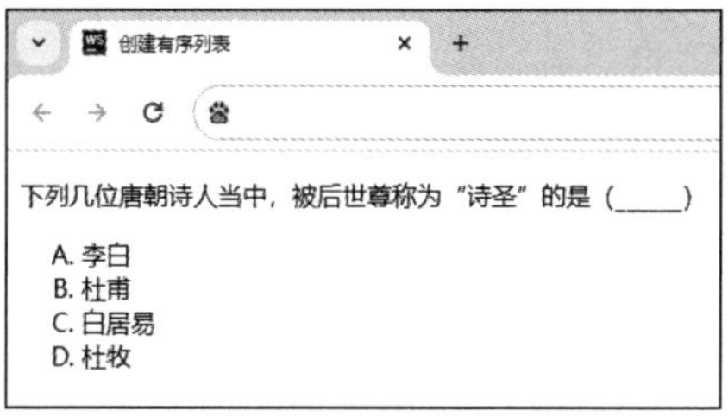

图 6-11　有序列表的示例页面

6.3.3 案例实现

【例 6-3】 实现 2023 年度国内手机销量排名页面（案例位置：资源包\MR\第 6 章\源代码\6-3）。

1．页面结构图

本案例主要由有序列表和无序列表来实现，具体页面结构如图 6-12 所示。

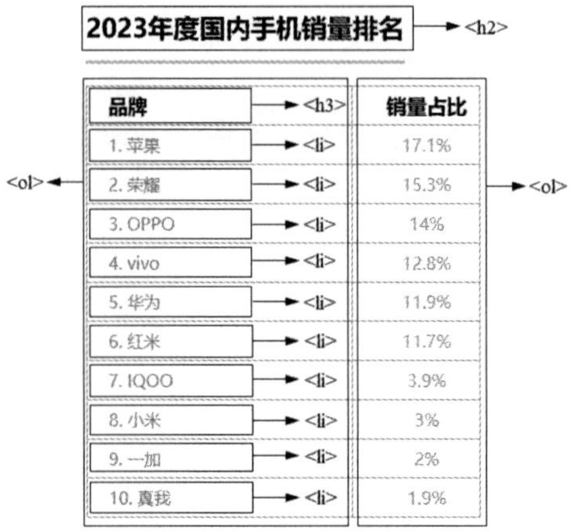

图 6-12　页面结构图 4

2．代码实现

（1）新建 index.html 文件，然后在该文件的<title>标签中添加网页标题，并且在<body>标签中添加有序列表及无序列表等内容，关键代码如下。

```
<div class="cont">
    <h2>2023 年度国内手机销量排名</h2>
    <div>
        <!--添加有序列表-->
        <ol>
            <h3>品牌</h3>
            <li>苹果</li>
            <li>荣耀</li>
            <li>OPPO</li>
            <li>vivo</li>
            <li>华为</li>
            <li>红米</li>
            <li>IQOO</li>
            <li>小米</li>
            <li>一加</li>
            <li>真我</li>
        </ol>
        <!--添加无序列表-->
        <ul>
            <h3>销量占比</h3>
            <li>17.1%</li>
            <li>15.3%</li>
            <li>14%</li>
            <li>12.8%</li>
            <li>11.9%</li>
            <li>11.7%</li>
            <li>3.9%</li>
            <li>3%</li>
            <li>2%</li>
            <li>1.9%</li>
        </ul>
    </div>
</div>
```

（2）新建 CSS 文件，在 CSS 文件中添加 CSS 代码设置页面样式，关键代码如下。

```
*{                                          /*清除页面中默认的内外间距*/
    padding: 0;
```

```
    margin: 0;
}
.cont{                                              /*设置页面的整体样式*/
    margin: 20px auto;                              /*设置外边距*/
    width: 950px;                                   /*设置整体的宽度*/
    height: 440px;
    padding: 100px 0 0 280px;
}
h2{                                                 /*设置标题的样式*/
    padding: 2px 0 15px;                            /*设置内边距*/
    width: 300px;                                   /*设置宽度*/
    border-bottom: 3px solid rgb(255,189,146);      /*设置下边框*/
}
/*省略其他 CSS 代码*/
```

（3）返回 index.html 文件，在该文件的<head>标签中引入 CSS 文件的路径，代码如下。

```
<link href="css/css.css" type="text/css" rel="stylesheet">
```

（4）代码编写完成后，单击 WebStorm 代码区右上角的谷歌浏览器图标，即可在谷歌浏览器中运行本案例，运行结果如图 6-10 所示。

6.3.4 动手试一试

通过案例 3 的学习，读者应该学会使用有序列表标签，特别是在需要排序列表的页面中，有序列表标签特别有用。然后，读者可以通过有序列表标签来实现电影票房排行榜页面，具体效果如图 6-13 所示（案例位置：资源包\MR\第 6 章\动手试一试\6-3）。

2023电影票房排行榜

影片名称	票房	上映日期
1. 满江红	45.44亿元	2023-01-22
2. 流浪地球2	40.29亿元	2023-01-22
3. 孤注一掷	38.48亿元	2023-08-08
4. 消失的她	35.23亿元	2023-06-22
5. 封神第一部	26.34亿元	2023-07-20
6. 八角笼中	22.07亿元	2023-07-06
7. 长安三万里	18.24亿元	2023-07-08
8. 熊出没·伴我“熊芯”	14.95亿元	2023-01-22
9. 坚如磐石	13.51亿元	2023-09-28
10. 人生路不熟	11.84亿元	2023-04-28

图 6-13 电影票房排行榜页面

6.4 【案例 4】使用表格设计购物车页面

【案例 4】使用表格设计购物车页面

6.4.1 案例描述

本案例实现使用表格设计购物车页面，效果如图 6-14 所示。本案例通过 HTML5 中的表格标签来实现，表格标签与列表标签同样重要，特别是在网站后台的页面设计中，经常会用到表格标签。下面详细讲解表格标签的相关内容。

图 6-14　表格设计的购物车页面

6.4.2　技术准备

表格是排列内容的最佳工具。在 HTML 页面中，有很多页面是使用表格进行排版的。简单的表格由<table>标签、<tr>标签和<td>标签组成。使用<table>表格标签，可以实现课程表、成绩单等常见的表格。

1．简单表格

添加表格时，需要在<table>表格标签中添加行标签<tr>与单元格标签<td>。

（1）语法格式

```
<table>
   <tr>
      <td>单元格内的文字</td>
      <td>单元格内的文字</td>
      …
   </tr>
   <tr>
      <td>单元格内的文字</td>
      <td>单元格内的文字</td>
      …
   </tr>
   …
</table>
```

（2）语法解释

<table>和</table>标签分别表示一个表格的开始和结束；而<tr>和</tr>标签则分别表示表格中一行的开始和结束，在表格中包含几组<tr>和</tr>标签，就表示该表格为几行；<td>和</td>标签分别表示一个单元格的开始和结束，也可以说表示一行中包含几列。

2．表格的合并

表格的合并是指在复杂的表格结构中，有些单元格跨多个列，有些单元格跨多个行。

（1）语法格式

```
<td colspan="跨的列数">
<td rowspan="跨的行数">
```

（2）语法解释

跨的列数是指单元格在水平方向上跨列的个数，跨的行数是指单元格在垂直方向上跨行的个数。

（3）举例

使用表格制作一个考试成绩表，具体代码如下（案例位置：资源包\MR\第 6 章\示例\6-4）。

```
<!DOCTYPE html>
<html>
<head>
   <!--指定页面编码格式-->
   <meta charset="UTF-8">
   <title>基本表格</title>
   <style>
      .head td{
         width: 80px;
      }
      td{
         border: 1px solid;
         text-align: center;
      }
   </style>
</head>
<body>
<h2>考试成绩表</h2>
<!--<table>为表格标记-->
<table>
   <!--<tr>为行标签-->
   <tr class="head">
      <!--<td>为单元格-->
      <td>姓名</td>
      <td>语文</td>
      <td>数学</td>
      <td>英语</td>
   </tr>
   <tr>
      <td>张三</td>
      <td>96 分</td>
      <td>89 分</td>
      <td>67 分</td>
   </tr>
   <tr>
      <td>李四</td>
      <td>76 分</td>
      <td>85 分</td>
      <td>98 分</td>
   </tr>
   <tr>
      <td>王五</td>
      <td>89 分</td>
      <td>82 分</td>
      <td>97 分</td>
   </tr>
</table>
</body>
</html>
```

页面效果如图 6-15 所示。

考试成绩表

姓名	语文	数学	英语
张三	96分	89分	67分
李四	76分	85分	98分
王五	89分	82分	97分

图 6-15　考试成绩表页面

6.4.3　案例实现

【例 6-4】 使用表格设计购物车页面（案例位置：资源包\MR\第 6 章\源代码\6-4）。

1．页面结构图

本案例实现使用表格设计购物车页面。该页面中运用了单元格的合并方法，具体的表格样式及表格中的其他表格标签如图 6-16 所示。

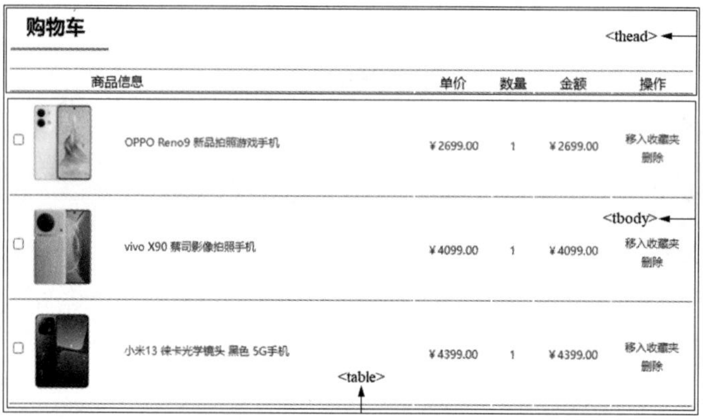

图 6-16　页面结构图 5

2．代码实现

（1）新建 index.html 文件，在该文件中将<title>标签中的内容写为网页的标题，然后在<body>标签中添加表格标签、文字和图片等内容，关键代码如下。

```
<table>
   <!--tr 表示表格的行，td 表示表格的列-->
   <thead>
   <tr>
      <td colspan="12">
         <h2>购物车</h2>
      </td>
   </tr>
   <tr>
      <td colspan="3">商品信息</td>
      <td>单价</td>
      <td>数量</td>
      <td>金额</td>
      <td>操作</td>
   </tr>
   </thead>
   <tbody>
   <tr>
      <td colspan="3">
```

```
            <div><input type="checkbox" name="ck"></div>
            <div><img src="img/oppo.jpg" alt=""></div>
            <div class="margin"><span>OPPO Reno9 新品拍照游戏手机</span></div>
        </td>
        <td>¥2699.00</td>
        <td>1</td>
        <td>¥2699.00</td>
        <td><span>移入收藏夹</span><span>删除</span></td>
    </tr>
    <tr>
        <td colspan="3">
            <div><input type="checkbox" name="ck"></div>
            <div><img src="img/vivo.jpg" alt=""></div>
            <div class="margin"><span>vivo X90 蔡司影像拍照手机</span></div>
        </td>
        <td>¥4099.00</td>
        <td>1</td>
        <td>¥4099.00</td>
        <td><span>移入收藏夹</span><span>删除</span></td>
    </tr>
    <tr>
        <td colspan="3">
            <div><input type="checkbox" name="ck"></div>
            <div><img src="img/mi.jpg" alt=""></div>
            <div class="margin"><span>小米 13 徕卡光学镜头 黑色 5G 手机</span></div>
        </td>
        <td>¥4399.00</td>
        <td>1</td>
        <td>¥4399.00</td>
        <td><span>移入收藏夹</span><span>删除</span></td>
    </tr>
    </tbody>
</table>
```

（2）在 index.html 文件的<head>标签中添加<style>标签，然后在<style>标签中添加 CSS 代码，设置表格样式，关键代码如下。

```
<style>
    table{                                              /*设置表格的整体样式*/
        width: 830px;                                   /*设置表格的宽度*/
    }
    td{                                                 /*设置表格列的样式*/
        border-bottom: 1px solid #666;                  /*设置下边框*/
    }
    thead>:first-child td h2{                           /*设置“购物车”的样式*/
        padding: 0 20px 10px;                           /*设置内边距*/
        width: 80px;                                    /*设置宽度*/
        border-bottom: 3px solid rgb(255,127,0);        /*设置下边框*/
    }
    thead>:last-child{
        text-align: center;
    }
    thead>:last-child>:first-child{
        text-align: left;
        padding-left: 100px;
    }
```

```
    tbody tr{                                   /*设置表格主体部分的样式*/
        height: 120px;                          /*设置高度*/
        text-align: center;                     /*设置文字的对齐方式*/
        color: #333;                            /*设置文字的颜色*/
    }
    tbody{
        margin-top: 20px;
        font-size: 13px;                        /*设置字号*/
    }
/*省略其他 CSS 代码*/
</style>
```

（3）代码编写完成后，单击 WebStorm 代码区右上角的谷歌浏览器图标，即可在谷歌浏览器中运行本案例，运行结果如图 6-14 所示。

6.4.4 动手试一试

案例 4 讲解了表格的使用方法，学习完案例 4 的相关知识后，读者可以尝试使用表格制作一个课程表页面，具体效果如图 6-17 所示（案例位置：资源包\MR\第 6 章\动手试一试\6-4）。

课程表

		星期一	星期二	星期三	星期四	星期五
上午	1	数学	语文	英语	体育	语文
	2	音乐	英语	政治	美术	音乐
下午	3	舞蹈	化学	生物	历史	政治
	4	数学	体育	生物	历史	美术

图 6-17　制作课程表页面

6.5 AIGC 辅助编程——使用有序列表和表格构建网页

在使用有序列表和表格构建网页时，AIGC 工具可以提供有力的支持。以下介绍如何利用 AIGC 工具来巩固本章所学的知识。

6.5.1 使用有序列表模拟 QQ 联系人列表

在 AIGC 工具的输入框中输入“编写一个案例，使用有序列表模拟 QQ 联系人列表”，AIGC 工具会自动生成案例代码，其中，HTML 关键代码如下。

```
<body>
    <h1>QQ 联系人列表</h1>
    <ol>
        <li>
            <span class="name">张三</span>
            <span class="status">(在线)</span>
        </li>
        <li>
            <span class="name">李四</span>
            <span class="status">(离线)</span>
        </li>
        <li>
            <span class="name">王五</span>
```

```
            <span class="status">(在线)</span>
        </li>
        <!-- 更多联系人…… -->
    </ol>
</body>
```

CSS 代码如下。

```
body {
            font-family: Arial, sans-serif;
        }
        ol {
            list-style-type: none;                /*移除默认的列表样式*/
            padding: 0;
        }
        li {
            padding: 10px;
            border-bottom: 1px solid #ddd;        /*添加分隔线*/
        }
        .name {
            font-weight: bold;                    /*名字加粗*/
        }
        .status {
            color: #999;                          /*状态信息颜色较淡*/
            font-size: 14px;
        }
```

实现效果如图 6-18 所示。

图 6-18　使用有序列表模拟 QQ 联系人列表

6.5.2　使用表格设计员工信息表

在 AIGC 工具的输入框中输入“编写一个案例，使用表格设计员工信息表”，AIGC 工具会自动生成案例代码，其中，HTML 关键代码如下。

```
<body>
  <h2>员工信息表</h2>
  <table>
    <tr>
      <th>员工编号</th>
      <th>姓名</th>
      <th>性别</th>
      <th>年龄</th>
      <th>职位</th>
    </tr>
    <tr>
      <td>001</td>
      <td>张三</td>
      <td>男</td>
      <td>28</td>
```

```
            <td>工程师</td>
        </tr>
        <tr>
            <td>002</td>
            <td>李四</td>
            <td>女</td>
            <td>32</td>
            <td>经理</td>
        </tr>
        <!-- 添加更多员工信息行 -->
    </table>
</body>
```

CSS 代码如下。

```
        table {
            width: 100%;
            border-collapse: collapse;
        }
        th, td {
            border: 1px solid black;
            padding: 8px;
            text-align: left;
        }
        th {
            background-color: #f2f2f2;
        }
```

实现效果如图 6-19 所示。

员工信息表

员工编号	姓名	性别	年龄	职位
001	张三	男	28	工程师
002	李四	女	32	经理

图 6-19 使用表格设计员工信息表

小结

本章讲解了列表与表格的相关知识，学习完本章的内容，读者应该学会各种列表与表格的使用方法，并且知晓各自的适用范围，以便在布局网页时能够灵活地选择。在网页开发中，无序列表常被用于导航等内容，有序列表则被用于网站中需要排序的内容，定义列表可被用于图文结合的内容，而表格则是布局“神器”。

习题

6-1 与定义列表相关的标签有哪些？它们的作用是什么？

6-2 有序列表和无序列表的区别是什么？

6-3 有序列表的序号类型有哪些？

6-4 在 HTML 5 中，绘制一张表格时，通常需要使用哪几种标签？

6-5 在 HTML 5 中，合并单元格的方式有哪两种？

第 7 章 CSS3 布局与动画

本章要点

- ❑ 深入学习 CSS3 布局
- ❑ 掌握 CSS3 中 transform 的使用方法
- ❑ 熟悉 CSS3 中 transition 的使用方法
- ❑ 灵活运用 CSS3 在网页中自定义动画

在第 6 章中，我们学习了非常重要的布局工具—— 表格和列表。接下来，本章将通过案例 1 让读者深入了解 CSS 布局，希望读者能变换思维，根据具体的需求，灵活运用 HTML5 中的各种布局技术；而其他 3 个案例的目的是让读者学习如何在网页中添加动画。

7.1 【案例 1】实现购物网站中的“主题购”页面

【案例 1】实现购物网站中的“主题购”页面

7.1.1 案例描述

本案例中我们将使用 CSS3 中的布局实现图 7-1 所示的购物网站中的“主题购”页面。在实际开发中，我们普遍使用 CSS3 进行页面设计和布局。那么，CSS3 布局有什么样的优点呢？在学习 CSS3 布局技巧之前，我们应了解并掌握 CSS3 中 display 属性和 float 属性的用法。下面将对它们进行详细的讲解。

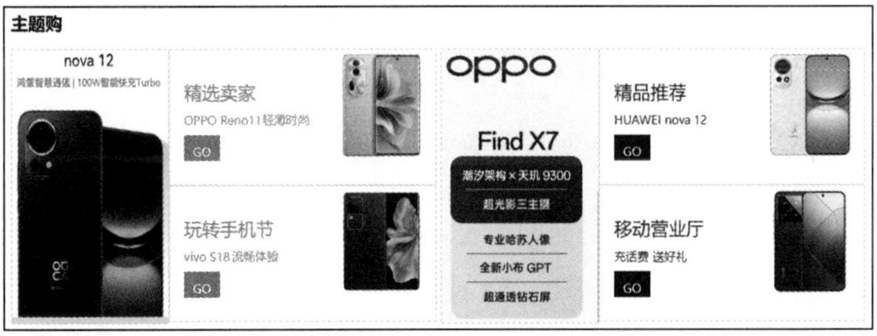

图 7-1 购物网站中的“主题购”页面

7.1.2 技术准备

1. display 属性

display 属性是 CSS 中最重要的、用于控制布局的属性之一。每一个标签都有一个默认的 display 值，其与标签的类型有关，默认值通常是 block 或 inline。值为 block 的标签通常称为块状标签，值为 inline 的标签通常称为行内标签。

（1）块状标签

<div>标签是一个标准的块状标签，一个块状标签会新开始一行并且尽可能撑满容器。常用的块状标签有<p>标签和<form>标签等，如图 7-2 所示。

图 7-2 块状标签的演示

（2）行内标签

<span>标签是一个标准的行内标签。在段落中，一个行内标签可以包含一些文字，但不会打乱段落的布局。<a>标签是最常用的行内标签，可以被用作链接，如图 7-3 所示。

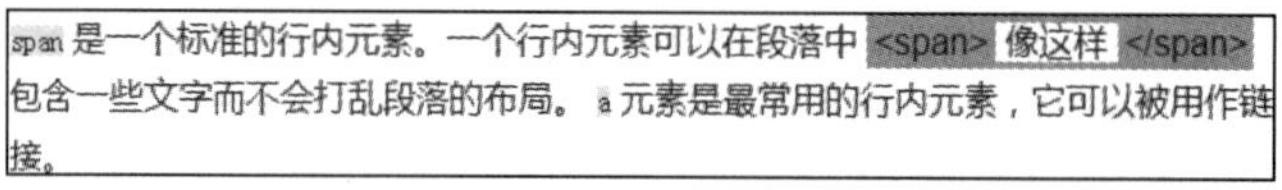

图 7-3 行内标签的演示

2. float 属性

布局中经常使用的另一个 CSS 属性是 float 属性，float 属性定义标签在哪个方向浮动。以前这个属性经常被应用于图像，使文本围绕在图像周围；不过在 CSS3 中，任何标签内容都可以浮动。浮动内容会产生一个块级框，不论它本身是何种标签。

（1）语法格式

```
CSS3 选择器{
    float: right 或 left
}
```

（2）语法解释

left 值表示标签向左浮动，right 值表示标签向右浮动。如果在一行中只有极少的空间可供浮动内容，那么这个浮动标签内容就会跳至下一行，这个过程会持续到某一行拥有足够的空间为止。

（3）举例

实现表情包的浮动，代码如下（案例位置：资源包\MR\第 7 章\示例\7-1）。

```
<!DOCTYPE html>
<html lang="en">
<head>
    <meta charset="UTF-8">
    <title>表情包的浮动</title>
    <style>
        .cont{                          /*设置页面的整体样式*/
            width: 500px;               /*设置页面的整体宽度*/
            margin: 0 auto;             /*设置页面的整体外边距*/
        }
        img{                            /*设置表情图片的样式*/
            height: 100px;              /*设置图片统一高度*/
            width: 100px;               /*设置图片统一宽度*/
        }
        .cont div{
```

```
            float: left;                /*设置浮动为左浮动*/
        }
    </style>
</head>
<body>
<div class="cont">
    <div><img src="img/1.png" alt=""></div>
    <div><img src="img/2.png" alt=""></div>
    <div><img src="img/3.png" alt=""></div>
    <div><img src="img/4.png" alt=""></div>
</div>
</body>
</html>
```

页面效果如图 7-4 所示。

图 7-4 float 属性的示例页面

7.1.3 案例实现

【例 7-1】 实现购物网站中的“主题购”页面（案例位置：资源包\MR\第 7 章\源代码\7-1）。

1. 页面结构图

本案例主要通过在<div>标签中添加图片及文字等内容来实现，具体页面结构如图 7-5 所示，由于需要为文字设置不同的颜色和背景，因此在<div>标签中嵌套了<span>标签，具体页面结构如图 7-6 所示。

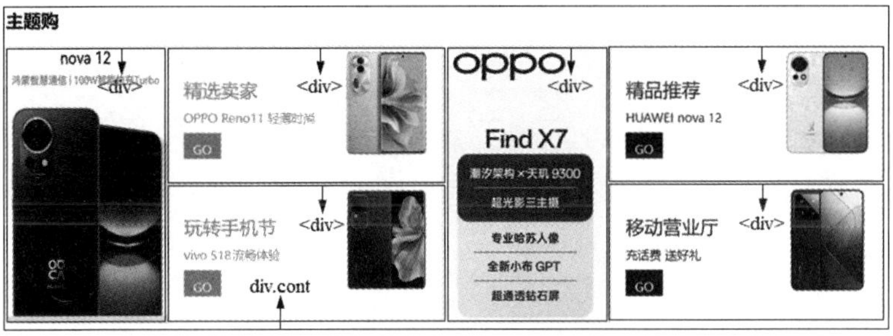

图 7-5 页面结构图 1

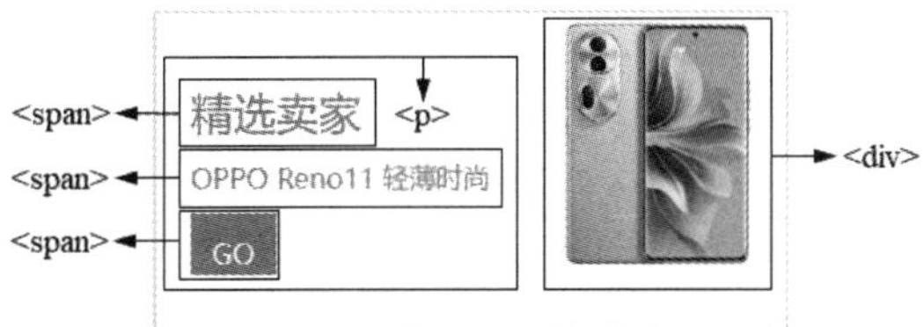

图 7-6 页面结构图 2

2. 代码实现

（1）新建 index.html 文件，在该文件的<title>标签中设置网页标题，然后在<body>标签中添加<div>等标签，具体代码如下。

```
<div class="cont">
<h2>主题购</h2>
<div class="left">
   <div class="pic"><img src="img/sole1.png" alt=""> </div>
   <div>
      <div>
         <p><span>精选卖家</span><span>OPPO Reno11 轻薄时尚</span><span>GO</span></p>
         <div><img src="img/mobil1.png" alt=""> </div>
      </div>
      <div>
         <p><span>玩转手机节</span><span>vivo S18 流畅体验</span><span>GO</span></p>
         <div><img src="img/mobil2.png" alt=""> </div>
      </div>
   </div>
</div>
   <div class="left right">
      <div class="pic"><img src="img/sole2.png" alt=""> </div>
      <div>
         <div>
            <p><span>精品推荐</span><span>HUAWEI nova 12</span><span>GO</span></p>
            <div><img src="img/mobil3.png" alt=""> </div>
         </div>
         <div>
            <p><span>移动营业厅</span><span>充话费 送好礼</span><span>GO</span></p>
            <div><img src="img/mobil4.png" alt=""> </div>
         </div>
      </div>
   </div>
</div>
```

（2）新建 CSS 文件，并命名为 css.css，在该文件中添加 CSS 代码，具体代码如下。

```
.cont{
   width: 1200px;              /*设置宽度*/
   margin: 0 auto;             /*设置外边距*/
}
.left{
   float: left;                /*设置左浮动*/
   width: 600px;               /*设置宽度*/
}
.left .pic img{
   border: 1px solid #F6E1DC;  /*设置边框*/
}
.left>div{
   float: left;                /*设置左浮动*/
}
.left>div>div{
   height: 182px;              /*设置高度*/
   border: 1px solid #F6E1DC;  /*设置边框*/
}
.left>div>div>div img{
   width: 150px;               /*设置宽度*/
}
.left>div>div p{
   float: left;                /*设置左浮动*/
   padding: 15px 0 0 20px;     /*设置内边距*/
   width: 200px;               /*设置宽度*/
}
```

```
.left>div>div p span{
    display: block;           /*设置为块状元素*/
    color: #FF815A;           /*设置文字的颜色*/
    padding-top: 10px;        /*设置上内边距*/
}
.left>div>div p:first-child{
    font-size: 25px;          /*设置文字的大小*/
}
.left>div>div p:last-child{
    margin-top: 10px;         /*设置上外边距*/
    height: 25px;             /*设置高度*/
    line-height: 25px;        /*设置行高*/
    background: #FF815A;      /*设置背景颜色*/
    color: #fff;              /*设置文字的颜色*/
    width: 50px;              /*设置宽度*/
    text-align: center;       /*设置文本水平居中显示*/
}
.left>div>div div{
    float: left;              /*设置左浮动*/
}
.right>div>div p span{
    color: #00f;              /*设置文字的颜色*/
}
.right>div>div p:last-child{
    background: #00f;         /*设置背景颜色*/
}
```

（3）编辑完 CSS 代码后，返回 index.html 文件，在该文件的<head>标签中引入 CSS 文件路径，代码如下。

```
<link href="css/css.css" type="text/css" rel="stylesheet">
```

（4）引入 CSS 文件路径以后，单击 WebStorm 代码区右上角的谷歌浏览器图标，即可在谷歌浏览器中运行本案例，运行结果如图 7-1 所示。

7.1.4 动手试一试

通过案例 1 的学习，读者应了解 CSS3 布局的特点，掌握 CSS3 中 display 属性和 float 属性的使用方法和适用场景。然后，读者可以尝试制作一个购物商城的横向导航栏，具体效果如图 7-7 所示（案例位置：资源包\MR\第 7 章\动手试一试\7-1）。

图 7-7　购物商城的横向导航栏

7.2 【案例 2】实现鼠标指针滑过图片时的平移效果

【案例 2】实现鼠标指针滑过图片时的平移效果

7.2.1 案例描述

本案例实现鼠标指针滑过图片时的平移效果。图 7-8 所示为购物网站中的“热卖推荐”页面，将鼠标指针停留在商品图片上时，图片会向左平移。这里为大家讲解 CSS3 中的 transform 动画属性。

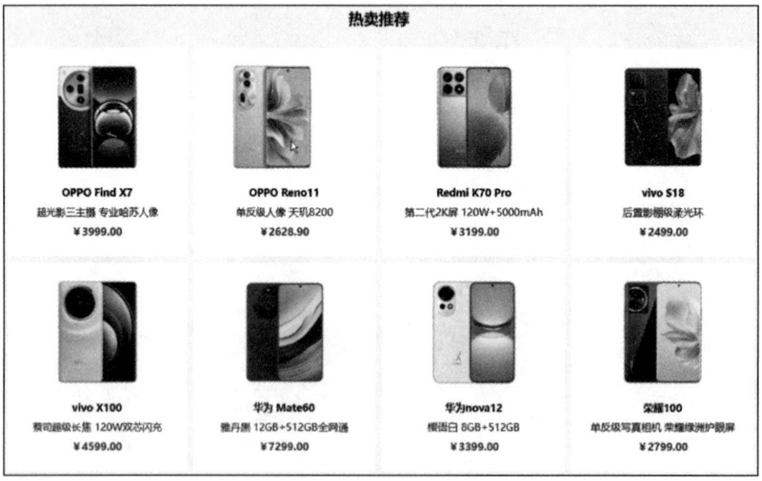

图 7-8 鼠标指针滑过图片时的平移效果

7.2.2 技术准备

CSS3 中提供了 transform 和 transform-origin 两个用于实现 2D 变换的属性。其中，transform 属性用于实现平移、缩放、旋转和倾斜等 2D 变换，而 transform-origin 属性则用于设置中心点的变换。

（1）语法格式

```
<style>
   选择器{
      transform: 属性值;
}
</style>
```

（2）语法解释

transform 属性的属性值及其含义如表 7-1 所示。

表 7-1 transform 属性的属性值及其含义

属性值	含义
none	表示无变换
translate(<length>[,<length>])	表示实现 2D 平移。第一个参数对应水平方向，第二个参数对应垂直方向。如果第二个参数未提供，则默认值为 0
translateX(<length>)	表示在 X 轴（水平方向）上实现平移。参数 length 表示移动的距离
translateY(<length>)	表示在 Y 轴（垂直方向）上实现平移。参数 length 表示移动的距离

属性值	含义
scaleX(<number>)	表示在 X 轴上进行缩放
scaleY(<number>)	表示在 Y 轴上进行缩放
scale(<number>[[,<number>]]	表示进行 2D 缩放。第一个参数对应水平方向，第二个参数对应垂直方向。如果第二个参数未提供，则默认取第一个参数的值
skew(<angle>[,<angle>])	表示进行 2D 倾斜。第一个参数对应水平方向，第二个参数对应垂直方向。如果第二个参数未提供，则默认值为 0
skewX(<angle>)	表示在 X 轴上进行倾斜
skewY(<angle>)	表示在 Y 轴上进行倾斜
rotate(<angle>)	表示进行 2D 旋转。参数 angle 用于指定旋转的角度
matrix(<number>,<number>,<number>, <number>,<number>,<number>)	表示一个基于矩阵变换的函数。它以一个包含 6 个值(a,b,c,d,e,f)的变换矩阵的形式指定一个 2D 变换，相当于直接应用一个[a b c d e f]变换矩阵。也就是基于 X 轴（水平方向）和 Y 轴（垂直方向）重新定位标签，此属性值的使用涉及数学中的矩阵

说明： transform 属性支持一个或多个变换函数。也就是说，transform 属性可以实现平移、缩放、旋转和倾斜等组合的变换效果。不过，在为其指定多个属性值时不是使用逗号“,”进行分隔，而是使用空格进行分隔。

（3）举例

在 HTML 页面中，当鼠标指针停留在手机图片时，手机图片显示对应的变形效果，关键代码如下（案例位置：资源包\MR\第 7 章\示例\7-2）。

```
<style type="text/css">
  .cont{
    width: 900px;
    height: 900px;
    margin: 0 auto;
    text-align: center;
  }
  img{
    width: 150px;
    height: 300px;
    padding-top: 20px;
  }
  .cont .box{
    width: 430px;
    height: 430px;
    float: left;
    border: 10px #FF8080 dashed;
    color: #804040;
    text-align: center;
  }
  .cont .box:hover .img1{
    transform: rotate(30deg);                /*顺时针旋转 30°*/
  }
  .cont .box:hover .img2{
    transform: scaleX(2);                    /*在 X 轴上进行缩放*/
  }
  .cont .box:hover .img3{
    transform: translateX(60px);             /*在 X 轴上进行平移*/
  }
  .cont .box:hover .img4{
```

```
        transform: skew(3deg,30deg);            /*在 X 轴和 Y 轴上进行倾斜*/
    }
  </style>
<body>
<div class="cont">
  <div class="box">
    <h2>旋转</h2>
    <img src="images/1.jpg" alt="img1" class="img1">
  </div>
  <div class="box">
    <h2>缩放</h2>
    <img src="images/2.jpg" alt="img1" class="img2">
  </div>
  <div class="box">
    <h2>平移</h2>
    <img src="images/3.jpg" alt="img1" class="img3">
  </div>
  <div class="box">
    <h2>倾斜</h2>
    <img src="images/4.jpg" alt="img1" class="img4">
  </div>
</div>
</body>
```

页面效果如图 7-9 所示。

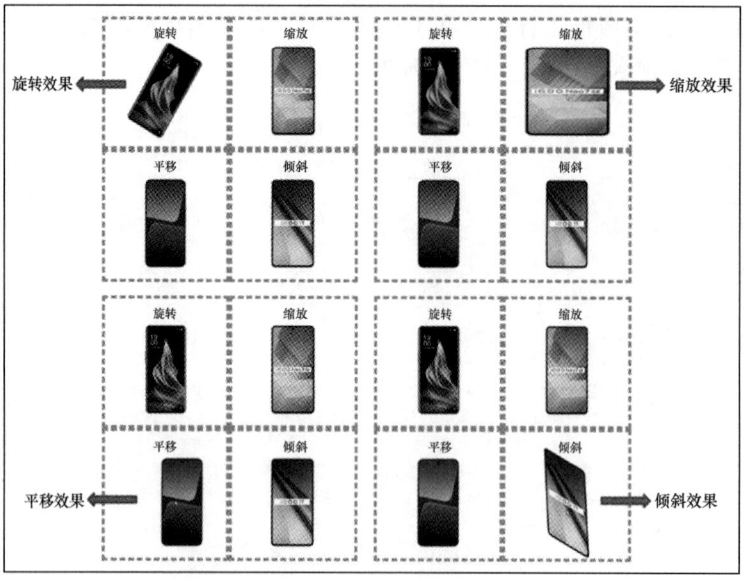

图 7-9　transform 的示例页面

7.2.3　案例实现

【例 7-2】 实现鼠标指针滑过图片时的平移效果（案例位置：资源包\MR\第 7 章\源代码\7-2）。

1．页面结构图

本案例的商品部分主要由 8 个定义列表来实现，如图 7-10 所示。在每一个定义列表中，图片为<dt>标签中的内容，而文字为<dd>标签中的内容，其中每一行文字对应一个<p>标签，具体标签的嵌套方式如图 7-11 所示。

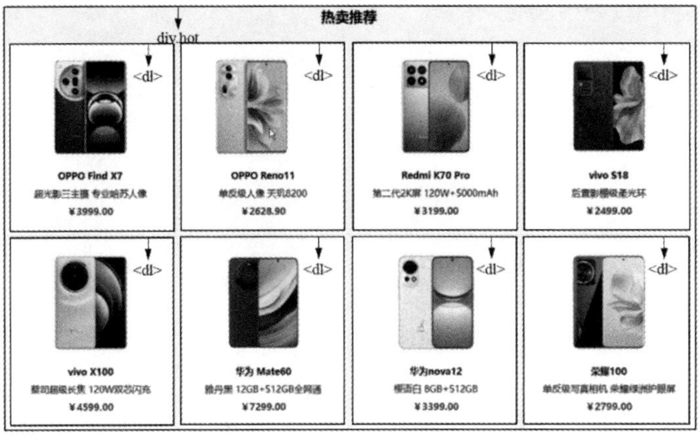

图 7-10　页面结构图 3

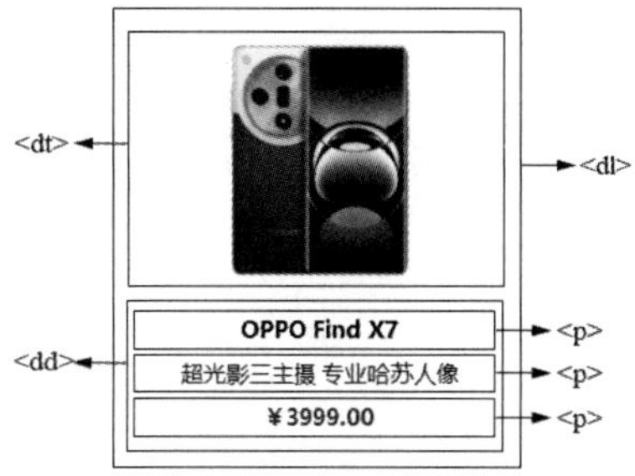

图 7-11　页面结构图 4

2．代码实现

（1）新建 index.html 文件，在该文件中写入网页标题，然后在<body>标签添加 HTML 代码，关键代码如下。

```
<div class="hot">
   <h2>热卖推荐</h2>
   <div>
      <dl class="box">
         <dt><img src="img/1.png" alt=""></dt>
         <dd class="show">
            <p>OPPO Find X7</p>
            <p class="font">超光影三主摄 专业哈苏人像</p>
            <p class="color">¥3999.00</p>
         </dd>
      </dl>
      <dl class="box">
         <dt><img src="img/2.png" alt=""></dt>
         <dd class="show">
            <p>OPPO Reno11</p>
            <p class="font">单反级人像 天玑 8200</p>
            <p class="color">¥2628.90</p>
         </dd>
      </dl>
      <dl class="box">
         <dt><img src="img/3.png" alt=""></dt>
         <dd class="show">
            <p>Redmi K70 Pro</p>
            <p class="font">第二代 2K 屏 120W+5000mAh</p>
            <p class="color">¥3199.00</p>
         </dd>
      </dl>
      <dl class="box">
         <dt><img src="img/4.png" alt=""></dt>
         <dd class="show">
            <p>vivo S18</p>
            <p class="font">后置影棚级柔光环</p>
            <p class="color">¥2499.00</p>
         </dd>
      </dl>
      <dl class="box">
```

```
            <dt><img src="img/5.png" alt=""></dt>
            <dd class="show">
               <p>vivo X100</p>
               <p class="font">蔡司超级长焦 120W 双芯闪充</p>
               <p class="color">¥4599.00</p>
            </dd>
        </dl>
    <!--省略其他相似代码-->
    </div>
</div>
```

（2）新建 CSS 文件，在 CSS 文件中添加 CSS 代码，具体代码如下。

```
*{
 padding: 0;                          /*设置内边距*/
 margin: 0;                           /*设置外边距*/
 list-style: none;                    /*设置列表为无样式*/
 font-size: 14px;                     /*设置文字的大小*/
}
body{
 background: rgb(247,247,245);        /*设置背景颜色*/
}
.hot{
 width: 1200px;                       /*设置宽度*/
 font-size: 12px;                     /*设置文字的大小*/
 line-height: 20px;                   /*设置行高*/
 margin: 30px auto;                   /*设置外边距*/
}
h2{
 width: 1200px;                       /*设置宽度*/
 text-align: center;                  /*设置文本水平居中显示*/
 font-size: 24px;                     /*设置文字的大小*/
 margin: 30px auto;                   /*设置外边距*/
}

.box dt{
 width: 292px;                        /*设置宽度*/
 height: 202px;                       /*设置高度*/
}
.box{
 float: left;                         /*设置左浮动*/
 width: 290px;                        /*设置宽度*/
 height: 320px;                       /*设置高度*/
 margin: 5px;                         /*设置外边距*/
 background: #fff;                    /*设置背景颜色*/
 text-align: center;                  /*设置文本水平居中显示*/
}
.box img{
 width: 172px;                        /*设置宽度*/
 height: 172px;                       /*设置高度*/
 padding: 20px 60px 20px;             /*设置内边距*/
}
.hot img:hover{
 transform: translateX(-20px);        /*设置水平向左平移 20 像素*/
}
```

```
.show p{
 width: 290px;              /*设置宽度*/
 text-align: center;        /*设置文本水平居中显示*/
 padding-top: 10px;         /*设置上内边距*/
 font:bold 16px/20px "";    /*设置字体*/
 clear: both;               /*清除浮动*/
}
.show  .font{
 font:normal 16px/20px ""; /*设置字体*/
}
.color{
 color: #f00;               /*设置文字的颜色*/
}
```

（3）编写完 CSS 代码后，返回 index.html 文件，在 index.html 文件中引入 CSS 文件，代码如下。

```
<link href="css/css.css" type="text/css" rel="stylesheet">
```

（4）代码编写完成后，单击 WebStorm 代码区右上角的谷歌浏览器图标，即可在谷歌浏览器中运行本案例，运行结果如图 7-8 所示。

7.2.4　动手试一试

学习完案例 2 的相关内容后，读者应该学会使用 CSS3 中的 transform 属性，变换属性可以使页面的布局效果更加丰富多彩。然后，读者可以尝试制作自己的相册，当鼠标指针滑过相册时照片展开，当鼠标指针放置在照片上时照片放大。具体效果如图 7-12 所示（案例位置：资源包\MR\第 7 章\动手试一试\7-2）。

图 7-12　当鼠标指针放置在照片上时照片放大

7.3【案例 3】为导航菜单添加动画特效

【案例 3】为导航菜单添加动画特效

7.3.1　案例描述

本案例实现了一个导航菜单的动画效果，具体效果如图 7-13 所示。当鼠标指针停留在某一个导航菜单上时，该导航菜单就会逐渐下拉直至完全显示；当鼠标指针离开该导航菜单时，其子菜单又会收起，这里就运用了过渡效果。下面将对其进行详细的讲解。

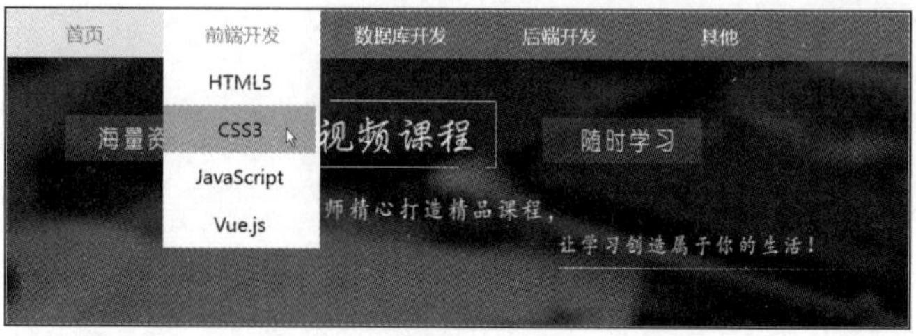

图 7-13　为导航菜单添加动画特效

7.3.2　技术准备

CSS3 提供了用于实现过渡效果的 transition 属性，该属性可以用于设置 HTML 标签的某个属性发生改变时所经历的时间，并且以平滑渐变的方式发生改变，从而形成动画效果。本节将逐一介绍 transition 的属性。

（1）指定参与过渡的属性

CSS3 中指定参与过渡的属性为 transition-property，该属性的语法格式如下。

```
transition-property: all | none | <property>[ <property> ]
```

- all：默认值，表示所有可以进行过渡的 CSS 属性。
- none：表示不指定过渡的 CSS 属性。
- <property>：表示指定要进行过渡的 CSS 属性；可以同时指定多个属性值，使用英文逗号“,”进行分隔。

（2）指定过渡持续时间的属性

CSS3 中指定过渡持续时间的属性为 transition-duration，该属性的语法格式如下。

```
transition-duration: <time>[ ,<time> ]
```

<time>用于指定过渡持续的时间，默认值为 0，如果存在多个属性值，则使用英文逗号“,”进行分隔。

（3）指定过渡延迟时间的属性

CSS3 中指定过渡延迟时间的属性为 transition-delay，表示延迟多长时间才开始过渡，该属性的语法格式如下。

```
transition-delay: <time>[ ,<time> ]
```

<time>用于指定延迟过渡的时间，默认值为 0，如果存在多个属性值，则使用英文逗号“,”进行分隔。

（4）指定过渡动画类型的属性

CSS3 中指定过渡动画类型的属性为 transition-timing-function，该属性的语法格式如下。

```
transition-timing-function: linear | ease | ease-in | ease-out | ease-in-out | cubic-
bezier(x1,y1,x2,y2)[,linear|ease|ease-in|ease-out|ease-in-out|cubic-bezier(x1,y1,x2,y2) ]
```

相关属性值及其含义如表 7-2 所示。

表 7-2　transition-timing-function 属性的属性值及其含义

属性值	含义
linear	线性过渡，也就是匀速过渡
ease	平滑过渡，过渡的速度会逐渐慢下来
ease-in	由慢到快，也就是逐渐加速

属性值	含义
ease-out	由快到慢，也就是逐渐减速
ease-in-out	由慢到快再到慢，也就是先加速后减速
cubic-bezier(x1,y1,x2,y2)	特定的贝塞尔曲线类型。因为贝塞尔曲线比较复杂，所以此处不做过多的描述

举例：利用 transition 属性为页面中的 div 元素设置过渡效果，指定过渡属性和过渡时间，当鼠标指针指向 div 元素时使元素放大，并实现过渡效果，具体代码如下（案例位置：资源包\MR\第 7 章\示例\7-3）。

```
<!DOCTYPE html>
<html lang="en">
<head>
    <meta charset="UTF-8">
    <title>设置过渡效果</title>
    <style>
        .demo{
            margin: 150px;                  /*设置外边距*/
            background-color: #0000FF;      /*设置背景颜色*/
            width: 150px;                   /*设置宽度*/
            height: 50px;                   /*设置高度*/
            line-height: 50px;              /*设置行高*/
            color: #FFFFFF;                 /*设置文字的颜色*/
            text-align: center;             /*设置文本水平居中显示*/
            transition-property: width,height,line-height;/*设置参与过渡的属性*/
            transition-duration: 2s;        /*设置过渡的持续时间*/
        }
        .demo:hover{
            width: 300px;                   /*设置宽度*/
            height: 100px;                  /*设置高度*/
            line-height: 100px;             /*设置行高*/
        }
    </style>
</head>
<body>
<div class="demo">天才出于勤奋</div>
</body>
</html>
```

运行本案例时，页面的初始效果如图 7-14 所示。当鼠标指针放置在蓝色区域时，蓝色区域会逐渐放大，并实现过渡效果，如图 7-15 所示；当鼠标指针离开蓝色区域时，蓝色区域会逐渐恢复为图 7-14 所示的初始效果。

图 7-14　过渡前的效果

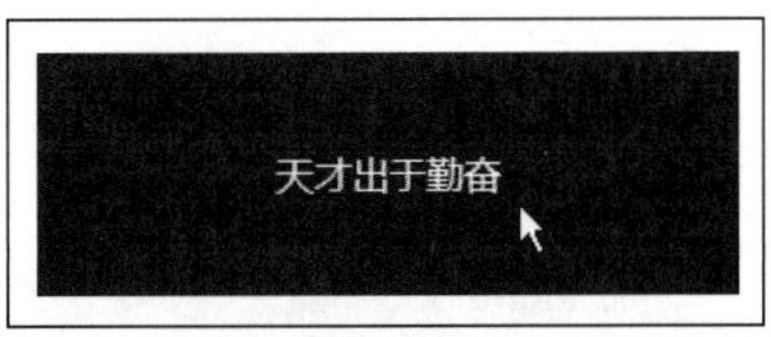

图 7-15　过渡后的效果

7.3.3　案例实现

【例 7-3】 为导航菜单添加动画特效（案例位置：资源包\MR\第 7 章\源代码\7-3）。

1．页面结构图

本案例主要通过无序列表嵌套来实现。在一级导航中，从第 2 个导航菜单至第 5 个导航菜单中都嵌套了一个无序列表，并将 class 属性设置为 drop，具体页面结构如图 7-16 所示。

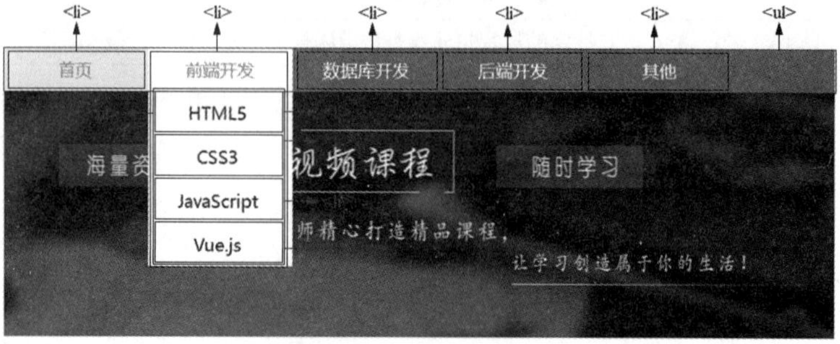

图 7-16　页面结构图 5

2．代码实现

（1）新建 index.html 文件，在该文件中修改网页标题，然后在<body>标签中添加 HTML 代码，关键代码如下。

```
<div class="cont">
   <ul>
      <li>首页</li>
      <li>前端开发
         <ul class="drop">
            <li>HTML5</li>
            <li>CSS3</li>
            <li>JavaScript</li>
            <li>Vue.js</li>
         </ul>
      </li>
      <li>数据库开发
         <ul class="drop">
            <li>Oracle</li>
            <li>MySQL</li>
            <li>Redis</li>
            <li>MongoDB</li>
         </ul>
      </li>
      <li>后端开发
         <ul class="drop">
            <li>Java</li>
            <li>Java Web</li>
            <li>C++</li>
            <li>VC++</li>
         </ul>
      </li>
      <li>其他
         <ul class="drop">
            <li>Android</li>
            <li>Python</li>
            <li>PHP</li>
         </ul>
      </li>
   </ul>
</div>
```

（2）新建 CSS 文件，在 CSS 文件中添加 CSS 代码，关键代码如下。

```
*{                              /*清除页面中默认的内外边距*/
   padding: 0;
   margin: 0;
}
.cont{                          /*设置页面的整体样式*/
   margin: 20px auto;           /*设置整体外边距*/
   width: 968px;                /*设置整体宽度*/
   height: 330px;
   background: url("../img/bg.png");
}
.cont>ul{                       /*设置一级导航无序列表的整体样式*/
   width: 968px;                /*设置宽度*/
   height: 50px;                /*设置高度*/
   background: #777;            /*设置背景颜色*/
   color: #fff;                 /*设置文字的颜色*/
}
/*省略其他 CSS 代码*/
```

（3）编写完 CSS 代码后，返回 index.html 文件，在 index.html 文件中引入 CSS 文件，代码如下。

```
<link href="css/css.css" type="text/css" rel="stylesheet">
```

（4）代码编写完成后，单击 WebStorm 代码区右上角的谷歌浏览器图标，即可在谷歌浏览器中运行本案例，运行结果如图 7-13 所示。

7.3.4 动手试一试

通过案例 3 的学习，读者应该学会使用 CSS3 中的 transition 属性。CSS3 的 transition 属性能够为元素的变化提供更平滑、细腻的效果。然后，读者可尝试制作一个自动拼图的动画效果，页面初始效果如图 7-17 所示。当鼠标指针指向拼图区域时，将所有拼图拼成一张完整的图片，效果如图 7-18 所示（案例位置：资源包\MR\第 7 章\动手试一试\7-3）。

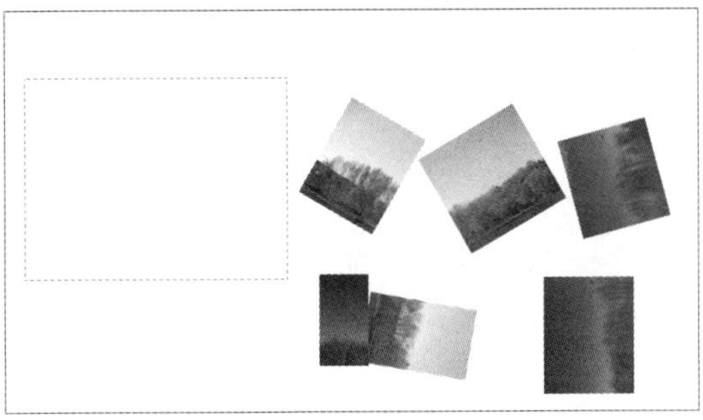

图 7-17 拼图前的效果

图 7-18 拼图后的效果

7.4 【案例 4】使用 CSS3 实现网页轮播图

【案例 4】使用 CSS3 实现网页轮播图

7.4.1 案例描述

轮播图是网页中比较常见的一部分，而 CSS3 可以制作出精美的轮播图动画，图 7-19 就是使用 CSS3 制作的轮播图动画。每隔一段时间，轮播图中的图片会自动向左滑动切换。下面具体讲解 CSS3 动画的 animation 属性。

图 7-19　轮播图动画页面

7.4.2　技术准备

使用 CSS3 实现轮播图动画效果需要两个过程，分别是定义关键帧和引用关键帧。下面将对其进行详细的讲解。

1．关键帧

在实现 animation 动画时，需要先定义关键帧，定义关键帧的语法格式如下。

```
@keyframes name{ <keyframes-blocks> };
```

- name：定义一个动画名称，该动画名称被 animation-name 属性（指定动画名称属性）所使用。
- <keyframes-blocks>：定义动画在不同时间段的样式规则。该属性值包括以下两种定义方式。

第一种方式为使用关键字 from 和 to 来定义关键帧的位置，实现从一个状态过渡到另一个状态，语法格式如下。

```
from{
    属性 1：属性值 1;
    属性 2：属性值 2;
    …
    属性 n：属性值 n;
}
to{
    属性 1：属性值 1;
    属性 2：属性值 2;
    …
    属性 n：属性值 n;
}
```

例如，定义一个名称为 opacityAnim 的关键帧，用于将对象从完全透明的状态过渡到完全不透明的状态，可以使用下面的代码。

```
@-webkit-keyframes opacityAnim{
    from{opacity: 0;}
    to{opacity: 1;}
}
```

第二种方式为使用百分比来定义关键帧的位置，通过百分比来指定过渡的各状态，语法格式如下。

```
百分比 1{
    属性 1: 属性值 1;
    属性 2: 属性值 2;
    …
    属性 n: 属性值 n;
}
…
百分比 n{
    属性 1: 属性值 1;
    属性 2: 属性值 2;
    …
    属性 n: 属性值 n;
}
```

例如，定义一个名称为 complexAnim 的关键帧，用于将对象从完全透明的状态过渡到完全不透明的状态，再逐渐收缩到 60%，最后再从完全不透明的状态过渡到完全透明的状态，可以使用下面的代码。

```
@-webkit-keyframes complexAnim{
    0%{opacity: 0;}
    20%{opacity: 1;}
    50%{-webkit-transform: scale(0.6);}
    80%{opacity: 1;}
    100%{opacity: 0;}
}
```

📖 **说明：**在指定百分比时，一定要加"%"，如 0%、50%和 100%等。

2．动画属性

若要实现 animation 动画，在定义了关键帧以后，则还需要使用动画相关属性来执行关键帧的变化。CSS 为 animation 动画提供了表 7-3 所示的 9 个属性。

表 7-3　animation 动画的属性

属性	属性值	说明
animation	复合属性，以下属性的值的综合	用于指定对象所应用的动画特效
animation-name	name	指定对象所应用的动画名称
animation-duration	time+单位 s（秒）	指定对象动画的持续时间
animation-timing-function	其属性值与 transition-timing-function 属性值相关	指定对象动画的过渡类型
animation-delay	time+单位 s（秒）	指定对象动画延迟的时间
animation-iteration-count	number 或 infinite（无限循环）	指定对象动画的循环次数
animation-direction	normal（默认值，表示正常方向）或 alternate（表示正常方向与反方向交替）	指定对象动画在循环中是否反向运动
animation-play-state	running（默认值，表示运动）或 paused（表示暂停）	指定对象动画的状态
animation-fill-mode	none：不设置动画之外的状态，默认值； forwards：设置对象状态为动画结束时的状态； backwards：设置对象状态为动画开始时的状态； both：设置对象状态为动画结束或开始的状态	指定对象动画时间之外的状态

我们在设置动画属性时，可以将多个动画属性值写在一行，如下面的代码。

```
.mr-in{
   animation-name: lunbo;
```

```
    animation-duration: 3s;
    animation-timing-function: linear;
    animation-direction: normal;
    animation-iteration-count: infinite;
}
```

上述代码设置了动画属性中的动画名称、动画持续时间、动画速度曲线、动画运动方向及动画播放次数，如果将这些属性写在一起，则代码如下。

```
.mr-in{
    animation: lunbo 3s linear normal infinite;
    }
```

7.4.3　案例实现

【例 7-4】 使用 CSS3 实现网页轮播图（案例位置：资源包\MR\第 7 章\源代码\7-4）。

1．页面结构图

本案例中主要有两个嵌套的<div>标签，外层<div>标签隐藏溢出的图片，内层<div>标签中含有 5 张并排显示的图片，然后通过改变内层<div>标签的位置实现轮播图动画，具体的页面结构如图 7-20 所示。

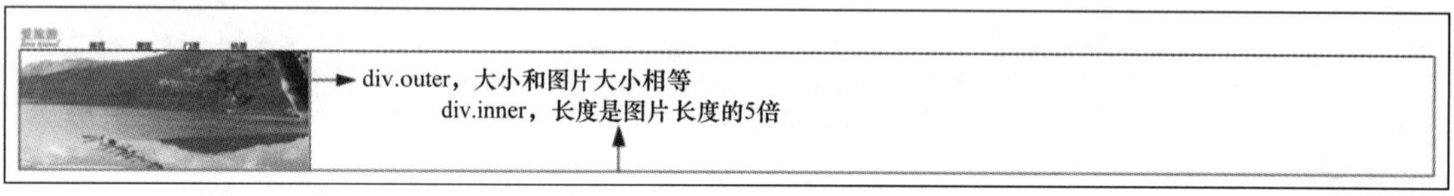

图 7-20　页面结构图 6

2．代码实现

（1）新建 index.html 文件，在该文件的<title>标签中设置网页标题，然后在<body>标签中添加图片等内容，关键代码如下。

```
<div class="mr-top">
    <div class="mr-pic"><img src="img/logo.png" alt=""></div>
    <nav>
        <ul>
            <li>首页</li>
            <li>景区</li>
            <li>门票</li>
            <li>机票</li>
        </ul>
    </nav>
</div>
<div class="outer">
    <div class="inner">
        <img src="img/pic1.jpg" alt="" class="img">
        <img src="img/pic2.jpg" alt="" class="img">
        <img src="img/pic3.jpg" alt="" class="img">
        <img src="img/pic4.jpg" alt="" class="img">
        <img src="img/pic1.jpg" alt="" class="img">
    </div>
</div>
```

（2）新建 style.css 文件，然后在该文件中添加 CSS 代码，设置动画效果，具体代码如下。

```
*{
    padding: 0;
```

```
    margin: 0
}
.mr-top{
    height: 60px;
    width: 100%;
    margin: 0 330px;
}
ul{/*导航*/
    height: 25px;
    margin-top: 37px;
}
ul li{
    width: 90px;
    float: left;
    font-size: 20px;
    font-weight: bold;
    margin-left: 30px;
    text-align: center;
    list-style: none;

}
ul li:hover{
    background-color: burlywood;
    color: white;
}
.mr-pic,nav{
    float: left;
}
.outer{                              /*设置外边容器的大小，以及溢出部分的显示方式为隐藏*/
    clear: both;
    margin: 0 auto;
    overflow: hidden;
    width: 740px;
    height: 300px;
    position: relative;
}
.img{                                /*设置图片的大小*/
    width: 740px;
    height: 300px;
    display: block;
    float: left;

}
.inner{                              /*设置内部盒子的大小位置及动画*/
    width: 3700px;
    height: 300px;
    position: absolute;
    left: 0;
    top: 0;
    animation: move 10s ease normal infinite;
}
/*自定义动画*/
@keyframes move{
    12%{left: 0}
    25%{left: -740px}
    37%{left: -740px}
    50%{left: -1480px}
    62%{left: -1480px}
    75%{left: -2220px}
    82%{left: -2220px}
```

```
    100%{left: -2960px}
}
```

（3）返回 index.html 文件，在该文件中引入 CSS 文件路径，代码如下。

```
<link href="css/style.css" type="text/css" rel="stylesheet">
```

（4）代码编写完成后，单击 WebStorm 代码右上角的谷歌浏览器图标，即可在谷歌浏览器中运行本案例，运行结果如图 7-19 所示。

7.4.4 动手试一试

通过案例 4 的学习，读者应进一步掌握使用 CSS3 在网页中实现动画效果的知识。然后，读者可尝试制作购物商城中商品详情页面的滚动广告效果，如图 7-21 所示（案例位置：资源包\MR\第 7 章\动手试一试\7-4）。

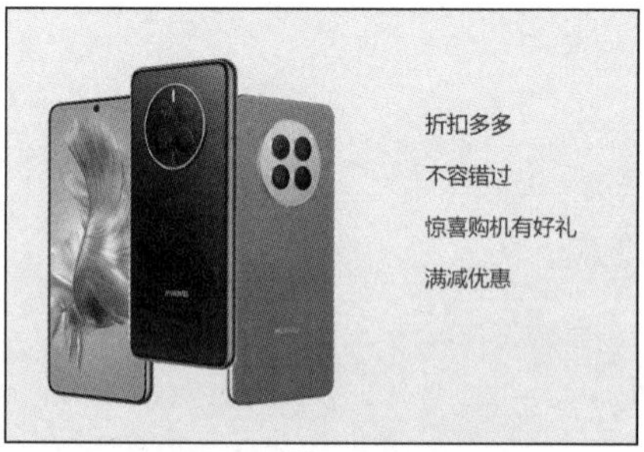

图 7-21　滚动广告效果

7.5 AIGC 辅助编程——在网页中设置浮动布局和动画效果

在使用 CSS3 实现网页布局和动画时，AIGC 工具可以提供有力的支持。以下介绍如何利用 AIGC 工具来巩固本章所学的知识。

7.5.1 为多个书名设置浮动布局

在 AIGC 工具的输入框中输入“编写一个案例，为多个书名设置浮动布局”，AIGC 工具会自动生成案例代码，关键代码如下。

```
<style>
  .book {
    clear: both;                        /*确保每个书籍块从新行开始*/
    margin-bottom: 20px;                /*设置书籍块之间的间距*/
  }
  .book-title {
    float: left;                        /*设置书名浮动到左侧*/
    width: 150px;                       /*设置书名的宽度*/
    margin-right: 10px;                 /*设置书名与描述之间的间距*/
    padding: 5px;                       /*设置内边距*/
    background-color: #f4f4f4;          /*设置背景颜色*/
    border: 1px solid #ddd;             /*设置边框*/
    text-align: center;                 /*设置文字居中*/
  }
```

```
</style>
</head>
<div class="book">
  <div class="book-title">书名 1</div>
  <p class="book-description">这是关于书名 1 的描述。这本书涵盖了各种主题，非常适合初学者。</p>
</div>
<div class="book">
  <div class="book-title">书名 2</div>
  <p class="book-description">书名 2 是一本深入探讨某个领域的书籍，适合有一定基础的读者。</p>
</div>
<div class="book">
  <div class="book-title">书名 3</div>
  <p class="book-description">如果你对某个特定话题感兴趣，那么书名 3 将是你的不二之选。</p>
</div>
```

实现效果如图 7-22 所示。

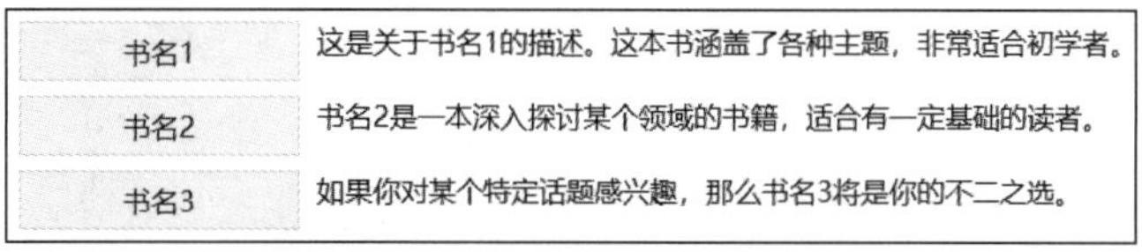

图 7-22　为多个书名设置浮动布局

7.5.2　设置动态改变元素背景颜色和高度的动画效果

在 AIGC 工具的输入框中输入“编写一个案例，设置动态改变元素背景颜色和高度的动画效果”，AIGC 工具会自动生成案例代码，关键代码如下。

```
<style>
  .animated-element {
    width: 200px;
    height: 100px;
    background-color: red;
    animation: changeColorAndHeight 4s infinite;
    /*设置动画名称、时长、循环次数*/
  }
  @keyframes changeColorAndHeight {
    0% {
      background-color: red;
      height: 100px;
    }
    50% {
      background-color: green;
      height: 200px;
    }
    100% {
      background-color: blue;
      height: 100px;
    }
  }
</style>
<div class="animated-element"></div>
```

实现效果如图 7-23 和图 7-24 所示。

图 7-23　动画开始时状态

图 7-24　动画进行时（50%）状态

小结

本章主要讲解了如何使用 CSS3 对网页进行布局，以及如何在网页中添加动画。display 与 float 属性是常见的、用于网页布局的属性，动画也是网页中不可缺少的元素。想要熟练掌握本章内容，读者还需要多多练习。

习题

7-1　CSS3 中 display 属性的作用是什么？

7-2　float 属性的属性值有哪些？其含义分别是什么？

7-3　写出为元素添加多个变形效果的代码（仅写出添加变形效果的关键代码）。

7-4　用于设置过渡效果的属性是什么？其属性值有哪些？

7-5　应用 transform 属性的什么函数可以实现缩放效果？

第8章 JavaScript 编程应用

本章要点

- ❑ 掌握 JavaScript 变量、函数等基础概念
- ❑ 熟悉 JavaScript 中的控制语句
- ❑ 理解 JavaScript 文档对象
- ❑ 了解 jQuery 及 jQuery 中常用的方法
- ❑ 能运用 JavaScript 实现一些简单的功能

本章主要介绍 JavaScript 基础知识，以及 jQuery 的基础应用。JavaScript 已经被广泛应用于网页开发，通常被用来为网页添加各种各样的动态功能，为用户提供更美观的浏览效果。本章主要通过 4 个案例介绍 JavaScript 基础知识，以及 jQuery 的使用方法。jQuery 是如今比较常用的 JavaScript 框架，使用 jQuery 可以大大提高程序员的编程效率。

8.1 【案例 1】计算存款本息合计

【案例 1】计算存款本息合计

8.1.1 案例描述

本案例实现了一个计算存款本息合计的功能，如图 8-1 所示。假设某银行定期存款的年利率为 2.75%，在表单中输入客户的存款金额和存款期限，单击“计算本息合计”按钮计算该客户存款到期后的本息合计。下面将通过案例 1 讲解 JavaScript 语言基础方面的内容。

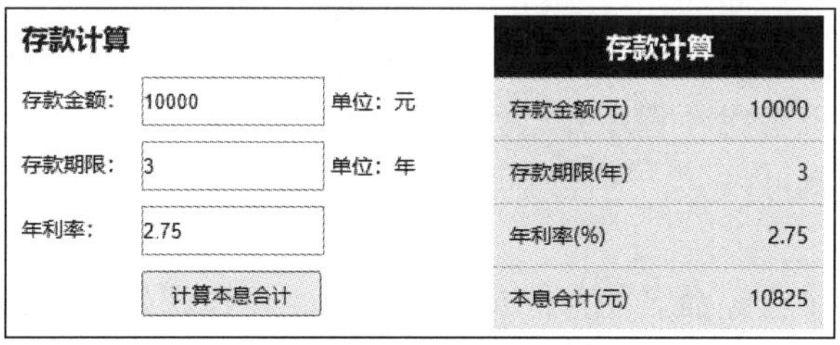

图 8-1 计算存款本息合计

8.1.2 技术准备

1. 标识符、关键字、常量和变量

（1）标识符

标识符（identifier）就是一个名称。在 JavaScript 中，标识符被用来命名变量和函数，或者被用作 JavaScript 代码中某些循环的标签。JavaScript 的标识符命名规则和 Java 及其他许多语言

的命名规则相同，第一个字符必须是字母、下画线（_）或美元符号（$），其后的字符可以是字母、数字或下画线、美元符号。

例如，下面是合法的标识符。

```
a
my_score
_age
$str1
n2
```

（2）关键字

JavaScript 关键字（Keyword）是指在 JavaScript 语言中有特定含义的，能成为 JavaScript 语法一部分的那些字。JavaScript 关键字是不能作为变量名和函数名使用的，否则会使 JavaScript 在载入过程中出现编译错误。JavaScript 中不能被用作标识符（函数名、变量名等）的关键字如表 8-1 所示。

表 8-1　JavaScript 中不能被用作标识符（函数名、变量名等）的关键字

abstract	continue	finally	instanceof	private	this
boolean	default	float	int	public	throw
break	do	for	interface	return	typeof
byte	double	function	long	short	true
case	else	goto	native	static	var
catch	extends	implements	new	super	void
char	false	import	null	switch	while
class	final	in	package	synchronized	with

（3）常量

当程序运行时，值不能改变的量为常量（Constant）。常量主要用于为程序提供固定的和精确的值（包括数值和字符串）。数字、逻辑值真（true）、逻辑值假（false）等都是常量。我们使用 const 来声明常量。

语法格式如下。

```
const
    常量名：数据类型=值；
```

常量在程序中被定义后便会在计算机中存储下来，在该程序结束之前，它的值是不发生变化的。如果在程序中过多地使用常量，会降低程序的可读性和可维护性。当一个常量在程序内被多次引用时，我们可以考虑在程序开始处将它设置为变量，然后引用；当此值需要修改时，则只需更改其变量的值就可以了，这样既可以减少出错的机会，又可以提高工作效率。

（4）变量

变量是指程序中一个已经命名的存储单元，它的主要作用就是为数据操作提供存放信息的容器。对于变量的使用，我们首先必须明确变量的命名规则、变量的声明与赋值。

❑ 变量的命名规则。

JavaScript 变量的命名规则如下。

- 必须以字母或下画线开头，其后可以是数字、字母或下画线。
- 变量名不能包含空格或加号、减号等符号。
- 不能使用 JavaScript 中的关键字。
- JavaScript 的变量名是严格区分大小写的。例如，UserName 与 username 代表两个不同的变量。

📖 **说明**：虽然 JavaScript 的变量在符合命名规则的前提下可以任意命名，但是在编程的时候，最好还是使用便于记忆且有意义的变量名称，以增加程序的可读性。

❑ 变量的声明与赋值。

在 JavaScript 中，使用变量前需要先声明变量，所有的 JavaScript 变量都由关键字 var 进行声明，语法格式如下。

```
var variable;
```

在声明变量的同时也可以对变量进行赋值。

```
var variable=100;
```

声明变量时所遵循的规则如下。

- 可以使用一个关键字 var 同时声明多个变量。

```
var a,b,c                    //同时声明 a、b 和 c 3 个变量
```

- 可以在声明变量的同时对其赋值，即为初始化。

```
var i=10;j=20;k=30;          //同时声明 i、j 和 k 3 个变量，并分别对其进行初始化
```

- 如果只是声明了变量，并未对其进行赋值，则其值默认为 undefined。

var 语句可以用作 for 循环和 for/in 循环的一部分，这样就使循环变量的声明成为循环语法自身的一部分，使用起来比较方便。

var 语句也可以多次声明同一个变量，如果重复声明的变量已经有一个初始值，那么此时的声明就相当于对变量进行重新赋值。

当给一个尚未声明的变量赋值时，JavaScript 会自动用该变量名创建一个全局变量。在一个函数内部，通常创建的只是一个仅在函数内部起作用的局部变量，而不是一个全局变量。要创建一个局部变量，不是赋值给一个已经存在的局部变量，而是必须使用 var 语句进行变量声明。

另外，由于 JavaScript 采用弱类型的形式，因此读者可以不必理会变量的数据类型，即可以把任意类型的数据赋值给变量。

例如，声明一些变量，代码如下。

```
var varible=500                              //数值类型
var str="千里之行，始于足下。"               //字符串
var bue=true                                 //布尔类型
```

在 JavaScript 中，变量可以不先声明，在使用时，根据变量的实际作用来确定其所属的数据类型即可。但是建议在使用变量前就对其声明，因为声明变量的优点就是能及时发现代码中的错误。JavaScript 是采用动态编译的，而动态编译是不易于发现代码中的错误的，特别是变量命名方面的错误。

2．函数

函数实质上就是可以作为一个逻辑单元的一组 JavaScript 代码。使用函数可以让代码更为简洁，以提高重用性。在 JavaScript 中，大约 95%的代码是包含在函数中的。

（1）函数的定义

在 JavaScript 中，函数是由关键字 function、函数名加一组参数，以及置于大括号中需要执行的一段代码定义的。

定义函数的基本语法格式如下。

```
function functionName([parameter 1,parameter 2,…]){
statements;
[return expression;]
}
```

语法解释如下。

- ❑ functionName：必选，用于指定函数名。在同一个页面中，函数名必须是唯一的，并且区分大小写。
- ❑ parameter：可选，用于指定参数列表。当使用多个参数时，参数之间使用英文逗号进行分隔，一个函数最多可以有 255 个参数。
- ❑ statements：必选，是函数体，用于实现函数功能的语句。
- ❑ expression：可选，用于返回函数值。expression 可以是表达式、变量或常量。

（2）函数的调用

函数被定义后并不会自动执行，若要执行一个函数，则需要在特定的位置调用该函数。调用函数时需要创建调用语句，调用语句要包含函数名称、具体参数值。函数的定义语句通常被放在 HTML 文件的<head>标签中，而函数的调用语句通常被放在<body>标签中。如果在函数定义之前调用函数，则执行将会出错。

函数的定义及调用的语法格式如下。

```
<html>
<head>
<script type="text/javascript">
function functionName(parameters){            //定义函数
   some statements;
}
</script>
</head>
<body>
   functionName(parameters);                  //调用函数
</body>
</html>
```

语法解释如下。

- ❑ functionName：函数的名称。
- ❑ parameters：参数的名称。

8.1.3 案例实现

【例 8-1】 计算存款本息合计（案例位置：资源包\MR\第 8 章\源代码\8-1）。

1. 页面结构图

本案例主要由<div>标签和无序列表来实现，其中页面左侧部分由<div>标签和<form>标签来实现，页面右侧部分由无序列表来实现。具体页面结构如图 8-2 所示。

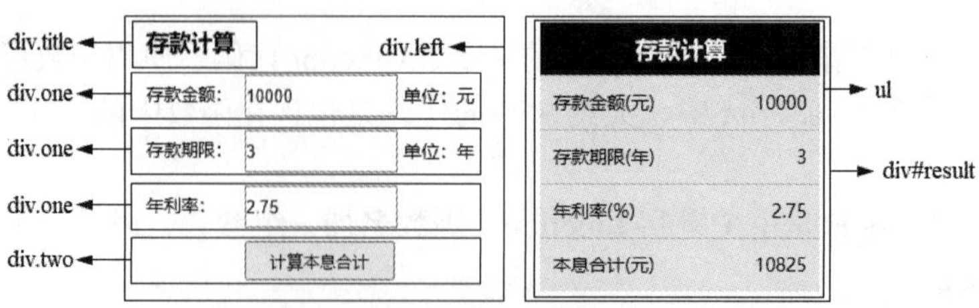

图 8-2　页面结构图 1

2．代码实现

（1）新建 index.html 文件，在该文件中添加网页标题，并添加网页内容，部分代码如下。

```
<div class="container">
   <div class="left">
      <form name="form">
         <div class="title">存款计算</div>
         <div class="one">
            <label for="money">存款金额：</label>
            <input type="text" id="money" name="money">
            <span class="tips">单位：元</span>
         </div>
         <div class="one">
            <label for="year">存款期限：</label>
            <input type="text" id="year" name="year">
            <span class="tips">单位：年</span>
         </div>
         <div class="one">
            <label for="rate">年利率：</label>
            <input type="text" id="rate" name="rate" value="2.75" readonly>
         </div>
         <div class="two">
            <input type="button" id="send" value="计算本息合计" onClick="getTotal()">
         </div>
      </form>
   </div>
   <div id="result"></div>
</div>
```

（2）新建 CSS 文件，在 CSS 文件中设置网页的布局等样式，关键代码如下。

```
*{
   margin: 0;          /*设置外边距*/
   padding: 0;         /*设置内边距*/
}
body{
   font-size: 14px;    /*设置文字的大小*/
}
.container{
   width: 850px;       /*设置宽度*/
   margin: 10px auto;  /*设置外边距*/
}
.left{
   float: left;        /*设置左浮动*/
   width: 300px;       /*设置宽度*/
}
/*省略其他 CSS 代码*/
```

（3）新建 JavaScript 文件，在文件中编写 JavaScript 代码，具体代码如下。

```
function getTotal(){
   var money = parseFloat(form.money.value);     //获取存款金额
   var year = parseFloat(form.year.value);       //获取存储期限
   var rate = parseFloat(form.rate.value);       //获取年利率
   var show = "<ul><li>存款计算</li>";            //定义字符串
   show += "<li><span>存款金额(元)</span><span>"+money+"</span></li>";
   show += "<li><span>存款期限(年)</span><span>"+year+"</span></li>";
```

```
    show += "<li><span>年利率(%)</span><span>"+rate+"</span></li>";
    var total = money+money*(rate/100)*year;
    show += "<li><span>本息合计(元)</span><span>"+total+"</span></li></ul>";
    document.getElementById("result").innerHTML = show; //显示结果
}
```

（4）编写完代码后，返回 HTML 文件，在该文件的<head>标签中，分别引入 CSS 文件和 JavaScript 文件，具体代码如下。

```
<link href="css/style.css" type="text/css" rel="stylesheet">
<script type="text/javascript" src="js/js.js"></script>
```

（5）代码编写完成后，单击 WebStorm 代码区右上角的谷歌浏览器图标，即可在谷歌浏览器中运行本案例，运行结果如图 8-1 所示。

8.1.4 动手试一试

通过案例 1 的学习，读者应该对 JavaScript 语言基础有了一定的了解。然后，请读者尝试实现计算某员工实际收入的功能，假设个人所得税的起征点是 5000 元，税率为 3%，在表单中输入某员工的月薪和专项扣除费用，单击"计算员工实际收入"按钮计算该员工的实际收入。具体效果如图 8-3 所示（案例位置：资源包\MR\第 8 章\动手试一试\8-1）。

图 8-3　计算员工实际收入

8.2 【案例 2】输出影厅座位图

【案例 2】输出影厅座位图

8.2.1 案例描述

本案例将实现输出影厅座位图的功能。星光影城 2 号影厅的观众席有 5 排，每排有 10 个座位。其中，3 排 5 座和 3 排 6 座已经出售，在页面中输出该影厅当前的座位图。运行本案例，页面效果如图 8-4 所示。

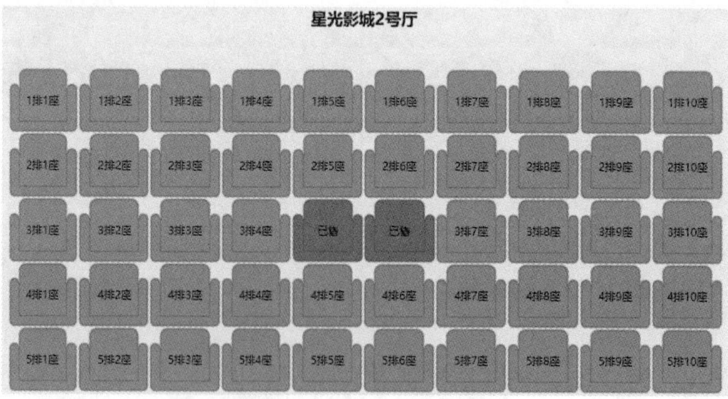

图 8-4　影厅当前的座位图

8.2.2 技术准备

1．if 语句

if 条件判断语句是最基本、最常用的流程控制语句之一，可以根据条件表达式的值执行相应的处理。if 语句的语法格式如下。

```
if(expression){
   statement 1
}else{
   statement 2
}
```

语法解释如下。

- expression：必选项，用于指定条件表达式，可以使用逻辑运算符。
- statement 1：用于指定要执行的语句序列。当 expression 的值为 true 时，执行该语句序列。
- statement 2：用于指定要执行的语句序列。当 expression 的值为 false 时，执行该语句序列。

if...else 条件判断语句的部分执行流程如图 8-5 所示。

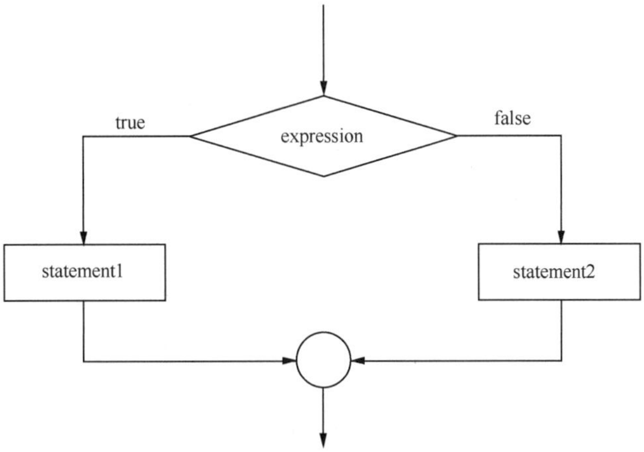

图 8-5　if...else 条件判断语句的部分执行流程

> 📖 说明：上述 if 语句是典型的二路分支结构。其中，else 部分可以省略，而且 statement 1 为单一语句时，其两边的大括号也可以省略。

2．for 语句

for 循环语句也称计次循环语句，一般用于循环次数已知的情况，在 JavaScript 中的应用比较广泛，for 循环语句的语法格式如下。

```
for(initialize;test;increment){
   statement
}
```

语法解释如下。

- initialize：初始化语句，用来对循环变量进行初始化赋值。
- test：循环条件，一个包含比较运算符的表达式，用来限定循环变量的边限。如果循环变量超过了该边限，则停止该循环语句的执行。
- increment：用来指定循环变量的步幅。
- statement：用来指定循环体，在循环条件的结果为 true 时，重复执行。

> 📖 说明：for 循环语句执行的过程是：先执行初始化语句，然后判断循环条件，如果循环条件的结果为 true，则执行一次循环体，接下来执行迭代语句，改变循环变量的值，至此完成一次循环；这个过程会一直重复，直到循环条件的结果为 false，才结束循环。

for 循环语句的部分执行流程如图 8-6 所示。

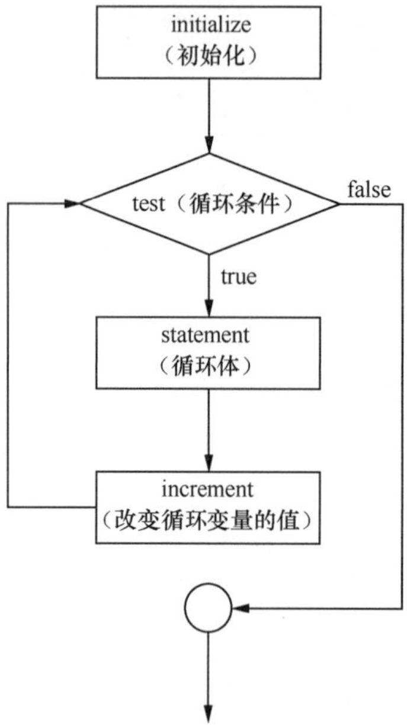

图 8-6　for 循环语句的部分执行流程

8.2.3　案例实现

【例 8-2】 输出影厅座位图（案例位置：资源包\MR\第 8 章\源代码\8-2）。

1．页面结构图

本案例中的影厅座位由<span>标签来实现，为未售出的座位和已售出的座位分别设置不同的 class 类名，具体页面结构如图 8-7 所示。

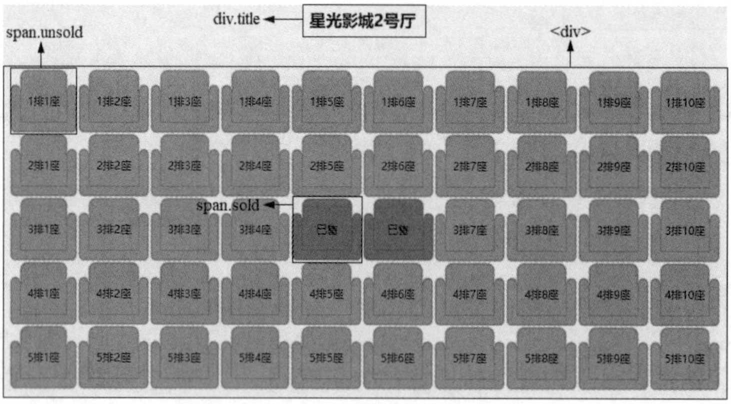

图 8-7　页面结构图 2

2．代码实现

（1）新建 index.html 文件，在该文件中添加网页的标题，然后在该网页中添加相关标签和文字，关键代码如下。

```
<body style="background: #F3F3F3">
<div class="title">星光影城 2 号厅</div>
```

```
<br><br>
</body>
```

（2）新建 css.css 文件，并编写 CSS 代码，关键代码如下。

```
.title{
    width: 200px;                     /*设置宽度*/
    margin: 0 auto;                   /*设置外边距*/
    text-align: center;               /*设置文本水平居中显示*/
    font-size: 18px;                  /*设置文字的大小*/
    font-weight: bold;                /*设置字体的粗细*/
}
.rows{
    width: auto;                      /*设置宽度*/
    text-align: center;               /*设置文本水平居中显示*/
    margin: 0 auto;                   /*设置外边距*/
}
span{
    display: inline-block;            /*设置为行内块元素*/
    width: 80px;                      /*设置宽度*/
    height: 70px;                     /*设置高度*/
    line-height: 70px;                /*设置行高*/
    text-align: center;               /*设置文本水平居中显示*/
    font-size: 12px;                  /*设置文字的大小*/
}
span.sold{
    background: url(../yes.png);      /*设置背景图像*/
}
span.unsold{
    background: url(../no.png);       /*设置背景图像*/
}
```

（3）在页面中的
标签下方编写 JavaScript 代码，实现输出影厅当前座位图的功能，具体代码如下。

```
<script type="text/javascript">
    document.write("<div>");
    for(var i = 1; i <= 5; i++){              //定义外层 for 循环语句
        document.write("<div class='rows'>");
        for(var j = 1; j <= 10; j++){         //定义内层 for 循环语句
            if(i === 3 && j === 5){           //如果当前是 3 排 5 座
                //将座位标记为"已售"
                document.write("<span class='sold'>已售</span>");
                continue;                     //应用 continue 语句跳过本次循环
            }
            if(i === 3 && j === 6){           //如果当前是 3 排 6 座
                //将座位标记为"已售"
                document.write("<span class='sold'>已售</span>");
                continue;                     //应用 continue 语句跳过本次循环
            }
            //输出排号和座位号
            document.write("<span class='unsold'>"+i+"排"+j+"座"+"</span>");
        }
        document.write("</div>");
    }
    document.write("</div>");
</script>
```

（4）返回 index.html 文件，在 index.html 文件中引入 CSS 文件，代码如下。

```
<link href="css/css.css" type="text/css" rel="stylesheet">
```

（5）代码编写完成后，单击 WebStorm 代码区右上角的谷歌浏览器图标，即可在谷歌浏览器中运行本案例，运行结果如图 8-4 所示。

8.2.4　动手试一试

通过案例 2 的学习，读者应了解 JavaScript 中 if 条件语句和 for 循环语句的使用场景和方法。在实际的开发环境中，这两种控制语句使用得非常频繁。然后，读者可以尝试实现计算身体质量指数（Body Mass Index，BMI）的功能，在文本框中输入身高和体重，通过计算 BMI 判断身体状态，具体效果如图 8-8 所示（案例位置：资源包\MR\第 8 章\动手试一试\8-2）。

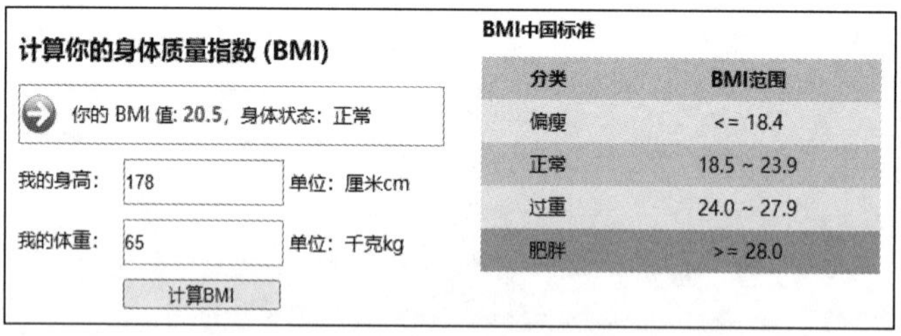

图 8-8　通过计算 BMI 判断身体状态

8.3【案例 3】输出 2023 年电影票房排行榜

【案例 3】输出 2023 年电影票房排行榜

8.3.1　案例描述

本案例将实现输出 2023 年电影票房排行榜前十名的影片信息，如图 8-9 所示。本案例使用了 JavaScript 数组排序的知识，下面将对 JavaScript 数组进行讲解。

排名	电影名称	票房
1	满江红	45.44亿元
2	流浪地球2	40.29亿元
3	孤注一掷	38.48亿元
4	消失的她	35.23亿元
5	封神第一部	26.34亿元
6	八角笼中	22.07亿元
7	长安三万里	18.24亿元
8	熊出没·伴我“熊芯”	14.95亿元
9	坚如磐石	13.51亿元
10	人生路不熟	11.84亿元

图 8-9　2023 年电影票房排行榜

8.3.2　技术准备

1．数组简介

数组是 JavaScript 中的一种复合数据类型。变量中保存单个数据，而数组中则保存的是多个数据的集合。数组是数组元素的集合，每个数组元素都有一个索引号（数组的下标），通过索引号可以方便地引用数组元素。数组的下标从 0 开始编号。

2．定义数组

在 JavaScript 中数组也是一种对象，这种对象被称为数组对象。JavaScript 中定义数组的方法主要有以下 4 种。

（1）定义空数组

使用不带参数的构造函数可以定义一个空数组，在定义空数组后再向数组中添加数组元素。其语法格式如下。

```
arrayObject = new Array()
```

例如，创建一个空数组，然后向该数组中添加数组元素。代码如下。

```
var arr = new Array();                         //定义一个空数组
arr[0] = "HTML5";                              //向数组中添加第一个数组元素
arr[1] = "CSS3 ";                              //向数组中添加第二个数组元素
arr[2] = "JavaScript";                         //向数组中添加第三个数组元素
```

（2）指定数组长度

在定义数组的同时可以指定数组元素的个数。此时并没有为数组元素赋值，所有数组元素的值都是 undefined。其语法格式如下。

```
arrayObject = new Array(size)
```

例如，创建一个数组元素个数为 3 的数组，并向该数组中存入数据，代码如下。

```
var arr = new Array(3);                        //定义一个元素个数为 3 的数组
arr[0] = 100;                                  //为第一个数组元素赋值
arr[1] = 200;                                  //为第二个数组元素赋值
arr[2] = 300;                                  //为第三个数组元素赋值
```

（3）指定数组元素

在定义数组的同时可以直接给出数组元素的值。此时数组的长度就是在括号中给出的数组元素的个数。其语法格式如下。

```
arrayObject = new Array(element1, element2, element3, …)
```

例如，创建数组对象的同时，向该对象中存入数组元素，代码如下。

```
var arr = new Array(100, "JavaScript", true);          //定义一个包含 3 个元素的数组
```

（4）直接定义数组

在 JavaScript 中还有一种定义数组的方式，这种方式不需要使用构造函数，直接将数组元素放在一个中括号中，元素与元素之间使用逗号进行分隔。其语法格式如下。

```
arrayObject = [element1, element2, element3, …]
```

例如，直接定义一个含有 3 个元素的数组，代码如下。

```
var arr = [100, "JavaScript", true];                   //直接定义一个包含 3 个元素的数组
```

3．获取数组的长度

获取数组的长度时需要使用 Array 对象中的 length 属性。其语法格式如下。

```
arrayObject.length
```

其中，arrayObject 为数组名称。例如，获取已创建的数组对象的长度，代码如下。

```
var arr=new Array(1,2,3,4,5,6,7,8,9,10);                    //定义数组
document.write(arr.length);                                 //输出数组的长度
```

运行结果如下：

```
10
```

4．操作数组

数组是 JavaScript 中的一个内置对象，使用数组对象的方法可以更加方便地操作数组中的数据。下面对数组的几个常用方法进行介绍。

（1）push()方法

该方法向数组的末尾添加一个或多个元素，并返回添加后的数组长度。其语法格式如下。

```
arrayObject.push(newelement1,newelement2,…,newelementX)
```

参数说明如下。

- arrayObject：必选项。数组名称。
- newelement1：必选项。要添加到数组的第一个元素。
- newelement2：可选项。要添加到数组的第二个元素。
- newelementX：可选项。可添加的多个元素。

（2）pop()方法

该方法用于把数组中的最后一个元素从数组中删除，并返回删除元素的值。其语法格式如下。

```
arrayObject.pop()
```

其中，arrayObject 为数组名称，方法返回值为在数组中删除的最后一个元素的值。

（3）splice()方法

该方法可以删除数组中指定位置的元素，还可以向数组中的指定位置添加新元素。其语法格式如下。

```
arrayObject.splice(start,length,element1,element2,…)
```

参数说明如下。

- arrayObject：必选项，数组名称。
- start：必选项，指定要删除数组元素的开始位置，即数组的下标。
- length：可选项，指定删除数组元素的个数。如果未设置该参数，则删除从 start 开始到原数组末尾的所有元素。
- element：可选项，要添加到数组的新元素。

（4）sort()方法

该方法用于对数组的元素进行排序。其语法格式如下。

```
arrayObject.sort(sortby)
```

参数说明如下。

- arrayObject：必选项。数组名称。
- sortby：可选项。规定排序的顺序，必须是函数。

如果调用该方法时没有使用参数，则将按字母顺序对数组中的元素进行排序，也就是按照字符的编码顺序进行排序。如果想按照其他标准进行排序，就需要指定 sort()方法的参数。该参数通常是一个比较函数，该函数应该有两个参数（假设为 a 和 b）。在对元素进行排序时，每次比较两个元素时都会执行比较函数，并将这两个元素作为参数传递给比较函数。其返回值有以

下两种情况。

- 如果返回值大于 0，则交换两个元素的位置。
- 如果返回值小于或等于 0，则不进行任何操作。

（5）slice()方法

该方法用于从已有的数组中返回选定的元素。其语法格式如下。

```
arrayObject.slice(start,end)
```

参数说明如下。

- start：必选项。规定从何处开始选取。如果是负数，那么它规定从数组尾部开始算起。也就是说，−1 指最后一个元素，−2 指倒数第二个元素，以此类推。
- end：可选项。规定从何处结束选取。该参数是数组片段结束处的数组下标。如果没有指定该参数，那么切分的数组包含从 start 到数组结束的所有元素；如果这个参数是负数，那么它将从数组尾部开始算起。

（6）join()方法

该方法用于将数组中的所有元素放入一个字符串中。其语法格式如下。

```
arrayObject.join(separator)
```

参数说明如下。

- arrayObject：必选项，数组名称。
- separator：可选项。指定要使用的分隔符。如果省略该参数，则使用逗号作为分隔符。

8.3.3　案例实现

【例 8-3】 输出 2023 年电影票房排行榜（案例位置：资源包\MR\第 8 章\源代码\8-3）。

1．页面结构图

本案例运行结果中的电影票房列表主要由两个<div>标签组成，具体页面结构如图 8-10 所示。

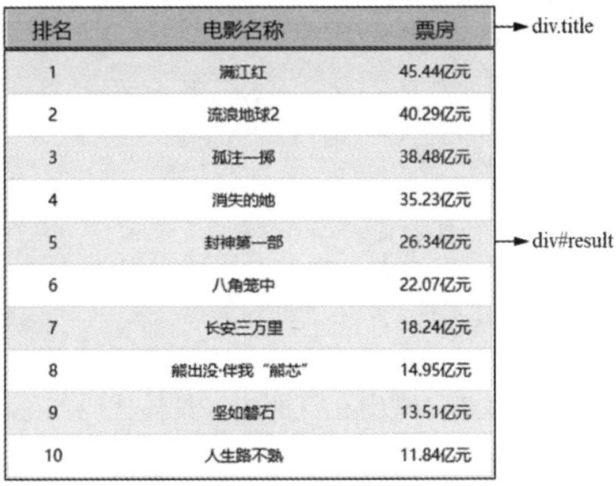

排名 电影名称 票房
div.title
1 满江红 45.44亿元
2 流浪地球2 40.29亿元
3 孤注一掷 38.48亿元
4 消失的她 35.23亿元
5 封神第一部 26.34亿元
div#result
6 八角笼中 22.07亿元
7 长安三万里 18.24亿元
8 熊出没·伴我"熊芯" 14.95亿元
9 坚如磐石 13.51亿元
10 人生路不熟 11.84亿元

图 8-10　页面结构图 3

2．代码实现

（1）新建 index.html 文件，在该文件中添加网页标题，然后添加两个<div>标签，关键代码如下。

```
<div class="title">
 <div class="col-1">排名</div>
```

```
  <div class="col-2">电影名称</div>
  <div class="col-1">票房</div>
</div>
<div id="result"></div>
```

（2）新建 css.css 文件，并编写 CSS 代码，关键代码如下。

```
body{
   font-size: 14px;              /*设置文字的大小*/
}
.title{
   background: #B6DF48;          /*设置背景颜色*/
   font-size: 18px;              /*设置文字的大小*/
}
.content:nth-child(odd){
   background: #E8F3D1;          /*设置背景颜色*/
}
.title,.content{
   width: 430px;                 /*设置宽度*/
   height: 36px;                 /*设置高度*/
   line-height: 36px;            /*设置行高*/
   border: 1px solid #dddddd;    /*设置边框*/
}
.title,.content:not(:last-child){
   border-bottom: none;          /*设置下边框*/
}
.title div{
   text-align: center;           /*设置文本水平居中显示*/
   float: left;                  /*设置左浮动*/
}
.title .col-1,.content .col-1{
   width: 80px;                  /*设置宽度*/
}
.title .col-2,.content .col-2{
   width: 260px;                 /*设置宽度*/
}
.content{
   clear: both;                  /*清除浮动*/
}
.content div{
   text-align: center;           /*设置文本水平居中显示*/
   float: left;                  /*设置左浮动*/
}
```

（3）在 HTML 代码下方编写 JavaScript 代码，对影片信息数组按影片票房进行降序排序，将排序后的影片排名、影片名称和票房输出在页面中。具体代码如下。

```
<script type="text/javascript">
var movie = [//定义影片信息数组
   { name : '八角笼中',boxoffice : 22.07 },
   { name : '封神第一部',boxoffice : 26.34 },
   { name : '熊出没·伴我“熊芯”',boxoffice : 14.95 },
   { name : '满江红',boxoffice : 45.44 },
   { name : '坚如磐石',boxoffice : 13.51 },
   { name : '消失的她',boxoffice : 35.23 },
   { name : '流浪地球 2',boxoffice : 40.29 },
```

```
    { name : '人生路不熟',boxoffice : 11.84 },
    { name : '孤注一掷',boxoffice : 38.48 },
    { name : '长安三万里',boxoffice : 18.24 }
];
movie.sort(function(a,b){ //对数组进行排序
 var x = a.boxoffice;
 var y = b.boxoffice;
 return x < y ? 1 : -1;
});
var show = "";
for(var i=0;i<movie.length;i++){
 show += "<div class='content'>";
 show += "<div class='col-1'>"+(i+1)+"</div>";
 show += "<div class='col-2'>"+movie[i].name+"</div>";
 show += "<div class='col-1'>"+movie[i].boxoffice+"亿元</div>";
 show += "</div>";
}
document.getElementById("result").innerHTML = show;//显示结果
</script>
```

（4）返回 index.html 文件，在 index.html 文件中引入 CSS 文件，代码如下。

```
<link href="css/css.css" type="text/css" rel="stylesheet">
```

（5）代码编写完成后，单击 WebStorm 代码区右上角的谷歌浏览器图标，即可在谷歌浏览器中运行本案例，运行结果如图 8-9 所示。

8.3.4　动手试一试

通过案例 3 的学习，读者应该初步了解 JavaScript 数组的使用方法。然后，读者可尝试使用 JavaScript 数组实现对学生的考试成绩进行升序排列，并将结果输出在表格中，具体效果如图 8-11 所示（案例位置：资源包\MR\第 8 章\动手试一试\8-3）。

学科	分数
英语	76分
数学	82分
语文	86分
化学	89分
物理	93分

图 8-11　升序排列的考试成绩

8.4【案例 4】更换页面主题

【案例 4】更换页面主题

8.4.1　案例描述

本案例实现更换页面主题的功能。在页面中添加文字内容并设置一个用于选择页面主题的下拉列表，如图 8-12 所示，当选择某个选项时可以更换主题，实现文档的背景色和文本颜色变换的功能，如图 8-13 所示。本案例将通过 JavaScript 中的 Document 对象实现更换页面主题的功能。

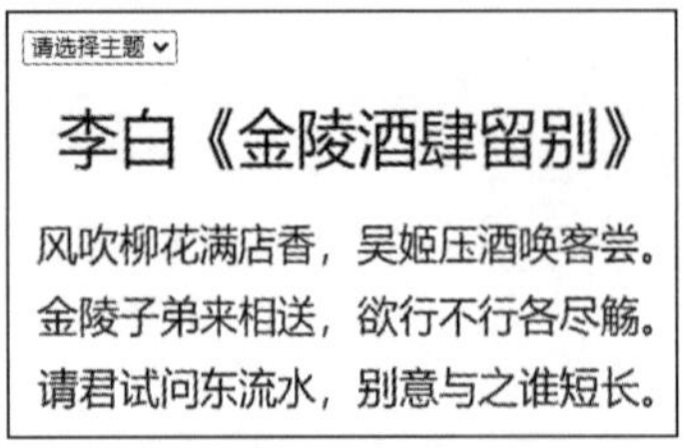

请选择主题
李白《金陵酒肆留别》
风吹柳花满店香，吴姬压酒唤客尝。
金陵子弟来相送，欲行不行各尽觞。
请君试问东流水，别意与之谁短长。

图 8-12　页面初始效果

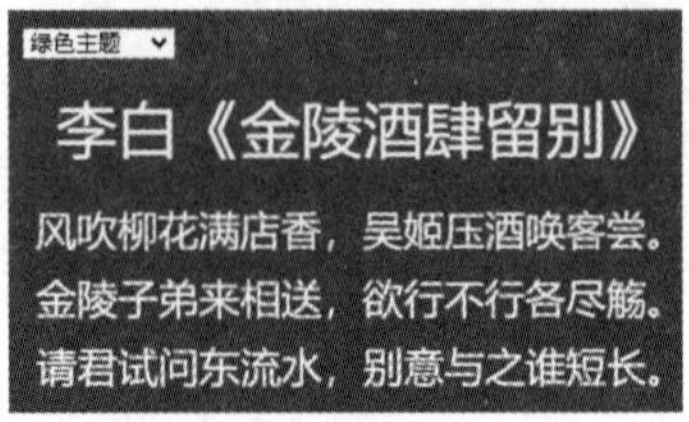

图 8-13　绿色主题效果

8.4.2　技术准备

Document（文档）对象代表浏览器窗口中的文档，该对象是 Window 对象的子对象，由于 Window 对象是文档对象模型（Document Object Model，DOM）中的默认对象，因此 Window 对象中的方法和子对象不需要使用 window 来引用。通过 Document 对象可以访问 HTML 文档中包含的任何 HTML 标签并可以动态地改变 HTML 标签中的内容，如表单、图像、表格和超链接标签等。该对象在 JavaScript 1.0 中就已经存在，在随后的版本中又增加了几个属性和方法。

（1）Document 对象的常用属性

Document 对象常用的属性及描述如表 8-2 所示。

表 8-2　Document 对象常用的属性及描述

属性	描述
A linkColor	链接文字的颜色，对应<body>标签中的 alink 属性
all[]	存储 HTML 对象的一个数组（该属性本身也是一个对象）
anchors[]	存储锚点的一个数组（该属性本身也是一个对象）
bgColor	文档的背景颜色，对应<body>标签中的 bgcolor 属性
cookie	表示 cookie 的值
fgColor	文档的文本颜色（不包含超链接的文字），对应<body>标签中的 text 属性值
forms[]	存储窗体对象的一个数组（该属性本身也是一个对象）
fileCreatedDate	创建文档的日期
fileModifiedDate	文档最后修改的日期
fileSize	当前文件的大小
lastModified	文档最后修改的时间
images[]	存储图像对象的一个数组（该属性本身也是一个对象）
linkColor	未被访问的链接文字的颜色，对应于<body>标签中的 link 属性
links[]	存储 link 对象的一个数组（该属性本身也是一个对象）
vlinkColor	表示已访问的链接文字的颜色，对应于<body>标签中的 vlink 属性
title	当前文档标题对象
body	当前文档主体对象
readyState	获取某个对象的当前状态
URL	获取或设置 URL

（2）Document 对象的常用方法

Document 对象的常用方法及其说明如表 8-3 所示。

表 8-3 Document 对象的常用方法及其说明

方法	说明
close	文档的输出流
open	打开一个文档输出流并接收 write 和 writeln 方法的创建页面内容
write	向文档中写入 HTML 或 JavaScript 语句
writeln	向文档中写入 HTML 或 JavaScript 语句，并以换行符结束
createElement	创建一个 HTML 标签
getElementById	获取指定 ID 的 HTML 标签

（3）Document 对象的常用事件

多数浏览器内部对象拥有很多事件，下面将以表格的形式列出常用事件及“何时触发”这些事件，如表 8-4 所示。

表 8-4 Document 对象的常用事件

事件	何时触发
onabort	对象载入被中断时触发
onblur	元素或窗口本身失去焦点时触发
onchange	表单元素的值发生改变且元素失去焦点时触发
onclick	单击鼠标左键时触发。当光标的焦点在按钮上，并按下“Enter”键时，也会触发该事件
ondblclick	双击鼠标左键时触发
onerror	出现错误时触发
onfocus	任何元素或窗口本身获得焦点时触发
onkeydown	键盘上的按键（包括“Shift”或“Alt”等键）被按下时触发，如果一直按着某键，则会不断触发；当返回 false 时，取消默认动作
onkeypress	键盘上的按键（不包括“Shift”或“Alt”等键）被按下，并产生一个字符时触发，如果一直按着某键，则会不断触发；当返回 false 时，取消默认动作
onkeyup	释放键盘上的按键时触发
onload	页面完全载入后，在 Window 对象上触发；所有框架都载入后，在框架集上触发；<img>标签指定的图像完全载入后，在其上触发；或者<object>标签指定的对象完全载入后，在其上触发
onmousedown	单击任何一个鼠标按键时触发
onmousemove	鼠标指针在某个元素上移动时持续触发
onmouseout	将鼠标指针从指定的元素上移开时触发
onmouseover	鼠标指针移到某个元素上时触发
onmouseup	释放任意一个鼠标按键时触发
onreset	单击“重置”按钮时，在<form>标签触发
onresize	窗口或框架的大小发生改变时触发
onscroll	在任何带滚动条的元素或窗口上滚动时触发
onselect	选中文本时触发
onsubmit	单击“提交”按钮时，在<form>标签触发
onunload	页面完全卸载后，在 Window 对象上触发；或者所有框架都卸载后，在框架集上触发

8.4.3 案例实现

【例 8-4】 更换页面主题（案例位置：资源包\MR\第 8 章\源代码\8-4）。

1．页面结构图

本案例的页面主要由 3 部分组成，分别是一个<form>标签和两个<div>标签，具体页面结构如图 8-14 所示。

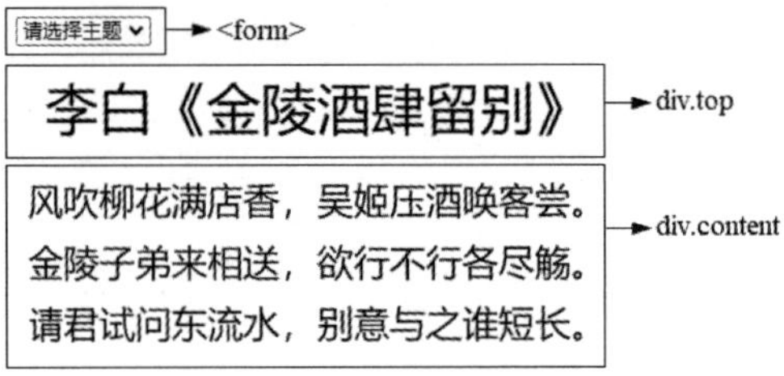

图 8-14　页面结构图 4

2．代码实现

（1）新建 index.html 文件，在该文件中添加网页标题，然后添加一个<form>标签和两个<div>标签，关键代码如下。

```
<form name="form">
   <select id="theme" onChange="change()">
      <option value=" ">请选择主题</option>
      <option value="black yellow">黑色主题</option>
      <option value="gray lightgreen">灰色主题</option>
      <option value="green white">绿色主题</option>
   </select>
</form>
<div class="top">
   李白《金陵酒肆留别》
</div>
<div class="content">
   风吹柳花满店香，吴姬压酒唤客尝。
   金陵子弟来相送，欲行不行各尽觞。
   请君试问东流水，别意与之谁短长。
</div>
```

（2）新建 CSS 文件，并且命名为 css.css，然后在该文件中编写 CSS 代码设置页面样式，关键代码如下。

```
.top{
   width: 400px;              /*设置宽度*/
   height: 80px;              /*设置高度*/
   line-height: 80px;         /*设置行高*/
   font-size: 36px;           /*设置文字的大小*/
   text-align: center;        /*设置文本水平居中显示*/
}
.content{
   width: 400px;              /*设置宽度*/
   line-height: 40px;         /*设置行高*/
   font-size: 24px;           /*设置文字的大小*/
   text-align: center;        /*设置文本水平居中显示*/
}
```

（3）在页面中编写 JavaScript 代码，具体代码如下。

```
<script type="text/javascript">
   function change(){
      var colorStr = document.getElementById("theme").value; //获取下拉列表的值
      var colorArr = colorStr.split(" ");                     //将颜色字符串拆分为颜色数组
      document.body.style.backgroundColor=colorArr[0];        //设置背景色
```

```
        document.body.style.color=colorArr[1];                    //设置前景色
    }
</script>
```

（4）代码编写完成后，单击 WebStorm 代码区右上角的谷歌浏览器图标，即可在谷歌浏览器中运行本案例，运行结果如图 8-12 和图 8-13 所示。

8.4.4 动手试一试

通过案例 4 的学习，读者应理解 HTML5 中 Document 对象的功能和使用方法。然后，请读者尝试实现打开和关闭图片对话框的功能。在页面中定义一个超链接，如图 8-15 所示。单击该超链接打开一个包含“关闭”按钮的图片对话框，实现效果如图 8-16 所示。单击“关闭”按钮使图片对话框消失（案例位置：资源包\MR\第 8 章\动手试一试\8-4）。

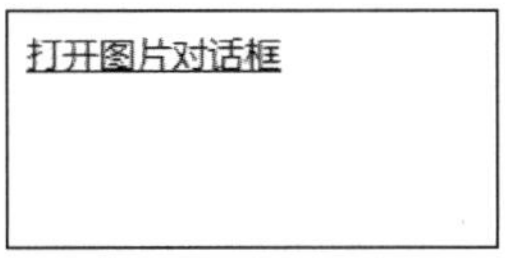

图 8-15 页面初始效果

图 8-16 打开图片对话框

8.5 AIGC 辅助编程——流程控制语句的应用

在使用 JavaScript 编写网页代码时，AIGC 工具可以提供有力的支持。以下介绍如何利用 AIGC 工具巩固本章所学的知识。

8.5.1 使用 if 语句判断年龄段

在 AIGC 工具的输入框中输入“编写一个案例，使用 JavaScript 中的 if 语句判断年龄段”，AIGC 工具会自动生成如下案例代码。

```
//获取用户输入的年龄
let age = prompt("请输入你的年龄:");
//将输入的字符串转换为数字
age = parseInt(age, 10);
//判断年龄段
if (isNaN(age)) {
   console.log("请输入一个有效的数字作为年龄。");
} else if (age < 13) {
   console.log("你属于儿童年龄段。");
} else if (age >= 13 && age < 20) {
   console.log("你属于青少年年龄段。");
} else if (age >= 20 && age < 65) {
   console.log("你属于成年年龄段。");
} else {
   console.log("你属于老年年龄段。");
}
```

运行以上代码后，它会根据用户输入的年龄输出相应的年龄段信息。

8.5.2 使用 for 语句输出乘法口诀表

在 AIGC 工具的输入框中输入“编写一个案例，使用 JavaScript 中的 for 语句输出格式化的乘法口诀表”，AIGC 工具会自动生成案例代码，其中，HTML 关键代码如下。

```
<h1>格式化的乘法口诀表</h1>
<table id="multiplicationTable">
   <!-- 表格内容将在 JavaScript 中动态生成 -->
</table>
<script>
   //获取表格元素
   const table = document.getElementById('multiplicationTable');
   //创建表头行
   const headerRow = document.createElement('tr');
   for (let i = 1; i <= 9; i++) {
      const th = document.createElement('th');
      th.textContent = i;
      headerRow.appendChild(th);
   }
   table.appendChild(headerRow);
   //创建表体行
   for (let i = 1; i <= 9; i++) {
      const row = document.createElement('tr');
      for (let j = 1; j <= 9; j++) {
         const td = document.createElement('td');
         td.textContent = '${i} * ${j} = ${i * j}';
         row.appendChild(td);
      }
      table.appendChild(row);
   }
</script>
```

CSS 代码如下。

```
      table {
         width: 50%;
         margin: 20px auto;
         border-collapse: collapse;
         text-align: center;
      }
      th, td {
         border: 1px solid #000;
         padding: 8px;
      }
      th {
         background-color: #f2f2f2;
      }
```

将这段代码保存为一个 HTML 文件并在浏览器中打开，可以看到一个格式化的 9×9 乘法口诀表，其中每个乘法表达式都整齐地排列在对应的行列中。

在生成案例代码后，还可以继续提问，在 AIGC 工具的输入框中输入“完善上面的代码，将创建单元格的逻辑封装在一个函数中”，AIGC 工具会自动生成如下建议。

为了完善上面的代码，并将创建单元格的逻辑封装在一个函数中，我们可以定义一个名为 createCell 的函数，该函数接收单元格的内容作为参数，并返回一个新的 <td> 元素。以下是完善后的代码。

```
<h1>格式化的乘法口诀表</h1>
  <table id="multiplicationTable" border="1">
    <!-- 表格内容将在 JavaScript 中动态生成 -->
  </table>
  <script>
    //获取表格元素
    const table = document.getElementById('multiplicationTable');
    //创建一个单元格并设置其内容
    function createCell(content) {
      const td = document.createElement('td');
      td.textContent = content;
      return td;
    }
    //创建表头行
    const headerRow = document.createElement('tr');
    for (let i = 1; i <= 9; i++) {
      const th = document.createElement('th');
      th.textContent = i;
      headerRow.appendChild(th);
    }
    table.appendChild(headerRow);
    //创建表体行
    for (let i = 1; i <= 9; i++) {
      const row = document.createElement('tr');
      for (let j = 1; j <= 9; j++) {
        const cellContent = `${i} * ${j} = ${i * j}`;
        const td = createCell(cellContent); //使用封装好的函数创建单元格
        row.appendChild(td);
      }
      table.appendChild(row);
    }
  </script>
```

在这个完善后的版本中，createCell 函数接收一个字符串参数 content，它表示单元格的内容。函数内部创建了一个新的 <td> 元素，并设置了 textContent 属性作为传入的 content。然后，函数返回这个新创建的 <td> 元素。

小结

本章通过讲解常见的 4 种功能网页，来学习 JavaScript 语言的相关知识。学习完本章的内容后，读者应掌握 JavaScript 的基本知识，并且能够运用 JavaScript 实现一些简单的页面动态效果。

习题

8-1 简单描述 JavaScript 的特点。

8-2 如何在 HTML5 编写的文件中嵌入 JavaScript 脚本？

8-3 if 语句和 for 语句的作用是什么？

8-4 在 JavaScript 中，定义数组的方法主要有几种？

8-5 简述 JavaScript 中变量的命名规则。

第 9 章 JavaScript 事件处理

本章要点

- ❑ 熟练运用两种方式调用事件处理程序
- ❑ 理解事件流和事件对象
- ❑ 掌握常用的事件类型并会合理运用
- ❑ 能简单运用 jQuery 框架
- ❑ 了解如何注册和移除事件监听器

在第 8 章中，我们已经对 JavaScript 语言有了初步的认识，可以如婴儿学话般地说出“hello world”。本章我们将继续学习 JavaScript 的重要语法结构——事件处理，正如学习“英语会话 300 句”一样，可以进行简单的会话。

9.1 【案例 1】实现切换商品类别的选项卡

【案例 1】实现切换商品类别的选项卡

9.1.1 案例描述

本案例使用 JavaScript 技术实现一个通过选项卡切换不同类别商品的效果。页面中有 5 个选项卡，分别代表不同类别的商品。当鼠标指针指向不同的选项卡时，页面下方会显示对应的商品信息，具体如图 9-1 所示。这种效果主要是利用 JavaScript 技术中的事件处理来实现的，下面将对其进行详细的讲解。

图 9-1 选项卡切换商品列表

9.1.2 技术准备

事件是一些可以通过脚本响应的页面动作。当用户按下鼠标键或提交一个表单，甚至在页面上移动鼠标指针时，事件就会发生。事件处理是一段 JavaScript 代码，总是与页面中的特定部分及一定的事件相关联。当与页面特定部分关联的事件发生时，事件处理器就会被调用。

绝大多数事件的名称是描述性的，很容易被理解。例如，click、submit、mouseover 等，通过名称就可以猜测其含义。但也有少数事件的名称不易理解，如 blur（英文的字面意思为“模糊”），表示一个域或一个表单失去焦点。通常，事件处理器的命名原则是，在事件名称前加上前缀 on。例如，对于 click 事件，其事件处理器名称为 onClick。

1. 事件处理程序在 JavaScript 中的调用

在 JavaScript 中调用事件处理程序，首先需要编写要处理对象的引用语句，然后将要执行的处理函数赋值给对应的事件，如下面的代码。

```
<input id="save" name="bt_save" type="button" value="保存">
<script language="javascript">
   var b_save=document.getElementById("save");
   b_save.onclick=function(){
      alert("单击了保存按钮");
   }
</script>
```

📖 **说明**：在上述代码中，一定要将“<input id="save" name="bt_save" type="button" value="保存">”放在 JavaScript 代码的上方，否则将弹出“'b_save'为空或不是对象”的错误提示。

上面的实例也可以通过以下代码来实现。

```
<form id="form1" name="form1" method="post" action="">
   <input id="save" name="bt_save" type="button" value="保存">
</form>
<script language="javascript">
   form1.save.onclick=function(){
      alert("单击了保存按钮");
   }
</script>
```

📖 **说明**：在 JavaScript 中指定事件处理程序时，事件名称必须小写，才能正确响应事件。

2. 事件处理程序在 HTML 中的调用

在 HTML 中调用事件处理程序时，只需要在 HTML 标签中添加相应的事件，并在其中指定要执行的代码或函数名即可，例如：

```
<input name="bt_save" type="button" value="保存" onclick="alert('单击了保存按钮');">
```

在页面中添加上述代码，同样会在页面中显示“保存”按钮，当单击该按钮时，将打开“单击了保存按钮”对话框。

上面的实例也可以通过以下代码来实现。

```
<input name="bt_save" type="button" value="保存" onclick="clickFunction();">
<script>
   function clickFunction(){
      alert("单击了保存按钮");
   }
</script>
```

9.1.3 案例实现

【例 9-1】 实现切换商品类别的选项卡（案例位置：资源包\MR\第 9 章\源代码\9-1）。

1．页面结构图

本页面中含有<div>标签、<ul>标签和<li>标签，其中<div>标签是<ul>标签的父标签，<ul>标签用于定义选项卡和商品信息，具体页面结构如图 9-2 所示。

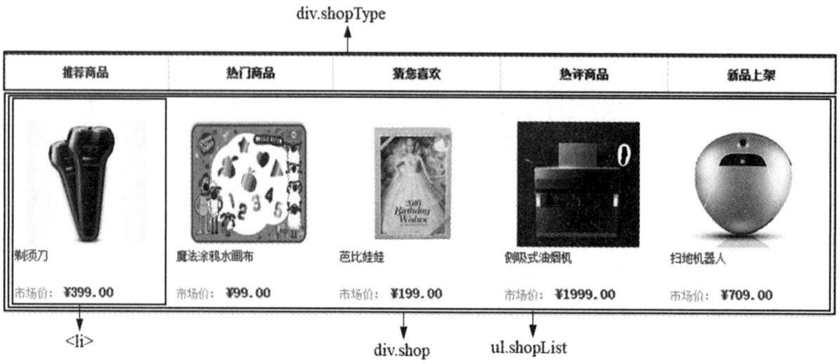

图 9-2　页面结构图 1

2．代码实现

（1）新建 index.html 文件，在该文件中编辑网页标题，然后定义选项卡和商品信息列表，关键代码如下。

```
<div class="tabBox">
  <div class="shopType">
 <ul>
   <li class="on">推荐商品</li>
   <li>热门商品</li>
   <li>猜您喜欢</li>
   <li>热评商品</li>
   <li>新品上架</li>
 </ul>
  </div>
  <div class="shop">
 <ul class="shopList">
   <li>
      <div class="shop-img">
        <a href="">
           <img src="images/1.1.jpg"></a>
      </div>
      <div class="shop-name">
        <a href="">剃须刀</a></div>
      <div class="shop-price">市场价:
        <strong>￥399.00</strong></div>
   </li>
   <li>
      <div class="shop-img">
        <a href="">
           <img src="images/1.2.jpg"></a>
      </div>
      <div class="shop-name">
        <a href="">魔法涂鸦水画布</a></div>
      <div class="shop-price">市场价:
        <strong>￥99.00</strong></div>
   </li>
   <li>
```

```
        <div class="shop-img">
          <a href="">
             <img src="images/1.3.jpg"></a>
        </div>
        <div class="shop-name">
          <a href="">芭比娃娃</a></div>
        <div class="shop-price">市场价:
          <strong>¥199.00</strong></div>
    </li>
    <li>
        <div class="shop-img">
          <a href="">
             <img src="images/1.4.jpg"></a>
        </div>
        <div class="shop-name">
          <a href="">侧吸式油烟机</a></div>
        <div class="shop-price">市场价:
          <strong>¥1999.00</strong></div>
    </li>
    <li>
        <div class="shop-img">
          <a href="">
             <img src="images/1.5.jpg"></a>
        </div>
        <div class="shop-name">
          <a href="">扫地机器人</a></div>
        <div class="shop-price">市场价:
          <strong>¥709.00</strong></div>
    </li>
  </ul>
<!--省略其他雷同代码-->
```

（2）新建 CSS 文件，并命名为 style.css，然后在该文件中添加 CSS 代码，部分代码如下。

```
*{
   margin: 0;                        /*设置外边距*/
   padding: 0;                       /*设置内边距*/
   list-style: none;                 /*设置列表为无样式*/
}
body{
   background: #fff;                 /*设置背景颜色*/
   font: normal 12px/22px 宋体;      /*设置字体*/
}
a{
   text-decoration: none;            /*设置超链接无下画线*/
   color: #333;                      /*设置超链接文字的颜色*/
}
a:hover{
   color: #1974A1;                   /*设置鼠标指针指向超链接文字时文字的颜色*/
}
.tabBox{
   width: 890px;                     /*设置宽度*/
   margin: 30px auto;                /*设置外边距*/
   border-top: 2px solid #c00;       /*设置上边框*/
}
.tabBox .shopType{
   overflow: hidden;                 /*设置溢出内容隐藏*/
```

```
    border-left: 1px solid #ddd;                /*设置左边框*/
}
.tabBox .shopType li{
    position: relative;                         /*设置相对定位*/
    margin-left: -1px;                          /*设置左外边距*/
    height: 37px;                               /*设置高度*/
    line-height: 37px;                          /*设置行高*/
    text-align: center;                         /*设置文本水平居中显示*/
    width: 177px;                               /*设置宽度*/
    float: left;                                /*设置左浮动*/
    border: 1px solid #ddd;                     /*设置边框*/
    border-top: 0;                              /*设置上边框*/
    font-weight: bold;                          /*设置字体的粗细*/
    cursor: default;                            /*设置鼠标指针的形状*/
}
<!--省略其他代码-->
```

（3）在 index.html 文件中编写 JavaScript 代码，实现通过选项卡切换不同类别商品的效果。具体代码如下。

```
<script type="text/javascript">
window.onload = function(){
 var shopType = document.getElementsByClassName("shopType")[0];
 var li = shopType.getElementsByTagName("li");
 var shopList = document.getElementsByClassName("shopList");
 for(var i = 0; i < li.length; i++){          //遍历选项卡
     li[i].index = i;                          //为选项卡设置索引
     shopList[i].style.display = "none";       //隐藏商品列表
 }
 shopList[0].style.display = "block";          //显示第一个选项卡对应的商品列表
 for(var i = 0; i < li.length; i++){          //遍历选项卡
     li[i].onmouseover = function(){           //鼠标指针移入选项卡时调用的函数
         var index = this.index;
         for(var i = 0; i < li.length; i++){
             li[i].className = "";
             shopList[i].style.display = "none";
         }
         this.className = "on";
         shopList[index].style.display = "block";
     }
 }
}
</script>
```

（4）返回 index.html 文件，在 index.html 文件中引入 CSS 文件，代码如下。

```
<link href="css/css.css" type="text/css" rel="stylesheet">
```

（5）代码编写完成后，单击 WebStorm 代码区右上角的谷歌浏览器图标，即可在谷歌浏览器中运行本案例，运行结果如图 9-1 所示。

9.1.4　动手试一试

通过案例 1 的学习，读者应了解并掌握 JavaScript 中事件处理的基本使用方法。然后，请读者尝试制作一个图片轮播的效果。页面右侧有 4 个选项卡，每隔 2 秒选项卡就会自动切换，同时左侧的图片也会相应地随之变化，当鼠标指针指向某个选项卡时，左侧也会显示对应的图片，具体效果如图 9-3 所示（案例位置：资源包\MR\第 9 章\动手试一试\9-1）。

图 9-3　图片轮播效果

9.2 【案例 2】实现简单计算器

【案例 2】实现简单计算器

9.2.1　案例描述

本案例实现了一个简单的计算器功能，通过该计算器可以对数值进行加、减、乘、除等运算。具体如图 9-4 和图 9-5 所示。下面将对涉及的相关知识进行详细的讲解。

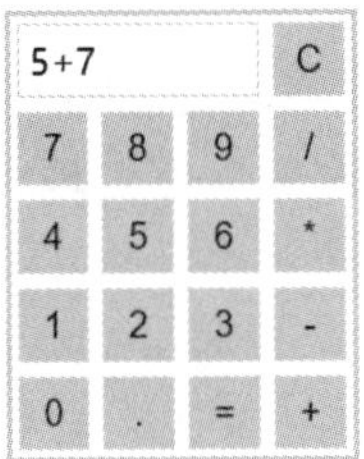

图 9-4　输入要计算的数字

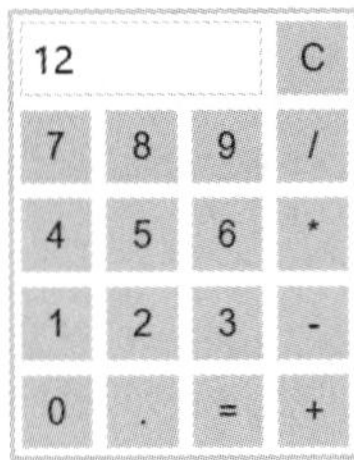

图 9-5　显示计算结果

9.2.2　技术准备

1．事件流

DOM（文档对象模型）结构是一个树形结构，当一个 HTML 元素产生一个事件时，该事件会在元素节点与根节点之间的路径上进行传播，路径所经过的节点都会收到该事件，这个传播过程称为 DOM 事件流。

2．两种事件模型

DOM 事件模型分为两种——冒泡型与捕获型。

（1）冒泡型事件（Bubbling Event）：事件从最具体的元素开始触发，然后向上传播至不那么具体的元素。例如，页面中的某个元素被单击，被单击的元素最先触发 click 事件，然后 click 事件沿 DOM 树一直向上，在经过的每个节点上依次触发，直至到达 Document 对象，而现代浏览器中的事件会一直冒泡到 Window 对象。

（2）捕获型事件（Capturing Event）：捕获型事件与冒泡型事件刚好相反，先是不那么具体的元素先捕捉到事件，然后事件沿 DOM 树逐渐向下，一直传播到事件的实际目标。设计捕获的主要目的是在到达目标元素前实现事件拦截。

DOM 标准支持捕获型与冒泡型两种事件。它可以在一个 DOM 元素上绑定多个事件处理器。在处理函数内部，this 关键字仍然指向被绑定的 DOM 元素，在处理函数参数列表的第一个位置传递事件对象 Event。

3．事件对象 Event

JavaScript 的 Event 对象用来描述 JavaScript 的事件。Event 对象代表事件状态，如事件发生的元素、键盘状态、鼠标指针的位置和按钮的状态。一旦事件发生，便会生成 Event 对象。例如，单击一个按钮，浏览器的内存中就会产生相应的 Event 对象。

在 W3C 事件模型中，需要将 Event 对象作为一个参数传递到事件处理函数中。Event 对象也可以自动作为参数传递，这取决于事件处理函数与对象绑定的方式。如果使用原始方法将事件处理函数与对象绑定（通过元素标记的一个属性），则必须把 Event 对象作为参数进行传递，例如：

```
onKeyUp="example(event)"
```

这是 W3C 模型中唯一可像全局引用一样明确引用 Event 对象的方式。这个引用只作为事件处理函数的参数，在其他的内容中不起作用。如果有多个参数，则 Event 对象引用可以以任意顺序排列，例如：

```
onKeyUp="example(this,event)"
```

在与元素绑定的函数定义中，应该有一个参数变量来“捕获”Event 对象参数，例如：

```
function example(widget,evt){…}
```

还可以通过其他方式将事件处理函数绑定到对象，将这些事件处理函数的引用赋给文档中的相应对象，例如：

```
document.forms[0].someButton.onkeyup=example;
document.getElementById("myButton").addEventListener("keyup",example,false);
```

通过这些方式进行事件绑定，可以防止自己的参数直接到达调用的函数，但是，W3C 浏览器自动传送 Event 对象的引用并将它作为唯一参数。这个 Event 对象是为响应激活事件的用户或系统行为而创建的，也就是说，函数需要用一个参数变量来接收传递的 Event 对象。例如：

```
function example(evt){…}
```

事件对象包含作为事件目标的对象（如包含表单控件对象的表单对象）的引用，从而可以访问该对象的任何属性。

9.2.3 案例实现

【例 9-2】 实现简单计算器（案例位置：资源包\MR\第 9 章\源代码\9-2）。

1．页面结构图

本案例中的计算器界面主要由<div>标签和<input>标签组成，界面中的数字和算术运算符都是一个按钮，而用于显示计算结果的是一个<p>标签，具体页面结构如图 9-6 所示。

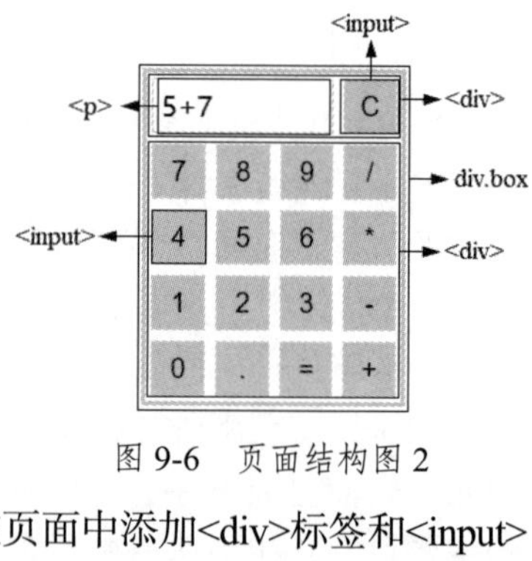

图 9-6　页面结构图 2

2．代码实现

（1）新建 index.html 文件，在该文件中设置网页标题，然后在页面中添加<div>标签和<input>

标签等内容，关键代码如下。

```
<div id="calculator" class="box">
   <div>
      <p id="display"></p>
      <input type="button" value="C">
      <div style="clear:both"></div>
   </div>
   <div>
      <input type="button" value="7">
      <input type="button" value="8">
      <input type="button" value="9">
      <input type="button" value="/">
      <input type="button" value="4">
      <input type="button" value="5">
      <input type="button" value="6">
      <input type="button" value="*">
      <input type="button" value="1">
      <input type="button" value="2">
      <input type="button" value="3">
      <input type="button" value="-">
      <input type="button" value="0">
      <input type="button" value=".">
      <input type="button" value="=">
      <input type="button" value="+">
      <div style="clear:both"></div>
   </div>
</div>
```

（2）新建 CSS 文件，并命名为 css.css，然后在 CSS 文件中设置页面样式，关键代码如下。

```
.box{
   border: 3px solid lightgreen;          /*设置边框*/
   width: 192px;                          /*设置宽度*/
   margin: 100px auto;                    /*设置外边距*/
}
.box p, .box input{
   font-size: 20px;                       /*设置文字的大小*/
   margin: 4px;                           /*设置外边距*/
   float: left;                           /*设置左浮动*/
}
.box p{
   width: 122px;                          /*设置宽度*/
   height: 26px;                          /*设置高度*/
   border: 1px solid #ddd;                /*设置边框*/
   padding: 6px;                          /*设置内边距*/
   overflow: hidden;                      /*设置溢出内容隐藏*/
}
.box input{
   width: 40px;                           /*设置宽度*/
   height: 40px;                          /*设置高度*/
   border:1px solid #ddd;                 /*设置边框*/
   background:lightgreen;                 /*设置背景颜色*/
}
```

（3）在 index.html 文件中添加 JavaScript 代码，实现计算并输出计算结果的功能，具体代码如下。

```
<script type="text/javascript">
window.onload = function(){
   var oDiv = document.getElementById("calculator"); //获取计算器
```

```
    oDiv.onclick = function(e){                                 //单击计算器
        var obj = e.target;                                     //获取当前元素
        if(obj.nodeName==="INPUT"){                             //判断当前元素名是否是 INPUT
            var result = document.getElementById("display");   //获取显示计算结果的元素
            if(obj.value==="C"){                                //如果单击了 C 按钮
                result.innerHTML="";                            //清空计算结果
            }else if(obj.value==="="){                          //如果单击了=按钮
                try{
                    var v = eval("("+result.innerHTML+")");     //获取计算结果
                    result.innerHTML = v;                       //显示计算结果
                }catch(ex){
                    result.innerHTML = "Error";
                }
            }else{
                result.innerHTML += obj.value;                  //显示要计算的数字
            }
        }
    }
}
</script>
```

（4）返回 index.html 文件，在 index.html 文件中引入 CSS 文件，代码如下。

```
<link href="css/css.css" type="text/css" rel="stylesheet">
```

（5）代码编写完成后，单击 WebStorm 代码区右上角的谷歌浏览器图标，即可在谷歌浏览器中运行本案例，运行结果如图 9-4 和图 9-5 所示。

9.2.4 动手试一试

通过案例 2 的学习，读者应该了解并掌握 JavaScript 中事件流的基础知识和使用方法。然后，请读者尝试实现一个输入取票码取票的功能，具体效果如图 9-7 所示（案例位置：资源包\MR\第 9 章\动手试一试\9-2）。

图 9-7 输入取票码取票

9.3 【案例 3】模仿影视网站星级评分功能

【案例 3】模仿影视网站星级评分功能

9.3.1 案例描述

本案例中实现了模仿影视网站星级评分的功能，如图 9-8 所示。在页面中输出 5 个星星图标，当鼠标指针指向某一颗星星时，右侧会显示相应的分数，上方会显示评分结果，当单击星星图标时会在下方显示用户的评分。实现这样的特效，主要利用了 JavaScript 中的鼠标事件，下面将对其进行详细的讲解。

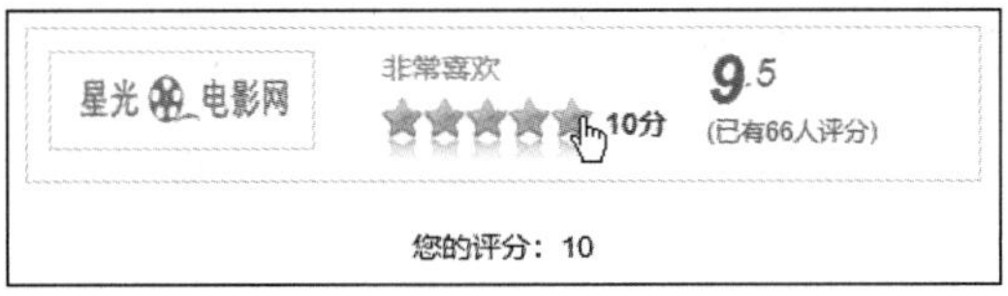

图 9-8　影视网站星级评分

9.3.2　技术准备

1. 鼠标的单击事件

单击事件（onclick）是指在鼠标单击时被触发的事件。单击是指鼠标指针停留在对象上，按下鼠标键，在没有移动鼠标指针的同时放开鼠标键的这一完整过程。

单击事件一般应用于 Button 对象、Checkbox 对象、Image 对象、Link 对象、Radio 对象、Reset 对象和 Submit 对象，其中 Button 对象一般只会用到 onclick 事件处理程序中。Button 对象不能从用户那里得到任何信息，所以如果没有 onclick 事件处理程序，该按钮对象将不会有任何作用。

2. 鼠标的按下和松开事件

鼠标的按下和松开事件分别是 onmousedown 事件和 onmouseup 事件。其中，onmousedown 事件用于在鼠标键被按下时触发事件处理程序，onmouseup 事件是指在鼠标键被松开时触发事件处理程序。在单击对象时，可以使用这两个事件实现其动态效果。

3. 鼠标的移入和移出事件

鼠标的移入和移出事件分别是 onmouseover 事件和 onmouseout 事件。其中，onmouseover 事件是指在鼠标指针移动到对象上时触发事件处理程序，onmouseout 事件是指在鼠标指针移出对象时触发事件处理程序。可以使用这两个事件在指定的对象上移动鼠标指针，以实现其对象的动态效果。

4. 鼠标的移动事件

鼠标的移动事件（onmousemove）是指鼠标指针在页面上进行移动时触发事件处理程序，可以在该事件中使用 Document 对象实时读取鼠标指针在页面中的位置。

9.3.3　案例实现

【例 9-3】 模仿影视网站星级评分功能（案例位置：资源包\MR\第 9 章\源代码\9-3）。

1. 页面结构图

本案例中模仿影视网站星级评分的功能界面是通过<div>标签、<span>标签和<ul>标签来实现的，具体页面结构如图 9-9 所示。

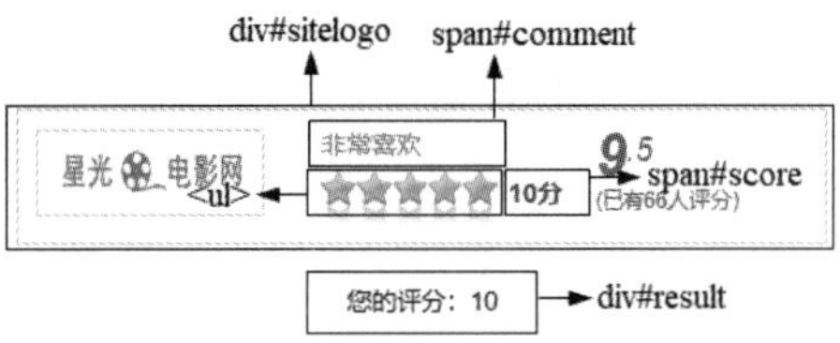

图 9-9　页面结构图 3

2. 代码实现

（1）新建 index.html 文件，在该文件中设置网页标题，然后在页面中添加<div>标签、<span>标签和<ul>标签等内容，具体代码如下。

```
<div id="sitelogo">
 <span><img src="images/online.png" width="120" height="40"></span>
 <ul class="starrating">
      <li onclick="show(1)">
          <a onmouseover="showGrade(1)" onmouseout="showGrade(0)" href="#" class="star1">1</a>
      </li>
      <li onclick="show(2)">
          <a onmouseover="showGrade(2)" onmouseout="showGrade(0)" href="#" class= "star2">2</a>
      </li>
      <li onclick="show(3)">
          <a onmouseover="showGrade(3)" onmouseout="showGrade(0)" href="#" class= "star3">3</a>
      </li>
      <li onclick="show(4)">
          <a onmouseover="showGrade(4)" onmouseout="showGrade(0)" href="#" class= "star4">4</a>
      </li>
      <li onclick="show(5)">
          <a onmouseover="showGrade(5)" onmouseout="showGrade(0)" href="#" class= "star5">5</a>
      </li>
      <li onclick="show(6)">
          <a onmouseover="showGrade(6)" onmouseout="showGrade(0)" href="#" class= "star6">6</a>
      </li>
      <li onclick="show(7)">
          <a onmouseover="showGrade(7)" onmouseout="showGrade(0)" href="#" class= "star7">7</a>
      </li>
      <li onclick="show(8)">
          <a onmouseover="showGrade(8)" onmouseout="showGrade(0)" href="#" class= "star8">8</a>
      </li>
      <li onclick="show(9)">
          <a onmouseover="showGrade(9)" onmouseout="showGrade(0)" href="#" class= "star9">9</a>
      </li>
      <li onclick="show(10)">
          <a onmouseover="showGrade(10)" onmouseout="showGrade(0)" href="#" class="star10">10</a>
      </li>
 </ul>
 <span id="comment"></span>
 <span id="score"></span>
 <p>
      <span id="scoreInt">9</span>
      <span id="scoreDec">.5</span>
      <span class="total">(已有 66 人评分)</span>
 </p>
</div>
<div id="result"></div>
```

（2）新建 CSS 文件，然后在 CSS 文件中添加 CSS 代码设置页面样式，部分代码如下。

```
*{
   margin: 0;                   /*设置外边距*/
   padding: 0;                  /*设置内边距*/
   list-style-type: none;       /*设置列表为无样式*/
}
a,img{
   border: 0;                   /*设置边框*/
}
```

```
body{
   font: 12px/180% Arial, Helvetica, sans-serif, "新宋体";/*设置字体*/
}
#sitelogo{
   position: relative;         /*设置相对定位*/
   margin: 20px auto;          /*设置外边距*/
   width: 430px;               /*设置宽度*/
   height: 60px;               /*设置高度*/
   border: solid 1px #ddd;     /*设置边框*/
   padding: 10px 10px 0 10px;  /*设置内边距*/
}
#sitelogo span{
   display: block;             /*设置为块元素*/
   float: left;                /*设置左浮动*/
}
#sitelogo img{
   border: #e0e0e0 1px solid;  /*设置边框*/
   padding: 2px;               /*设置内边距*/
}
#sitelogo a:hover img{
   border: #69f 1px solid;     /*设置边框*/
   padding: 2px;               /*设置内边距*/
}
#sitelogo ul{
   display: block;             /*设置为块元素*/
   float: left;                /*设置左浮动*/
   width: 100px;               /*设置宽度*/
   height: 28px;               /*设置高度*/
   position: relative;         /*设置相对定位*/
   background: url('../images/starrating.gif') top left repeat-x;/*设置背景图像*/
   margin: 22px 5px 0 32px;    /*设置外边距*/
}
<!--省略其他雷同代码-->
```

（3）在 index.html 文件中添加 JavaScript 代码，实现星级评分的功能，具体代码如下。

```
<script type="text/javascript">
function getID(id){
 return document.getElementById(id);                    //返回指定 id 的元素
}
function showGrade(sco){
 //定义评分结果数组
 var commentArr=["","很差","很差","不喜欢","不喜欢","一般，可以看","一般，可以看","喜欢，值得推荐","喜欢，值得推荐","非常喜欢","非常喜欢"];
  if (sco>0){
     getID("score").innerHTML=sco+"分 ";               //显示分数
     getID("comment").innerHTML=commentArr[sco];      //显示评分结果
  }
 else{
     getID("score").innerHTML="";                      //设置分数为空
     getID("comment").innerHTML="";                    //设置评分结果为空
```

```
    }
  }
  function show(score){
   document.getElementById("result").innerHTML = "您的评分: "+score;//显示用户评分
  }
  </script>
```

（4）返回 index.html 文件，在 index.html 文件中引入 CSS 文件，代码如下。

```
<link href="css/css.css" type="text/css" rel="stylesheet">
```

（5）代码编写完成后，单击 WebStorm 代码区右上角的谷歌浏览器图标，即可在谷歌浏览器中运行本案例，运行结果如图 9-8 所示。

9.3.4 动手试一试

通过案例 3 的学习，读者应该更加了解 JavaScript 中鼠标事件的使用方法。然后，请读者尝试实现图 9-10 所示的图片放大镜的效果（案例位置：资源包\MR\第 9 章\动手试一试\9-3）。

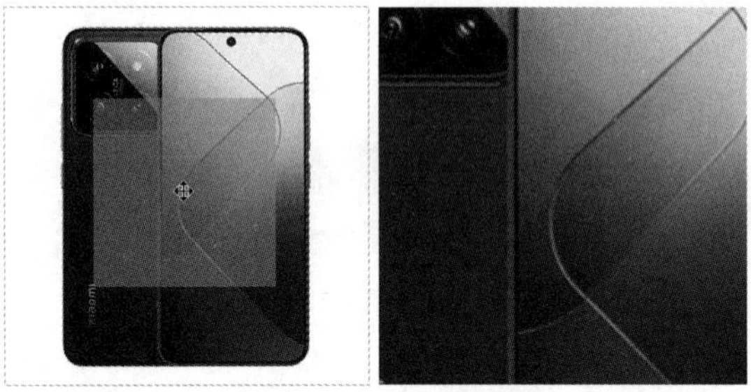

图 9-10 图片放大镜效果

9.4 【案例 4】实现用户注册页面

【案例 4】实现用户注册页面

9.4.1 案例描述

用户在进行注册时，首先需要同意相关的注册协议，然后才能进一步实现注册。本案例将实现一个用户注册页面，当用户未勾选“阅读并同意《注册协议》”复选框时，“注册”按钮为禁用状态，如图 9-11 所示；当用户勾选“阅读并同意《注册协议》”复选框时，“注册”按钮为启用状态，而且如果输入的注册信息不符合要求就不允许提交表单，如图 9-12 所示。下面我们将对该案例涉及的相关知识进行详细的讲解。

图 9-11 “注册”按钮为禁用状态

图 9-12 输入有误不允许提交表单

9.4.2 技术准备

1. DOM 标准下注册多个事件监听器与移除监听器的方法

实现 DOM 标准的浏览器通过元素的 addEventListener()方法注册。该方法既支持注册冒泡型事件处理，又支持捕获型事件处理。其语法格式如下。

```
element.addEventListener('click', observer, useCapture);
```

addEventListener()方法接收 3 个参数。第 1 个参数是事件名称（事件名称不以 on 开头）；第 2 个参数 observer 是回调处理函数；第 3 个参数注明该回调处理函数在事件传递过程中的捕获阶段被调用还是在冒泡阶段被调用，默认为 true，即在捕获阶段被调用。

若要移除已注册的事件监听器，则调用 removeEventListener()方法即可，参数不变。其语法格式如下。

```
element.removeEventListener('click', observer, useCapture);
```

2. 取消事件传递和默认处理

取消事件传递，是指停止捕获型事件或冒泡型事件的进一步传递。例如，在冒泡型事件传递中，在 body 处理停止事件传递后，位于上层的 document 事件监听器就不会再收到通知，不再被处理。

事件传递后的默认处理，是指浏览器在事件传递并处理完后，会执行与该事件关联的默认动作（如果存在这样的动作）。

（1）取消浏览器的事件传递。在 DOM 标准下，通过调用 event 对象的 stopPropagation()方法，可取消浏览器的事件传递，代码如下。

```
function someHandle(event){
 event.stopPropagation();
}
```

（2）取消事件传递后的默认处理。DOM 标准下，通过调用 event 对象的 preventDefault()方法，可取消事件传递后的默认处理，代码如下。

```
function someHandle(event){
 event.preventDefault();
}
```

9.4.3 案例实现

【例 9-4】 实现用户注册页面（案例位置：资源包\MR\第 9 章\源代码\9-4）。

1. 页面结构图

本案例中的用户注册页面主要由<div>标签、<span>标签和<form>标签组成，具体页面结构如图 9-13 所示。

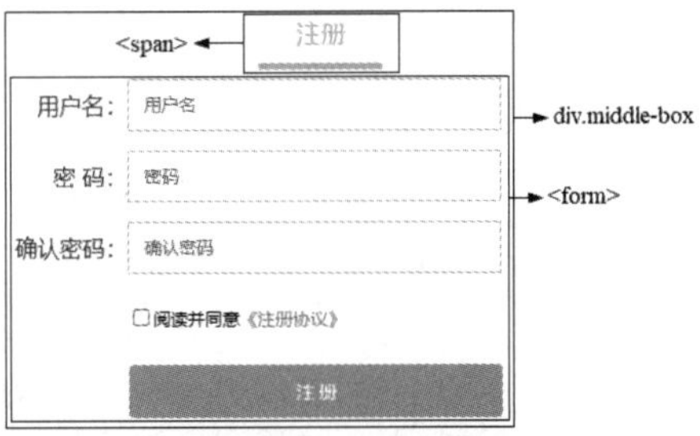

图 9-13　页面结构图 4

2. 代码实现

（1）新建 index.html 文件，在该文件中修改网页标题，然后在页面中添加<div>标签、<span>标签和<form>标签等内容，具体代码如下。

```
<div class="middle-box">
   <div>
     <span>
```

```
            <a class="active">注册</a>
        </span>
          <form id="form" name="form" method="post" action="" autocomplete="off">
            <div class="form-group">
                <label for="name">用户名：</label>
                <input name="name" id="name" type="text" class="form-control"placeholder="用户名" >
            </div>
            <div class="form-group">
                <label for="password">密 码：</label>
                 <input name="password" id="password" type="password" class="form-control"
placeholder="密码">
            </div>
          <div class="form-group">
                <label for="passwords">确认密码：</label>
                 <input name="passwords" id="passwords" type="password" class="form-control"
placeholder="确认密码">
            </div>
          <div class="form-group">
                <div class="agreement">
                 <input id="agree" type="checkbox">阅读并同意<a href="#">《注册协议》</a>
                 </div>
            </div>
          <div>
            <button type="submit" id="send" class="btn-primary">注 册</button>
          </div>
        </form>
      </div>
    </div>
```

（2）新建 CSS 文件，在 CSS 文件中添加 CSS 代码设置页面样式，部分代码如下。

```
    .middle-box{
      max-width: 610px;            /*设置最大宽度*/
      margin: 0 auto;              /*设置外边距*/
      text-align: center;          /*设置文本水平居中显示*/
    }
    .form-control{
      width: 300px;                /*设置宽度*/
      height: 40px;                /*设置高度*/
      padding: 6px 12px;           /*设置内边距*/
      font-size: 14px;             /*设置文字的大小*/
      color: #999;                 /*设置文字的颜色*/
      background-color: #fff;      /*设置背景颜色*/
      border: 1px solid #ccc;      /*设置边框*/
    }
    <!--省略其他代码-->
```

（3）在 index.html 文件中添加 JavaScript 代码，实现验证用户注册的功能，具体代码如下。

```
    <script type="text/javascript">
    window.onload=function(){
      var send=document.getElementById("send");     //获取“注册”按钮
      send.addEventListener("click",function(e){
        if(form.name.value===""){                    //判断用户名是否为空
          alert("请输入用户名!");                     //打开对话框
          form.name.focus();                         //为文本框设置焦点
          e.preventDefault();                        //阻止表单提交
          return false;                              //若返回 false，则不允许提交表单
        }
        if(form.password.value===""){                //判断密码是否为空
```

```
            alert("请输入密码!");                          //打开对话框
            form.password.focus();                          //为密码框设置焦点
            e.preventDefault();                             //阻止表单提交
            return false;                                   //若返回 false，则不允许提交表单
        }
        if(form.passwords.value===""){                      //判断确认密码是否为空
            alert("请输入确认密码!");                       //打开对话框
            form.passwords.focus();                         //为确认密码框设置焦点
            e.preventDefault();                             //阻止表单提交
            return false;                                   //若返回 false，则不允许提交表单
        }
        if(form.password.value!==form.passwords.value){
            alert("两次密码不一致!");                       //打开对话框
            form.passwords.select();                        //选中确认密码框
            e.preventDefault();                             //阻止表单提交
            return false;                                   //若返回 false，则不允许提交表单
        }
        alert("注册成功! ");
    })
    var agree=document.getElementById("agree");             //获取同意协议复选框
    send.disabled=true;                                     //禁用“注册”按钮
    agree.addEventListener("click",function(){
        if(this.checked){
            send.disabled=false;                            // “注册”按钮可用
            send.style.backgroundColor="#1AB394";           //设置“注册”按钮的背景颜色
            send.style.cursor="pointer";                    //设置鼠标指针指向“注册”按钮时的样式
        }else{
            send.disabled=true;                             //禁用“注册”按钮
            send.style.backgroundColor="#AAAAAA";           //设置“注册”按钮的背景颜色
            send.style.cursor="auto";                       //设置鼠标指针指向“注册”按钮时的样式
        }
    })
}
</script>
```

（4）返回 index.html 文件，在 index.html 文件中引入 CSS 文件，代码如下。

```
<link rel="stylesheet" type="text/css" href="index.css">
```

（5）代码编写完成后，单击 WebStorm 代码区右上角的谷歌浏览器图标，即可在谷歌浏览器中运行本案例，运行结果如图 9-11 和图 9-12 所示。

9.4.4 动手试一试

通过案例 4 的学习，读者应该更深入地理解 JavaScript 事件处理的使用方法。然后，请读者尝试实现模拟刮刮卡刮奖的效果。页面中有一个矩形的刮卡区域，如图 9-14 所示。按住鼠标左键在刮卡区域内进行移动，刮掉涂层后，该区域会显示中奖结果，如图 9-15 所示（案例位置：资源包\MR\第 9 章\动手试一试\9-4）。

图 9-14 显示刮卡区域

图 9-15 显示中奖结果

9.5 AIGC 辅助解决 JavaScript 事件在处理过程中的问题

在使用 JavaScript 事件时，AIGC 工具可以帮助我们解决实际开发中的问题。例如，要解决 JavaScript 事件在处理过程中的问题，问题描述及 AIGC 建议如下。

问题

如何解决 JavaScript 事件在处理过程中的问题？

AIGC 建议

JavaScript 事件在处理过程中确实容易遇到问题，以下是常见的问题及其解决方案。

一、事件绑定问题

1. 问题描述

- 无法正确绑定事件，导致事件无法触发。

2. 解决方案

- 确保使用正确的事件绑定方法，如 addEventListener。
- 检查事件名称是否正确，如 click、mouseover 等。
- 确保绑定事件的元素已经存在于 DOM 中。

二、事件冒泡与捕获问题

1. 问题描述

- 事件冒泡可能导致事件被多次触发。
- 捕获阶段与冒泡阶段的事件处理顺序容易混淆。

2. 解决方案

- 使用 addEventListener 的第三个参数来控制事件是在捕获阶段还是冒泡阶段触发。
- 如有需要，可以使用 event.stopPropagation()来阻止事件冒泡。

三、this 关键字问题

1. 问题描述

- 在事件处理函数中，this 的指向可能与预期不符。

2. 解决方案

- 使用箭头函数来定义事件处理函数，因为箭头函数不绑定自己的 this 值，它会捕获其所在上下文的 this 值。
- 或者在事件处理函数中使用.bind(this)来确保 this 值指向正确。

四、事件委托问题

1. 问题描述

- 使用事件委托时，可能无法正确识别触发事件的子元素。

2. 解决方案

- 在事件处理函数中，使用 event.target 来获取触发事件的元素。
- 确保委托的父元素存在，并且包含所有需要处理事件的子元素。

五、事件监听器移除问题

1. 问题描述

- 无法正确移除事件监听器，导致内存泄漏或事件处理函数被多次调用。

2. 解决方案

- 使用与添加事件监听器相同的函数和参数来调用 removeEventListener。
- 确保在移除事件监听器之前，该事件监听器已经被正确添加。

追加问题

简单介绍一下箭头函数的基本用法。

AIGC 建议

箭头函数（Arrow Functions）是 ECMAScript 6（ES6）中引入的一种更简洁的函数表示方法。以下是箭头函数的基本用法简介。

箭头函数使用 => 符号，左侧是参数列表，右侧是函数体。

- 无参数：使用 () 表示空参数列表。

```
const sayHello = () => console.log('Hello!');
```

- 单个参数：可以省略 ()（但在某些情况下，为了代码清晰，即使只有一个参数也推荐使用()）。

```
const square = x => x * x;
```

- 多个参数：使用 () 包围参数列表。

```
const add = (a, b) => a + b;
```

- 函数体：如果函数体只有一条语句，并且需要返回值（或隐式返回），可以省略{}和 return；如果有多条语句或需要显式返回值，则使用 {} 包围函数体，并使用 return。

```
const multiply = (a, b) => {
  const result = a * b;
  return result;
};
```

或隐式返回：

```
const greet = name => `Hello, ${name}!`;
```

总的来说，箭头函数提供了一种更简洁、更直观的函数写法，并且解决了传统函数表达式中的一些常见问题（如 this 绑定）。然而，由于它们的一些限制，在某些场景下可能需要使用传统的函数表达式。

小结

本章主要讲解了事件的调用、事件流、鼠标事件，以及如何注册与移除事件监听器等，学习完本章的内容后，读者应该掌握如何调用注册事件。本章的知识点较难理解，并且由于篇幅限制而未深入讲解，因此读者需要在掌握 JavaScript 基础知识的同时，多通过网络或书籍等渠道深入学习与本章相关的知识点。

习题

9-1　调用事件的方法有几种？

9-2　JavaScript 中常见的事件有哪几类？

9-3　DOM 标准支持的事件模型有哪几种？

9-4　常用的鼠标事件有哪些？

9-5　如何移除事件监听器？

第10章 手机响应式开发（上）

本章要点

- ❑ 了解什么是响应式网页设计
- ❑ 理解常见的布局类型及布局方式
- ❑ 熟悉媒体查询的使用方法
- ❑ 掌握响应式页面的设计方法

响应式网页设计是目前流行的一种网页设计形式，其主要特色是页面内容能在不同设备（平板电脑、台式计算机或智能手机）上适应地展示出来，从而让用户在不同设备上都能够友好地浏览网页内容。本章将通过 4 个案例（课程列表、用户登录、移动客服和响应式视频）来学习 HTML5 手机适配相关的内容。

10.1 【案例 1】实现手机端展示图文列表

【案例 1】实现手机端展示图文列表

10.1.1 案例描述

在前面的学习中，大家已经学习制作了 PC 端的课程列表页面。但手机端的课程列表页面又将如何实现呢？本案例中我们将实现一个手机端的课程列表页面。在这个页面中，展示内容包括课程标题、课程缩略图、课时和主讲老师等信息，如图 10-1 所示。这里，我们用到了一个较新的 CSS3 布局技术——Flex 布局。下面将对其进行详细的讲解。

图 10-1　手机端的课程列表页面

10.1.2 技术准备

网页布局（Layout）是 CSS 的一个重要应用。布局的传统解决方案，基于盒状模型，依赖 display 属性、position 属性和 float 属性。2009 年，W3C 提出一种新的方案——Flex 布局，可以简便、完整、具有响应式地实现各种页面布局。目前，它已经得到了所有浏览器的支持，这意味着我们可以安全地使用这项功能。

1. Flex 布局

弹性布局（Flexible Box，Flex）用来为盒状模型提供最佳的灵活性。任何一个容器都可以被指定为 Flex 布局。采用 Flex 布局的元素称为 Flex 容器，简称“容器”。它的所有子元素自动成为容器成员，称为 Flex 项目，简称“项目”。

2. Flex 容器的常见属性

（1）flex-direction 属性

flex-direction 属性决定主轴的方向（即项目的排列方向）。

语法格式如下。

```
.box{
  flex-direction: row | row-reverse | column | column-reverse;
}
```

语法解释如下。

- row（默认值）：主轴为水平方向，起点在左端。
- row-reverse：主轴为水平方向，起点在右端。
- column：主轴为垂直方向，起点在上沿。
- column-reverse：主轴为垂直方向，起点在下沿。

（2）flex-wrap 属性

默认情况下，项目都排在一条线（又称“轴线”）上。flex-wrap 属性定义，如果一条轴线排不下，如何换行。

语法格式如下。

```
.box{
  flex-wrap: nowrap | wrap | wrap-reverse;
}
```

语法解释如下。

- nowrap（默认）：不换行。
- wrap：换行，第一行在上方。
- wrap-reverse：换行，第一行在下方。

（3）justify-content 属性

justify-content 属性定义了项目在主轴上的对齐方式。

语法格式如下。

```
.box{
  justify-content: flex-start | flex-end | center | space-between | space-around;
}
```

语法解释如下。

- flex-start（默认值）：左对齐。

- flex-end：右对齐。
- center：居中。
- space-between：两端对齐，项目之间的间隔都相等。
- space-around：每个项目两侧的间隔相等，所以，项目之间的间隔比项目与边框的间隔大 1 倍。

10.1.3　案例实现

【例 10-1】 实现手机端课程列表（案例位置：资源包\MR\第 10 章\源代码\10-1）。

1．页面结构图

图 10-1 所示的页面中主要使用无序列表标签及<div>标签来添加图片、文字等内容，然后通过 CSS3 中的 Flex 布局进行页面布局，具体页面结构如图 10-2 所示。

图 10-2　页面结构图 1

2．代码实现

（1）新建 index.html 文件，在该文件中添加课程列表，关键代码如下。

```
<!doctype html>
<html lang="en">
<head>
   <meta charset="UTF-8">
   <meta name="viewport" content="width=device-width,initial-scale=1.0,user-scalable=no">
   <title>手机端课程列表</title>
   <link rel="stylesheet" href="css/mr-style1.css">
   <link rel="stylesheet" href="css/mr-style2.css">
</head>
<body>
<div id="page-container">
```

```
    <div class="index-course">
        <h3 class="g-title">精品课程推荐</h3>
        <ul class="course-list row2 wider">
            <li class="item">
                <img src="images/1.png" alt="HTML5+CSS3 入门第一季" width="180" height="256">
                <div class="con">
                    <h3 class="title te2">HTML5+CSS3 入门第一季</h3>
                    <p class="info te2"></p>
                    <div class="cbox overview">
                        <p class="flex te">课时: <em class="c-green">10 小时 9 分 15 秒</em></p>
                        <span class="te">主讲: 木木初</span>
                    </div>
                </div>
            </li>
            <li class="item">
                <img src="images/2.jpg" alt="JavaScript 入门第一季" width="180" height="256">
                <div class="con">
                    <h3 class="title te2">JavaScript 入门第一季</h3>
                    <p class="info te2"></p>
                    <div class="cbox overview">
                        <p class="flex te">课时: <em class="c-green">20 小时 15 分 13 秒</em></p>
                        <span class="te">主讲: 木木初</span>
                    </div>
                </div>
            </li>
            <!--继续添加课程内容，此处省略雷同代码-->
            <li class="item">
                <img src="images/3.png" alt="Java 入门第一季" width="180" height="256">
                <div class="con">
                    <h3 class="title te2">Java 入门第一季</h3>
                    <p class="info te2"></p>
                    <div class="cbox overview">
                        <p class="flex te">课时: <em class="c-green">10 小时 9 分 15 秒</em></p>
                        <span class="te">主讲: 根号申</span>
                    </div>
                </div>
            </li>
            <li class="item">
                <img src="images/4.jpg" alt="C 语言入门第一季" width="180" height="256">
                <div class="con">
                    <h3 class="title te2">C 语言入门第一季</h3>
                    <p class="info te2"></p>
                    <div class="cbox overview">
                        <p class="flex te">课时: <em class="c-green">10 小时 45 分</em></p>
                        <span class="te">主讲: 李木子</span>
                    </div>
                </div>
            </li>
        </ul>
    </div>
</div>
</body>
</html>
```

（2）新建两个 CSS 文件，分别用于设置页面所有标签的通用样式和具体页面布局等样式，使用 Flex 布局设置页面布局的关键代码如下。

```
.flex{
   flex: 1
}
.g-title{
   margin: 0 .1rem;
   padding: 0 .05rem;
   height: .44rem;
   line-height: .46rem;
   font-size: .16rem;
   color: #666;
   border-bottom: 1px solid #e3e3e3
}
.cbox{
   display: flex;
   align-items: center;
   justify-content: center;
}
#page-container{
   background-image: url("../bga.png");
   background-size: 100% auto;
   background-repeat: no-repeat;
   padding: 150px 0 0 0;
   margin-bottom: .1rem;
   overflow: hidden;
   background-color: #fff;
   border-bottom: 1px solid #e6e6e6;
   box-shadow: 0 1px 1px rgba(0, 0, 0, .05)
}
.course-list{
   padding: .1rem .15rem;
   box-sizing: border-box;
   overflow: hidden;
   background-color: #fff
}
.course-list .item{
   float: left;
   width: 32%;
   margin-right: 2%;
   font-size: .12rem;
   overflow: hidden;
   box-sizing: border-box
}
```

（3）代码编写完成后，单击 WebStorm 代码区右上角的谷歌浏览器图标，即可在谷歌浏览器中运行本案例，运行结果如图 10-1 所示。

10.1.4 动手试一试

通过案例 1 的学习，读者应该了解 CSS3 中 Flex 布局的基本用法。在手机 H5 适配方案中，经常使用这种技术。然后，读者可以尝试制作一个响应式注册表单，具体效果如图 10-3 所示（案例位置：资源包\MR\第 10 章\动手试一试\10-1）。

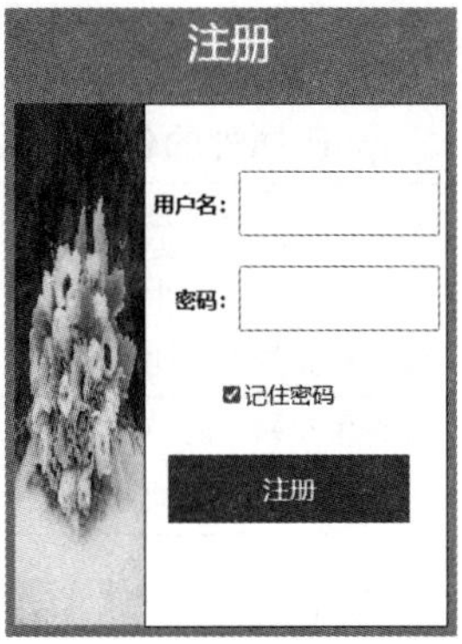

图 10-3　响应式注册表单

10.2 【案例 2】实现手机端的用户登录

【案例 2】实现手机端的用户登录

10.2.1　案例描述

在前面的学习中，我们已经接触过用户登录和注册相关的知识。当时实现的是 PC 端的页面，并没有考虑手机屏幕的页面，如果用户使用手机浏览网站，那么登录和注册页面对手机适配显得尤为重要。通过调整浏览器屏幕宽度来模拟手机屏幕的效果，如图 10-4 所示。这个案例我们将使用 CSS3 的 media（媒体）查询技术。下面将对其进行详细的讲解。

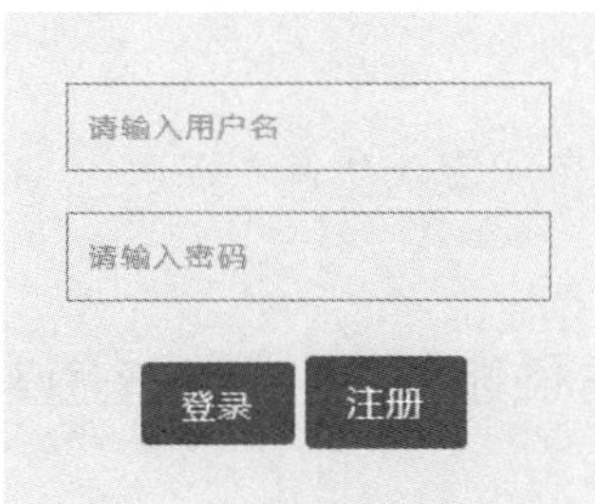

图 10-4　注册登录页面

10.2.2　技术准备

1．媒体查询

媒体查询可以根据设备显示器的特性（如视口宽度、屏幕比例和设备方向）来设定 CSS 的样式。媒体查询由媒体类型和一个或多个检测媒体特性的条件表达式组成。媒体查询中可用于检测的媒体特性有 width、height 和 color 等。使用媒体查询，可以在不改变页面内容的情况下，为特定的一些输出设备定制显示效果。

2．媒体查询的步骤

（1）在 HTML 页面的<head>标签中，添加 viewport 属性的代码，代码如下。

```
<meta name="viewport" content="width=device-width,initial-scale=1,maximum-scale=1, user-scalable=no"/>
```

其中，各属性值及其含义如表 10-1 所示。

表 10-1　viewport 属性的各属性值及其含义

属性值	含义
width=device-width	设定视口宽度等于当前设备屏幕宽度
initial-scale=1	设定初始的缩放比例（默认为 1）
maximum-scale=1	允许用户缩放的最大比例（默认为 1）
user-scalable=no	设定用户不能手动缩放

（2）使用@media 关键字，编写 CSS 媒体查询代码。举例说明：当设备屏幕宽度在 500～700px 时，在媒体查询中设置 body 的背景色 background-color 的属性值为 red，并会覆盖原来的 body 背景色；当设备屏幕宽度小于或等于 500px 时，在媒体查询中设置 body 的背景色 background-color 的属性值为 blue，并会覆盖原来的 body 背景色。代码如下。

```
/*当设备屏幕宽度在 500～700px 时*/
@media screen and (max-width: 700px) and (min-width: 500px) {
   body {
      background-color: red;
   }
   /*当设备屏幕宽度小于或等于 500px 时*/
   @media screen and (max-width: 500px) {
      body {
         background-color: blue;
      }
   }
```

10.2.3　案例实现

【例 10-2】 实现手机端登录页面（案例位置：资源包\MR\第 10 章\源代码\10-2）。

1. 页面结构图

本页面主要由<div>标签和<input>标签组成，然后通过媒体查询实现各屏幕宽度下的页面样式，具体页面结构如图 10-5 所示。

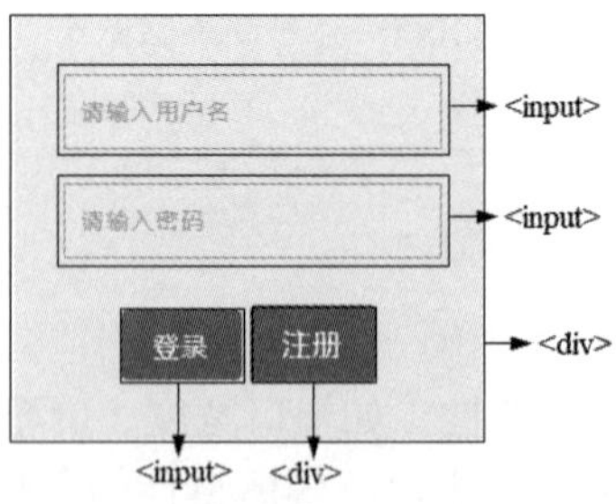

图 10-5　页面结构图 2

2. 代码实现

（1）新建 index.html 文件，在该文件中添加登录表单所需的标签，具体代码如下。

```
<!DOCTYPE html>
<html>
<head>
   <title>手机端用户登录</title>
```

```
    <meta meta="UTF-8">
    <meta name="viewport" content="width=device-width, initial-scale=1">
    <link href="css/style.css" rel="stylesheet" type="text/css">
</head>
<body>
<div class="padding-all">
    <div class="design-form">
        <div class="form-agile">
            <form action="#" method="post">
                <input type="text" name="name" placeholder="请输入用户名" required=""/>
                <input type="password"  name="password" class="LoginPadding" placeholder="
请输入密码" required=""/>
                <input type="submit" value="登录">
                <div>注册</div>
            </form>
        </div>
        <div class="clear"> </div>
    </div>
</div>
</body>
</html>
```

（2）新建 CSS 文件，并设置文件名为 style.css，然后在该文件中编写 CSS 代码，关键代码如下。

```
/*省略部分代码*/
.form-agile div{
    display: inline;
    font-size: 18px;
    padding: 11px 20px;
    letter-spacing: 1.2px;
    border: none;
    text-transform: capitalize;
    outline: none;
    border-radius: 4px;
    -webkit-border-radius: 4px;
    -moz-border-radius: 4px;
    background: #D65B88;
    color: #fff;
    cursor: pointer;
    margin: 0 auto;
    -webkit-transition-duration: 0.9s;
    transition-duration: 0.9s;
}
.form-agile div:hover{
    -webkit-transition-duration: 0.9s;
    transition-duration: 0.9s;
    background: rgba(91, 157, 214, 0.76);
}
/*移动端适配方案*/
@media screen and (max-width: 1280px){
    .design-form{
        width: 46%;
    }
    .form-agile{
        padding: 40px;
    }
}
@media screen and (max-width: 800px){
    .padding-all{
```

```
        padding: 115px 30px;
    }
    .design-form{
        width: 60%;
    }
    .footer{
        padding-top: 50px;
    }
}
/*分别设置其余屏幕宽度时，表单的样式，此处省略雷同代码*/
@media screen and (max-width: 640px){
    .form-agile{
        padding: 35px 30px;
    }
    .form-agile input[type="text"], .form-agile input[type="password"]{
        font-size: 14px;
    }
    .form-agile input[type="submit"]{
        font-size: 16px;
    }
}
@media screen and (max-width: 480px){
    .design-form{
        width: 92%;
    }
}
```

（3）代码编写完成后，单击 WebStorm 代码区右上角的谷歌浏览器图标，即可在谷歌浏览器中运行本案例，运行结果如图 10-4 所示。

10.2.4 动手试一试

通过案例 2 的学习，读者应该掌握 HTML5 页面的关键字媒体查询。然后，请读者布局一个响应式的购物车结算页面。当屏幕宽度大于 768px 时（PC 端），页面如图 10-6 所示；当屏幕宽度小于 768px 时（手机端），页面如图 10-7 所示（案例位置：资源包\MR\第 10 章\动手试一试\10-2）。

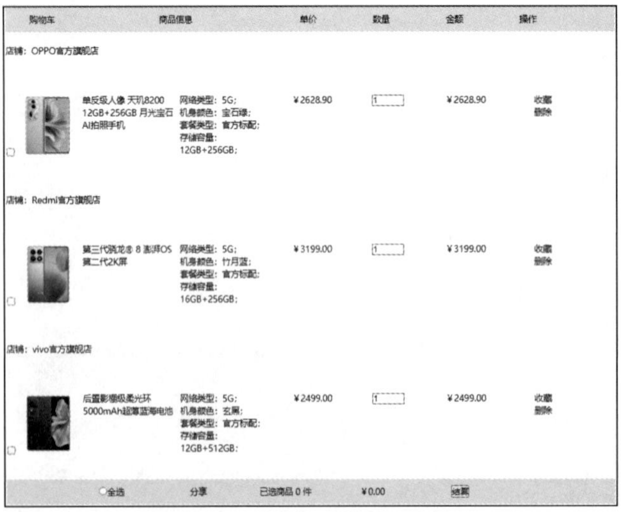

图 10-6　PC 端购物车结算页面

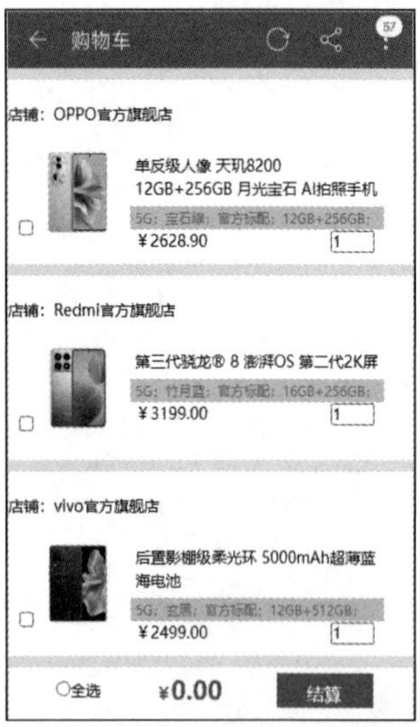

图 10-7　手机端购物车结算页面

10.3 【案例 3】实现手机端的聊天界面

10.3.1 案例描述

【案例 3】实现手机端的聊天界面

本案例制作的是模拟手机端在线客服界面，具体效果如图 10-8 所示。这里仅仅实现的是界面样式，并没有实现发送文本信息的功能。接下来，详细讲解本案例的实现过程。

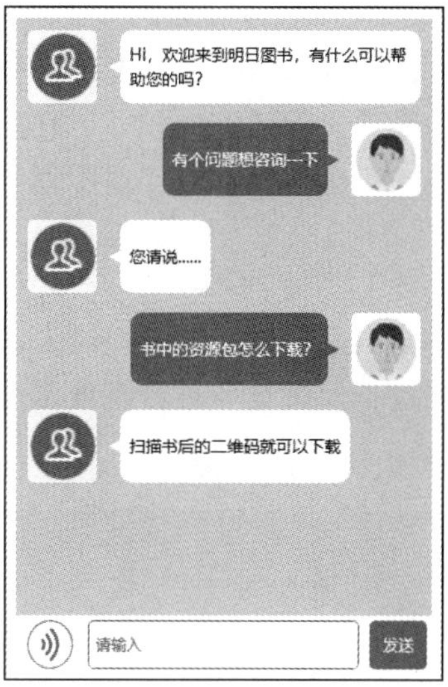

图 10-8　手机端的在线客服界面

10.3.2 技术准备

1．常用布局类型

根据网站的列数划分，网页布局可以分成单列布局和多列布局。其中，多列布局又由均分多列布局和不均分多列布局组成。

（1）单列布局

单列布局适合内容较少的网站布局，一般由顶部的 Logo 和菜单（一行）、中间的内容区（一行）和底部的网站相关信息（一行），共 3 行组成。单列布局的效果如图 10-9 所示。

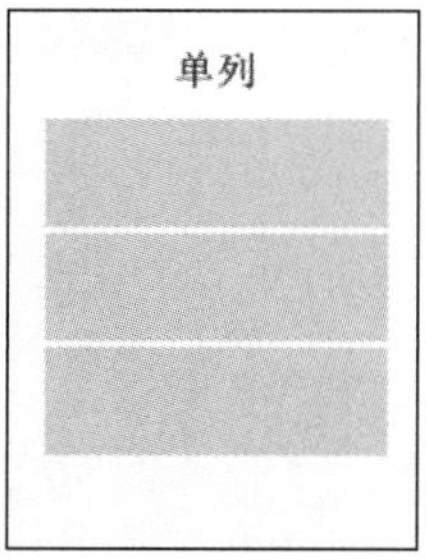

图 10-9　单列布局

（2）均分多列布局

它是列数大于或等于 2 时使用的布局类型，每列的宽度相同，列与列之间的间距相同，适合列表展示商品或图片。均分多列布局的效果如图 10-10 所示。

（3）不均分多列布局

它也是列数大于或等于 2 时使用的布局类型，每列的宽度不同，列与列之间的间距不同，适合博客类文章内容页面的布局，一列布局文章内容，一列布局广告链接等内容。不均分多列布局的效果如图 10-11 所示。

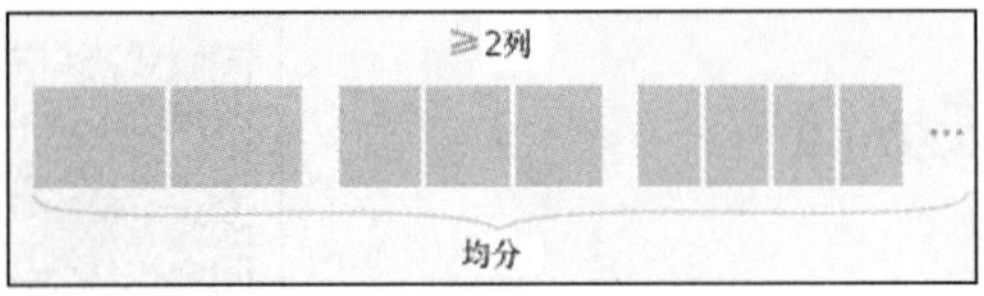

图 10-10 均分多列布局

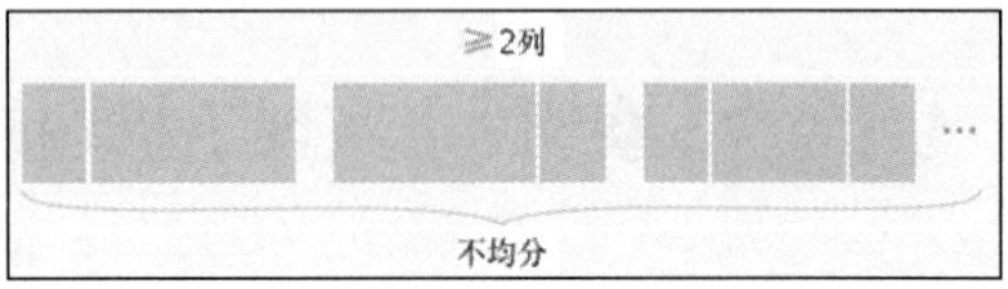

图 10-11 不均分多列布局

2．布局的实现方式

不同的布局类型，有不同的实现方式。以页面的宽度单位（像素或百分比）来划分，布局有单一式固定布局、响应式固定布局和响应式弹性布局 3 种实现方式。

（1）单一式固定布局

单一式固定布局以像素作为页面的基本单位，不考虑多种设备及浏览器屏幕宽度，只设计一套固定宽度的页面布局。其技术简单，但适配性较差。它适合单一终端的网站布局，如以安全为首位的某些政府机关事业单位，可以仅设计制作适配指定浏览器和设备终端的布局。单一式固定布局的效果如图 10-12 所示。

（2）响应式固定布局

响应式固定布局同样以像素作为页面单位，参考主流设备屏幕宽度，设计几套不同宽度的布局。通过媒体查询技术识别不同设备及浏览器屏幕宽度，选择符合条件的宽度布局。响应式固定布局的效果如图 10-13 所示。

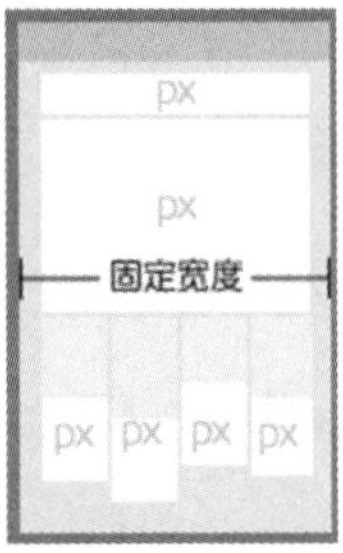

图 10-12 单一式固定布局

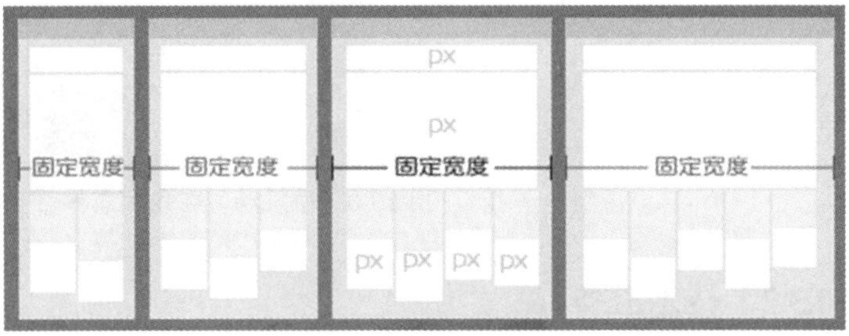

图 10-13 响应式固定布局

（3）响应式弹性布局

响应式弹性布局以百分比作为页面的基本单位，可以适应一定范围内所有设备及浏览器屏幕宽度，并能利用有效空间展现最佳效果。响应式弹性布局的效果如图 10-14 所示。

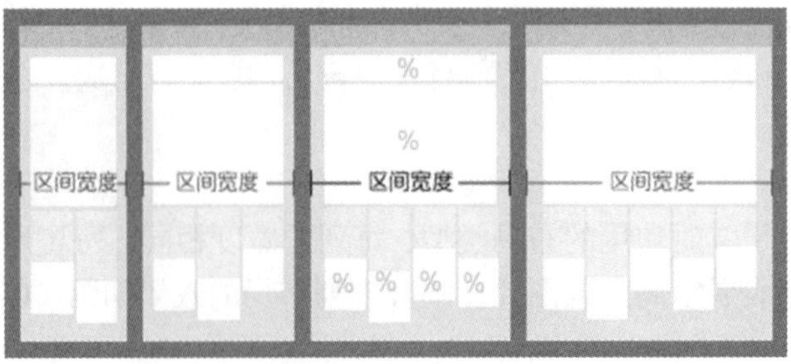

图 10-14 响应式弹性布局

响应式固定布局和响应式弹性布局都是目前可被采用的响应式布局方式。其中，响应式固定布局的实现成本低，拓展性比较差；而响应式弹性布局是比较理想的响应式布局实现方式。不同类型的页面排版布局实现响应式设计时，需要采用不同的实现方式。

10.3.3 案例实现

【例 10-3】 实现手机端的聊天界面（案例位置：资源包\MR\第 10 章\源代码\10-3）。

1．页面结构图

本页面主要由多个<div>标签组成，通过响应式弹性布局设置页面的样式，具体页面结构如图 10-15 所示。

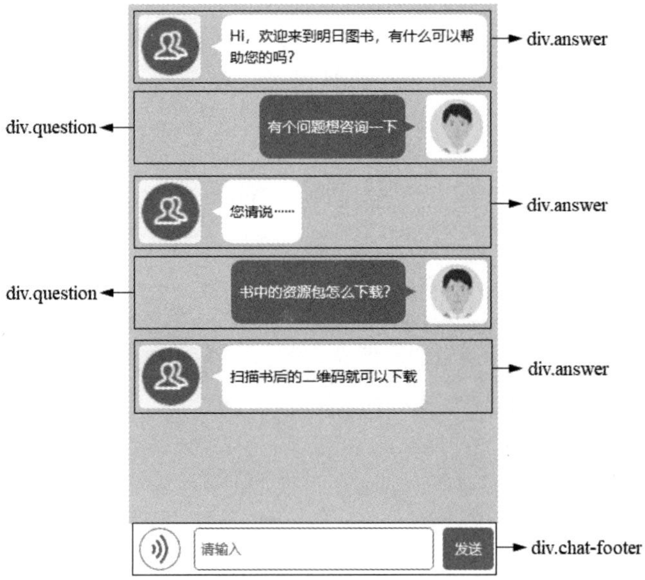

图 10-15　页面结构图 3

2．代码实现

（1）新建 index.html 文件，在该文件中引入 CSS 文件，然后添加<div>标签对页面内容进行布局，代码如下。

```
    <!DOCTYPE html>
    <html lang="en">
    <head>
       <meta charset="UTF-8">
       <meta name="viewport" content="width=device-width, initial-scale=1.0 user-scalable=no"
media="screen">
       <title>移动端在线客服</title>
       <link href="css/style.css" rel="stylesheet" type="text/css">
    </head>
    <body >
    <div class="speak_window">
       <div class="speak_box">
          <div class="answer">
             <div class="head_img left"><img src="images/1.jpg"></div>
             <div class="answer_text">
                <p>Hi，欢迎来到明日图书，有什么可以帮助您的吗？</p>
                <i></i>
             </div>
          </div>
          <div class="question">
             <div class="head_img right"><img src="images/2.png"/></div>
```

```
            <div class="question_text clear"><p>有个问题想咨询一下</p><i></i></div>
        </div>
        <div class="answer">
            <div class="head_img left"><img src="images/1.jpg"/></div>
            <div class="answer_text"><p>您请说……</p><i></i></div>
        </div>
        <div class="question">
            <div class="head_img right"><img src="images/2.png"/></div>
            <div class="question_text clear"><p>书中的资源包怎么下载？</p><i></i></div>
        </div>
        <div class="answer">
            <div class="head_img left"><img src="images/1.jpg"/></div>
            <div class="answer_text"><p>扫描书后的二维码就可以下载</p><i></i></div>
        </div>
    </div>
    <div class="chat-footer">
        <div class="chat_btn left"><img src="images/yy_btn.png"></div>
        <div class="chat_text left">
            <div class="write_box">
                <input type="text" class="left" placeholder="请输入">
            </div>
        </div>
        <div class="chat_help right">
            <button class="right">发送</button>
        </div>
    </div>
</div>
</body>
</html>
```

（2）新建 CSS 文件，在该文件中添加 CSS 代码设置聊天页面样式，关键代码如下。

```
.chat-footer{            /*设置下方输入问题区域的样式*/
    width: 100%;
    background: #fff;
    padding: 1%;
    border-top: solid 1px #ddd;
    box-sizing: border-box;
}
.chat_text{              /*设置输入问题的文本框的样式*/
    height: 40px;
    border-radius: 5px;
    border: solid 1px #636162;
    box-sizing: border-box;
    width: 66%;
    text-align: center;
    overflow: hidden;
    margin-left: 2%;
    font-size: 14px;
    color: #666;
    line-height: 38px;
}
.write_box{
    background: #fff;
    width: 100%;
    height: 40px;
    line-height: 40px;
}
.write_box input{
```

```
        height: 40px;
        padding: 0 5px;
        line-height: 40px;
        width: 100%;
        box-sizing: border-box;
        border: 0;
    }
    .chat_help button{
        width: 95%;
        background: #42929d;
        color: #fff;
        border-radius: 5px;
        border: 0;
        height: 40px;
    }
    .speak_window{
        width: 100%;
        background:rgb(222, 217, 217);
    }
    /*省略其他 CSS 代码*/
```

（3）代码编写完成后，单击 WebStorm 代码区右上角的谷歌浏览器图标，即可在谷歌浏览器中运行本案例，运行结果如图 10-8 所示。

10.3.4 动手试一试

通过案例 3，大家学习了手机端适配的一些方法和技巧。学习完案例 3 的相关知识后，读者可以尝试制作一个网上商城的用户登录页面，当屏幕宽度大于 640px 且小于 1025px 时，页面效果如图 10-16 所示；当屏幕宽度大于 1025px 时，页面效果如图 10-17 所示（案例位置：资源包\MR\第 10 章\动手试一试\10-3）。

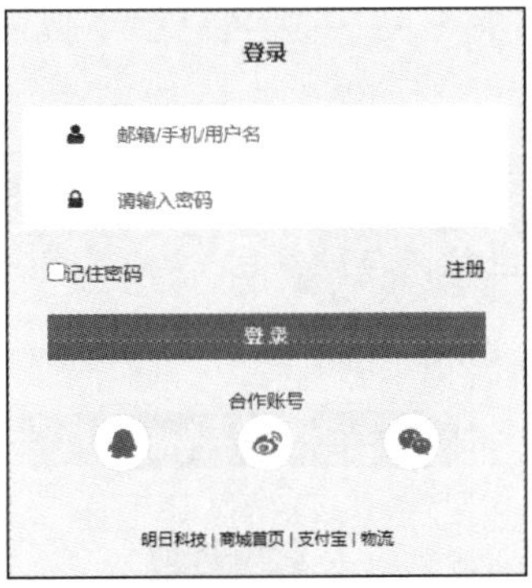

图 10-16 屏幕宽度大于 640px 且小于 1025px 时的页面效果

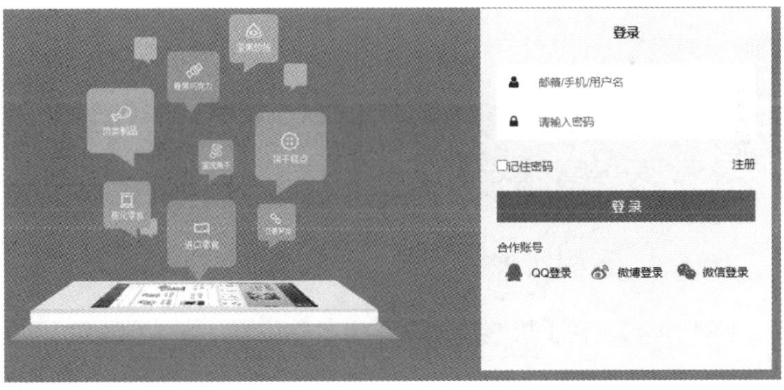

图 10-17 屏幕宽度大于 1025px 时的页面效果

10.4 【案例 4】在手机端播放视频

【案例 4】在手机端播放视频

10.4.1 案例描述

视频播放在手机端也是常见的功能，如图 10-18 所示。目前常见的视频网站都已经可以很好地支持和响应手机端的适配方案了。本案例中，读者将学习如何实现手机端的视频播放，包含视频组件的很多功能，如全屏播放、设置播放速度等。下面将对其进行详细的讲解。

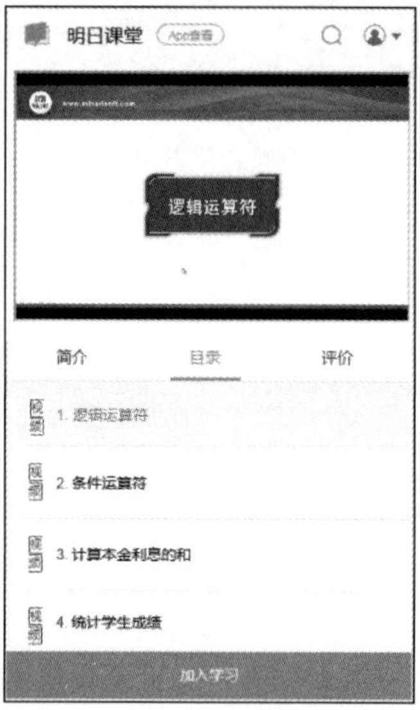

图 10-18　手机端的视频播放界面

10.4.2　技术准备

<meta>标签是 HTML 网页中非常重要的一个标签。<meta>标签中可以添加一个描述 HTML 网页的属性，如作者、日期、关键词等。其中，与响应式网站相关的是 viewport 属性，viewport 属性可以规定网页设计的宽度与实际屏幕的宽度的大小关系。

语法格式如下。

```
<meta name="viewport" content="width=device-width,initial-scale=1,maximum-scale=1,user-scalable=no"/>
```

📖 **说明：** 在桌面浏览器中，视口的概念等于浏览器中窗口的概念。视口中的像素指的是 CSS 像素，视口大小决定了页面布局的可用宽度。视口的坐标是逻辑坐标，与设备无关。

10.4.3　案例实现

【例 10-4】 在手机端播放视频（案例位置：资源包\MR\第 10 章\源代码\10-4）。

1．页面结构图

本案例通过<iframe>标签添加视频路径，由于在网站开发中<iframe>标签并不常用，本书并未讲解该标签，具体页面结构如图 10-19 所示。

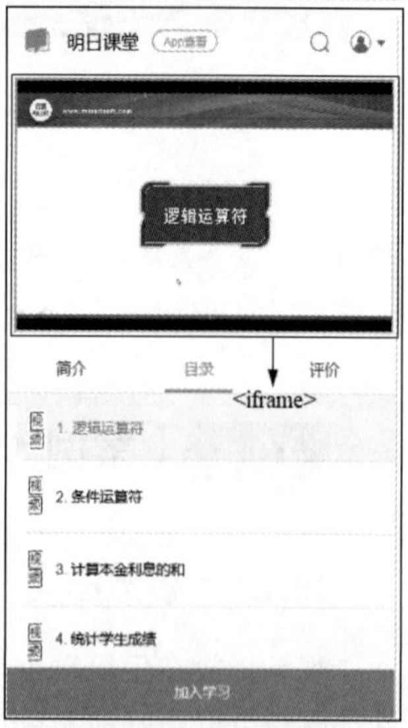

图 10-19　页面结构图 4

2．代码实现

（1）新建一个 index.html 文件，在该文件的<meta>标签中添加 viewport 属性，并设置属性值为 width=device-width 和 initial-scale=1，规定布局视口宽度等于设备屏幕宽度，页面的初始缩放比例为 1；

然后在<body>标签中通过<iframe>标签引入一个测试视频，具体代码如下。

```
<!DOCTYPE html>
<html lang="en">
<head>
   <!--指定页面编码格式-->
   <meta charset="UTF-8">
   <!--使用 meta 元标签使视口宽度与设备屏幕宽度一致-->
   <meta name="viewport" content="width=device-width,initial-scale=1">
   <!--指定页头信息-->
   <title>手机端播放视频</title>
</head>
<body>
<div style="width: 400px; margin: 0 auto;">
   <iframe src="test.mp4" allowfullscreen width="400px" height="250px"></iframe>
</div>
</body>
</html>
```

（2）上述代码已经实现在手机端播放视频时，视频宽度与设备屏幕宽度一致，但是为了使页面美观，可以新建 indexAll.html 文件，在该文件中引入 index.html 文件，并添加一张背景图，关键代码如下。

```
<!DOCTYPE html>
<html lang="en">
<head>
   <meta charset="UTF-8">
   <meta name="viewport" content="width=device-width,initial-scale=1">
   <title>手机端播放视频</title>
</head>
<body style="background-image: url(bg.png);background-repeat: no-repeat">
<iframe src="index.html"
      style="position: absolute;top: 55px;left:0;border: none;width:100%;height:90%;overflow:
hidden;"></iframe>
</body>
</html>
```

（3）代码编写完成后，在谷歌浏览器中运行本案例中的 indexAll.html 文件即可显示与本案例相同的效果，如图 10-18 所示。

10.4.4 动手试一试

通过案例 4 的学习，读者对<meta>标签的手机响应属性有了初步的了解，同时对视频在手机端上的响应式适配方法有所掌握。然后，读者可以尝试在网页中添加一段视频，并使该视频在不同屏幕宽度下都能正常显示，具体效果如图 10-20 所示（案例位置：资源包\MR\第 10 章\动手试一试\10-4）。

图 10-20 视频播放界面

10.5 AIGC 辅助编程——使用响应式网页设计实现 APP 网页应用

在设计响应式网页时，AIGC 工具可以提供有力的支持。以下介绍如何利用 AIGC 工具来巩固本章所学的知识。

10.5.1 使用 Flex 布局设计一个 APP 底部导航栏

在 AIGC 工具的输入框中输入“编写一个案例，使用 Flex 布局设计一个 APP 底部导航栏”，AIGC 工具会自动生成案例代码，其中，HTML 关键代码如下。

```
<div class="app-container">
      <!-- 应用内容区域 -->
      <div class="app-content">
         <!-- 这里可以放置应用的主要内容 -->
      </div>
      <!-- 底部导航栏 -->
      <div class="bottom-nav">
         <a href="#" class="nav-item">
            <img src="home-icon.png" alt="Home" class="nav-icon">
            <span class="nav-label">Home</span>
         </a>
         <a href="#" class="nav-item">
            <img src="search-icon.png" alt="Search" class="nav-icon">
            <span class="nav-label">Search</span>
         </a>
         <a href="#" class="nav-item">
            <img src="add-icon.png" alt="Add" class="nav-icon">
            <span class="nav-label">Add</span>
         </a>
         <a href="#" class="nav-item">
            <img src="profile-icon.png" alt="Profile" class="nav-icon">
            <span class="nav-label">Profile</span>
         </a>
      </div>
   </div>
```

CSS 关键代码如下。

```
.bottom-nav {
   display: flex;
   justify-content: space-around;            /*平均分配导航项之间的空间*/
   align-items: center;                      /*设置导航项垂直居中*/
   background-color: #fff;                   /*设置背景色*/
   border-top: 1px solid #ddd;               /*可选，设置顶部边框*/
   padding: 10px 0;                          /*可选，为导航栏设置内边距*/
   position: fixed;                          /*固定底部位置*/
   bottom: 0;
   width: 100%;
   box-shadow: 0 -2px 5px rgba(0,0,0,0.1);  /*可选，设置阴影效果*/
}
.nav-item {
   flex: 1;                                  /*使每个导航项占据相等的空间*/
   text-align: center;                       /*设置文字居中*/
   text-decoration: none;                    /*去除链接下画线*/
   color: #333;                              /*设置文字颜色*/
```

```
    padding: 5px 0;             /*可选，为导航项设置内边距*/
}
    .nav-icon {
        width: 24px;            /*设置图标宽度*/
        height: 24px;           /*设置图标高度*/
    }
    .nav-label {
        display: block;         /*将标签设置为块级元素*/
        margin-top: 5px;        /*设置图标和标签之间的间距*/
        font-size: 12px;        /*设置文字大小*/
    }
    @media (max-width: 600px) {
        .nav-label {
            display: none;      /*在小屏幕上隐藏标签*/
        }
    }
```

请注意，读者需要提供实际的图标文件（如 home-icon.png、search-icon.png 等）来替换代码中的占位符。此外，读者可能还需要根据具体的设计需求调整样式和布局。

10.5.2 实现 APP 城市列表

在 AIGC 工具的输入框中输入"代码实现 APP 城市列表"，AIGC 工具会自动生成案例代码，其中，HTML 关键代码如下。

```
<div class="app-container">
    <header class="app-header">
        <h1>选择城市</h1>
    </header>
    <main class="city-list-container">
        <ul class="city-list">
            <li class="city-item" data-city="北京">北京</li>
            <li class="city-item" data-city="上海">上海</li>
            <li class="city-item" data-city="广州">广州</li>
            <li class="city-item" data-city="深圳">深圳</li>
            <!-- 可以继续添加更多城市 -->
        </ul>
    </main>
</div>
```

CSS 关键代码如下。

```
.app-container {
    width: 100%;
    max-width: 600px;
    margin: 0 auto;
    padding: 20px;
    background-color: #fff;
    box-shadow: 0 0 10px rgba(0, 0, 0, 0.1);
}
.app-header {
    text-align: center;
    padding: 20px 0;
    border-bottom: 1px solid #ddd;
}
```

在生成案例代码后，还可以继续提问，在 AIGC 工具的输入框中输入“完善上面的代码，当用户单击某个城市时显示一些信息”，AIGC 工具会自动生成如下建议。

为了完善上面的代码，当用户单击某个城市时显示一些信息，我们可以添加一个事件监听器到每个城市列表项上，并在单击时更新页面上某个元素的内容来显示城市信息。现在，我们添加 JavaScript 代码来处理城市单击事件，并在页面上显示被单击城市的信息。

```
document.addEventListener('DOMContentLoaded', function() {
    const cityItems = document.querySelectorAll('.city-item');
    const cityInfo = document.getElementById('cityInfo');
    cityItems.forEach(item => {
        item.addEventListener('click', function() {
            //获取被单击城市的名称和数据值
            const cityName = this.textContent;
            const cityData = this.getAttribute('data-city');
            //显示城市信息
            cityInfo.textContent = `你选择了城市：${cityName}`;
            //如果需要显示更多信息，可以取消以下行的注释
            //cityInfo.textContent += ` (数据值：${cityData})`;
            //如果想要在页面加载时隐藏城市信息，可以在 CSS 中设置.city-info { display: none; }
            //然后在 JavaScript 中取消以下行的注释来确保单击后显示信息区域
            //cityInfo.style.display = 'block';
        });
    });
});
```

另外，如果想要显示更多的城市信息（如 data-city 属性值），可以取消 JavaScript 代码中相关行的注释。

现在，当用户单击某个城市时，.city-info 元素将更新为显示所选城市的信息。

小结

本章主要讲解了移动端网页布局的几种布局类型，以及实现这几种布局的方式。学习完本章的内容后，读者应该对响应式布局有了一定的了解，并且能够对一些简单网页进行响应式设计。

习题

10-1 简述什么是响应式网页设计及其优缺点。

10-2 Flex 容器的常见属性有哪些？

10-3 常见的布局方式有哪些？

10-4 媒体查询中 CSS3 使用的关键字是什么？

10-5 简要说明什么是视口。

第 11 章 手机响应式开发（下）

本章要点

- ❑ 掌握通过媒体查询实现响应式布局的方法
- ❑ 理解响应式组件的概念
- ❑ 了解网页中常见元素（如表格、图片等）实现响应式的方式
- ❑ 灵活运用开源插件提高自己的开发效率

组件，就是封装在一起的物件，如服饰中的运动套装，饮食中的食物套餐。而响应式组件指的是，在响应式网页设计中，将常用的页面功能（如图片集、列表、菜单和表格等）编码实现后共同封装在一起，从而便于日后的使用和维护。第 10 章已经讲解了响应式网页设计的基础知识，本章将深入讲解响应式组件方面的内容。

11.1 【案例 1】添加响应式图片

【案例 1】添加响应式图片

11.1.1 案例描述

本案例实现的是，网页在不同的浏览器屏幕宽度中展示不同的图片，具体效果如图 11-1 和图 11-2 所示。其中，当浏览器屏幕宽度大于 700px 时，页面中展示图 11-1 所示的图片，反之，则展示图 11-2 所示的图片。接下来我们将详细讲解如何使用 HTML5 和 CSS 实现这一功能。

图 11-1 屏幕宽度大于 700px 时展示的图片

图 11-2 屏幕宽度小于 700px 时展示的图片

11.1.2　技术准备

响应式图片是响应式网站中的基础组件。表面上只要把图片元素的宽高属性值移除，然后设置 max-width 属性为 100%即可。但实际上仍要考虑很多因素，如同一张图片在不同的设备中的显示效果是否一致；图片本身的放大和缩小问题等。这里，介绍两种常见的响应式图片处理方法：使用<picture>标签和使用 CSS 图片。

1．使用<picture>标签

使用<picture>标签类似于使用<audio>标签和<video>标签。它不是简单地响应设备大小，而是可以根据屏幕宽度调整图片的宽、高。

语法格式如下。

```
<picture>
  <source srcset="1.jpg" media="(max-width: 700px)"/>
  <img src="2.jpg">
</picture>
```

语法解释如下。

<picture>标签又包含<source>标签和<img>标签。其中，<source>标签可以针对不同的屏幕宽度显示不同的图片。上述代码表示，当屏幕宽度小于 700px 时，网页将显示 1.jpg 图片；否则，将显示<img>标签中的 2.jpg 图片。

2．使用 CSS 图片

使用 CSS 图片就是利用媒体查询的技术，使用 CSS 中的 media 关键字，针对不同的屏幕宽度定义不同的样式，从而控制图片的显示。

语法格式如下。

```
@media screen and (min-width: 700px){
      CSS 样式代码
}
```

语法解释如下。

上述代码表示，当屏幕宽度大于 700px 时，将应用大括号内的 CSS 样式。

11.1.3　案例实现

【例 11-1】 添加响应式图片（案例位置：资源包\MR\第 11 章\源代码\11-1）。

1．页面结构图

本案例由<picture>标签、<source>标签和<img>标签来实现，将<source>标签和<img>标签放入<picture>父标签中，然后利用 media 属性，实现在不同宽度的屏幕中显示不同图片的功能，具体页面结构如图 11-3 所示。

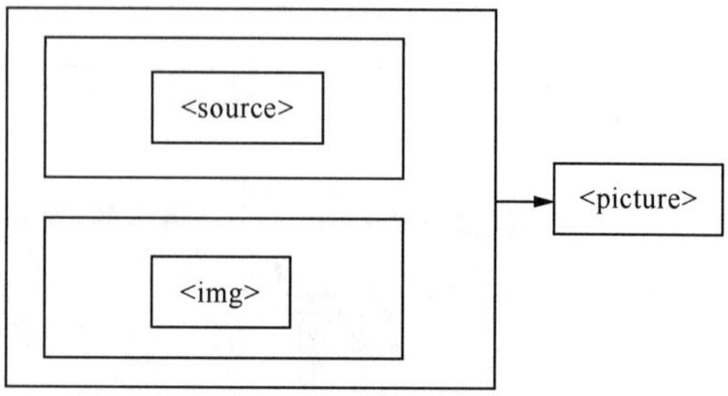

图 11-3　页面结构图 1

2．代码实现

（1）新建 index.html 文件，在该文件中添加<picture>标签、<img>标签及<source>标签，具体代码如下。

```html
<!DOCTYPE html>
<html lang="en">
<head>
    <!--指定页面编码格式-->
    <meta charset="UTF-8">
    <!--指定页头信息-->
    <title>添加响应式图片</title>
</head>
<body>
<picture>
    <source srcset="big.png" media="(min-width: 700px)">
    <img srcset="small.png">
</picture>
</body>
</html>
```

（2）代码编写完成后，单击 WebStorm 代码区右上角的谷歌浏览器图标，即可在谷歌浏览器中运行本案例，然后缩放浏览器的屏幕，页面中就会根据不同的屏幕宽度显示对应的图片。具体效果如图 11-1 和图 11-2 所示。

11.1.4 动手试一试

通过案例 1 的学习，读者了解并掌握了手机端图片适配的两种方法：使用<picture>标签和使用 CSS 图片。然后，读者可以尝试使用 CSS 图片实现在不同宽度的屏幕中显示不同图片的功能，具体效果如图 11-4 和图 11-5 所示（案例位置：资源包\MR\第 11 章\动手试一试\11-1）。

图 11-4 屏幕宽度大于 660px 时显示的图片

图 11-5 屏幕宽度小于 660px 时显示的图片

11.2 【案例 2】使用第三方插件升级视频功能

【案例 2】使用第三方插件升级视频功能

11.2.1 案例描述

视频对网站而言，已经成为极其重要的营销工具。在响应式网站中，对视频进行处理也是较常见的。如同响应式图片，处理响应式视频也是比较让人头疼的事情。这不仅仅是关于视频播放器的尺寸问题，同时是包含视频播放器的整体效果和用户体验问题，

图 11-6 所示是一个响应式视频页面。下面将介绍一种常见的响应式视频处理技术——HTML5 手机播放器组件。

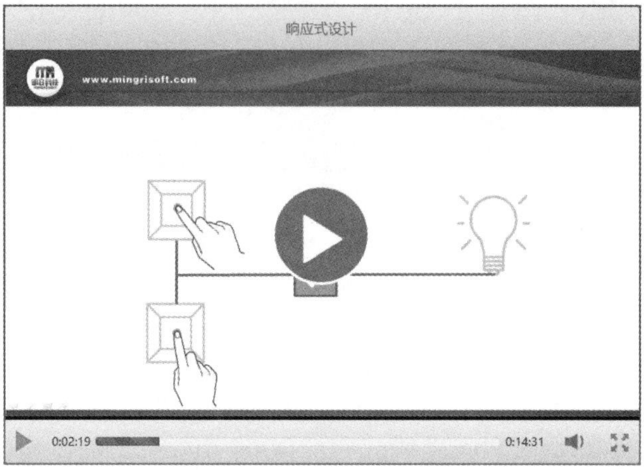

图 11-6 响应式视频页面

11.2.2 技术准备

使用第三方封装好的手机播放器组件，是实际开发中经常采用的方法。使用第三方组件工具，如使用 JavaScript 和 CSS 技术，不仅能完美地实现响应式视频，更能大大扩展视频播放的功能，如点赞、分享和换肤等。在实际开发中，像这样封装好的手机播放器组件有很多，这里主要通过一个案例，来介绍 willesPlay 手机播放器组件的使用方法。

11.2.3 案例实现

【例 11-2】 使用第三方插件升级视频功能（案例位置：资源包\MR\第 11 章\源代码\11-2）。

1．页面结构图

本案例除实现响应式视频外，还将实现自定义视频工具栏、按钮等样式。在自定义视频工具栏和按钮时，将引用 bootstrap 插件中的字体图标，然后将按钮添加到<div>标签中，具体页面结构如图 11-7 所示。

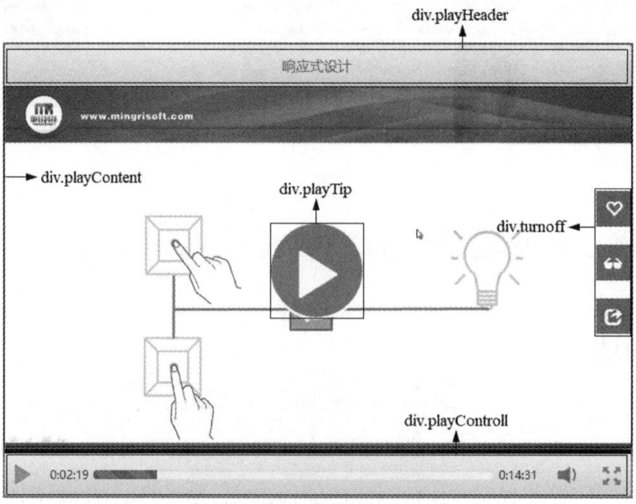

图 11-7 页面结构图 2

2．代码实现

（1）新建 index.html 文件，然后在该文件中引入 bootstrap 插件文件、willsPlay 文件等相关 CSS 文件及 JavaScript 文件，最后在该文件中添加 HTML 代码，具体代码如下。

```
    <!DOCTYPE html>
    <html lang="en">
    <head>
       <meta charset="UTF-8">
       <meta name="viewport" content="width=device-width,initial-scale=1.0,maximum-scale= 1.0,
user-scalable=0"/>
       <title>HTML5 手机播放器</title>
       <link rel="stylesheet" type="text/css" href="css/reset.css"/>
       <link rel="stylesheet" type="text/css" href="css/bootstrap.css">
       <link rel="stylesheet" type="text/css" href="css/willesPlay.css"/>
       <script src="js/jquery.min.js"></script>
       <script src="js/willesPlay.js" type="text/javascript" charset="UTF-8"></script>
    </head>
    <body>
    <div class="container">
       <div class="row">
          <div class="col-md-12">
             <div id="willesPlay">
                <div class="playHeader">
                   <div class="videoName">响应式设计</div>
                </div>
                <div class="playContent">
                   <div class="turnoff">
                      <ul>
                         <li><a href="javascript:;" title="喜欢" class="glyphicon glyphicon-
heart-empty"></a></li>
                         <li><a href="javascript:;" title="关灯"
                               class="btnLight on glyphicon glyphicon-sunglasses"></a></li>
                         <li><a href="javascript:;" title="分享" class="glyphicon glyphicon-
share"></a></li>
                      </ul>
                   </div>
                   <video width="100%" height="100%" id="playVideo">
                      <source src="test.mp4" type="video/mp4">
                      </source>
                      当前浏览器不支持 video 直接播放，单击这里下载视频：<a href="/">下载视频</a></video>
                   <div class="playTip glyphicon glyphicon-play"></div>
                </div>
                <div class="playControll">
                   <div class="playPause playIcon"></div>
                   <div class="timebar"><span class="currentTime">0:00:00</span>
                      <div class="progress">
                         <div class="progress-bar progress-bar-danger progress-bar-striped"
role="progressbar"
                              aria-valuemin="0" aria-valuemax="100" style="width: 0%"></div>
                      </div>
                      <span class="duration">0:00:00</span></div>
                   <div class="otherControl"><span class="volume glyphicon glyphicon-volume-
down"></span> <span
                       class="fullScreen glyphicon glyphicon-fullscreen"></span>
                      <div class="volumeBar">
                         <div class="volumewrap">
```

```
                                  <div class="progress">
                                      <div class="progress-bar progress-bar-danger" role= "progressbar"
aria-valuemin="0"
                                           aria-valuemax="100" style="width: 8px;height: 40%;"></div>
                                  </div>
                              </div>
                          </div>
                      </div>
                  </div>
              </div>
          </div>
      </div>
  </div>
  </body>
  </html>
```

（2）代码编写完成后，单击 WebStorm 代码区右上角的谷歌浏览器图标，即可在谷歌浏览器中运行本案例，运行结果如图 11-6 所示。

11.2.4 动手试一试

通过案例 2 的学习，读者应该对第三方响应式视频组件有所了解。灵活运用开源的第三方视频组件，开发效率高，代码 Bug 少，是程序员必备的技能之一。然后，读者可以尝试在网页中添加响应式视频，视频的宽度总是与屏幕宽度相等，具体效果如图 11-8 所示（案例位置：资源包\MR\第 11 章\动手试一试\11-2）。

图 11-8　在网页中添加响应式视频

11.3【案例 3】实现响应式导航菜单

【案例 3】实现响应式导航菜单

11.3.1 案例描述

导航菜单是网站中必不可少的基础元素。大家熟知的 QQ 空间，已经将导航菜单封装成五花八门的装饰性组件进行虚拟商品的交易。在响应式网站成为一种标配的同时，响应式导航菜单的实现方式也多种多样。这里介绍两种常用的响应式导航菜单：CSS3 响应式菜单和 JavaScript 响应式菜单。图 11-9 和图 11-10 所示的是响应式菜单在 PC 端和手机端的显示效果。

图 11-9　PC 端的显示效果

图 11-10　手机端的显示效果

11.3.2　技术准备

通常可以使用两种方式来实现响应式菜单，即使用 CSS3 实现响应式菜单和使用 JavaScript 实现响应式菜单，具体说明如下。

1．CSS3 响应式菜单

CSS3 响应式菜单，本质上是使用 CSS 媒体查询中的 media 关键字，得到当前设备屏幕宽度，根据不同的宽度，设置不同的 CSS 样式，从而适配不同设备的布局内容。

2．JavaScript 响应式菜单

如同 HTML5 手机播放器一样，实现 JavaScript 响应式菜单时需要使用第三方封装好的响应式导航菜单组件 responsive-menu。在使用这类组件时，需要注意的是，一定要根据官方的示例进行学习和使用。

11.3.3　案例实现

【例 11-3】 实现响应式导航菜单（案例位置：资源包\MR\第 11 章\源代码\11-3）。

1．页面布局图

虽然页面中的显示效果不一样，但是其标签的嵌套方式都是相同的，其结构如图 11-11 和图 11-12 所示。

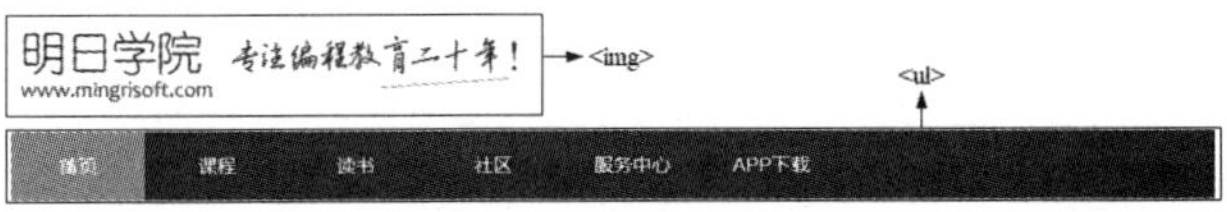

图 11-11　PC 端导航菜单的结构

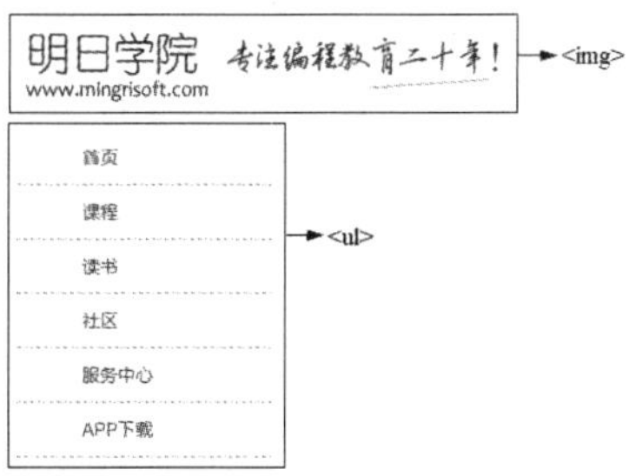

图 11-12　手机端导航菜单的结构

2．代码实现

（1）新建 index.html 文件，在该文件中添加 HTML 代码，关键代码如下。

```
<img src="logo.png" alt="明日学院">
<!--导航菜单区域-->
```

```
<nav class="nav">
   <ul>
      <li class="current"><a href="#">首页</a></li>
      <li><a href="#">课程</a></li>
      <li><a href="#">读书</a></li>
      <li><a href="#">社区</a></li>
      <li><a href="#">服务中心</a></li>
      <li><a href="#">APP 下载</a></li>
   </ul>
</nav>
```

（2）在 index.html 文件的<head>标签中添加 CSS 代码设置页面样式，关键代码如下。

```
<style>
      body{
         font: 90%/160% Arial, Helvetica, sans-serif;
         color: #666;
         width: 900px;
         max-width: 96%;
         margin: 0 auto;
      }
      .nav ul{
         height: 50px;
         margin: 0;
         padding: 0;
         background: #333333;
      }
      .nav li{
         width: 100px;
         height: 50px;
         line-height: 50px;
         padding: 0;
         list-style: none;
         display: inline-block;
         text-align: center;
      }
      .nav a{
         padding: 3px 12px;
         text-decoration: none;
         color: #fff;
         line-height: 100%;
      }
      .nav li:hover{
         background: #5eb3fb;
      }
      .nav .current{
         background: #5eb3fb;
      }
      .nav .current a{
         color: #fff;
      }
      @media screen and (max-width: 600px){
         .nav{
            position: relative;
            min-height: 40px;
         }
         /*省略其他 CSS 代码*/
      }
   </style>
```

（3）代码编写完成后，单击 WebStorm 代码区右上角的谷歌浏览器图标，即可在谷歌浏览器运行本案例，缩放浏览器屏幕宽度，即可切换两种不同样式的导航菜单，具体效果如图 11-9 和图 11-10 所示。

11.3.4 动手试一试

通过案例 3 的学习，读者应了解手机端导航菜单的显示效果与 PC 端的不同。然后，读者可以尝试制作一个响应式导航菜单，当屏幕宽度大于 600px 时，菜单横向显示，反之则竖向显示。在竖向显示菜单选项时，默认只显示第一个菜单选项，当鼠标指针移入第一个菜单选项时会展开所有的菜单选项。具体效果如图 11-13 和图 11-14 所示（案例位置：资源包\MR\第 11 章\动手试一试\11-3）。

图 11-13 横向显示的导航菜单

图 11-14 竖向显示的导航菜单

11.4 【案例 4】实现响应式表格

【案例 4】实现响应式表格

11.4.1 案例描述

表格同样也是网站必不可少的元素。电商平台中的“我的订单”页面使用的就是表格技术。在响应式网站中，响应式表格的实现方法也有很多，这里介绍其中一种非常重要的方法——隐藏表格中的列。下面以某企业 2018—2023 年的销售业绩表为例，详细讲解如何将表格“变形”。具体效果如图 11-15 和图 11-16 所示。

销售业绩表

年份	东北地区	华北地区	华中地区	华东地区	华南地区	西北地区
2023年	185	190	175	168	166	187
2022年	178	196	178	168	178	185
2021年	196	186	193	171	182	193
2020年	174	185	168	163	166	196
2019年	185	190	175	168	166	187
2018年	189	174	185	192	182	174

图 11-15 PC 端的页面效果

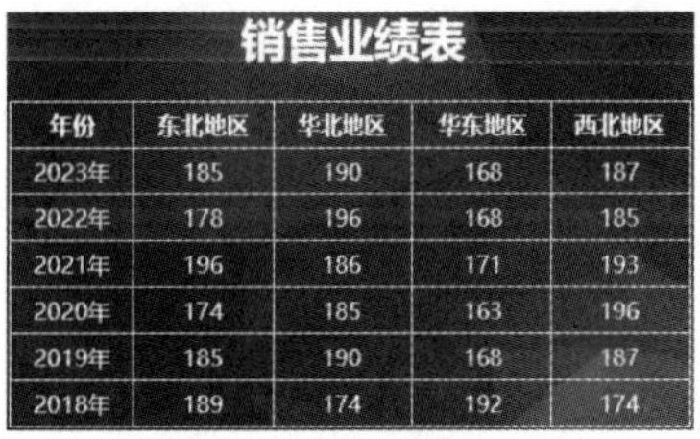

销售业绩表

年份	东北地区	华北地区	华东地区	西北地区
2023年	185	190	168	187
2022年	178	196	168	185
2021年	196	186	171	193
2020年	174	185	163	196
2019年	185	190	168	187
2018年	189	174	192	174

图 11-16 手机端的页面效果

11.4.2 技术准备

实现响应式表格的常见方式有 3 种，分别是隐藏表格中的列、滚动显示表格中的列及转换表格中的列。3 种方法的具体说明如下。

1．隐藏表格中的列

隐藏表格中的列，是指在移动端中，隐藏表格中不重要的列，从而达到适配移动端的显示效果。使用的技术主要是应用 CSS 中媒体查询的 media 关键字，当检测到移动设备时，根据设备屏幕宽度，将不重要的列设置为 display:none。

2．滚动显示表格中的列

滚动显示表格中的列，是指采用滚动条的方式，滚动查看手机端看不到的信息列。使用的技术主要是应用 CSS 中媒体查询的 media 关键字，检测屏幕宽度的同时，改变表格的样式，将表格的表头从横向排列变成纵向排列。

3．转换表格中的列

转换表格中的列，是指在移动端中，彻底改变表格的样式，使其不再有表格的形态，而以列表的样式进行显示。使用的技术仍使用 CSS 媒体查询中的 media 关键字，检测屏幕宽度，然后利用 CSS 技术重新改造，让表格变成列表，CSS 的神奇强大功能在这里得以体现。

11.4.3 案例实现

【例 11-4】 实现响应式表格（案例位置：资源包\MR\第 11 章\源代码\11-4）。

1．页面结构图

本案例的结构比较简单，通过表格中的<tr>行标签和<td>单元格标签实现表格布局，然后通过媒体查询实现当浏览器屏幕宽度小于 800px 时，隐藏表头和表文中的第 4 列内容；而当浏览器屏幕宽度小于 640px 时，隐藏表头和表文中的第 4 列和第 6 列内容。具体页面结构如图 11-17 所示。

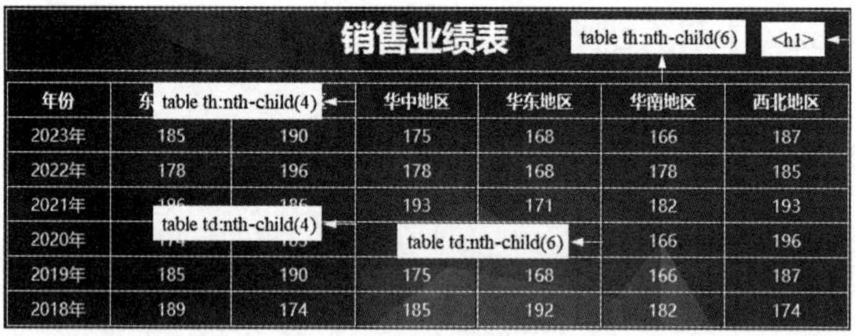

图 11-17 页面结构图 3

2．代码实现

（1）新建 index.html 文件，然后在该文件中添加文本内容，并在<head>标签中添加 CSS 代码，以实现不同屏幕宽度中隐藏表格的部分列，关键代码如下。

```
<!DOCTYPE html>
<html lang="en">
<head>
   <meta charset="UTF-8">
   <meta name="viewport" content="width=device-width, initial-scale=1">
   <title>隐藏表格中的列</title>
   <style>
      body{
         background-image: url(bg.jpg);
         color: white;
      }
      h1,tbody{
         text-align: center;
      }
      table{
         width: 100%;
         border-collapse: collapse;
```

```
        }
        table th,table td{
           padding: 5px;
           border: 1px solid;
        }
        @media only screen and (max-width: 800px){
           table td: nth-child(4),
           table th: nth-child(4) {display: none;}
        }
        @media only screen and (max-width: 640px){
           table td: nth-child(4),
           table th: nth-child(4),
           table td: nth-child(6),
           table th: nth-child(6){display: none;}
        }
    </style>
</head>
<body>
<h1>销售业绩表</h1>
<table>
    <thead>
        <tr>
            <th>年份</th>
            <th>东北地区</th>
            <th>华北地区</th>
            <th>华中地区</th>
            <th>华东地区</th>
            <th>华南地区</th>
            <th>西北地区</th>
        </tr>
    </thead>
    <tbody>
        <tr>
            <td>2023 年</td>
            <td>185</td>
            <td>190</td>
            <td>175</td>
            <td>168</td>
            <td>166</td>
            <td>187</td>
        </tr>
        <tr>
            <td>2022 年</td>
            <td>178</td>
            <td>196</td>
            <td>178</td>
            <td>168</td>
            <td>178</td>
            <td>185</td>
        </tr>
<!--继续逐行添加表格内容，此处省略雷同代码-->
    </tbody>
</table>
</body>
</html>
```

（2）代码编写完成后，单击 WebStorm 代码区右上角的谷歌浏览器图标，即可在谷歌浏览器中运行本案例，运行结果如图 11-15 和图 11-16 所示。

11.4.4 动手试一试

通过案例 4 的学习，读者对表格在手机端的适配有了初步的理解。当表格的列数较多时，读者可以隐藏不太重要的列。然后，读者可以模仿案例 4，实现课程表的响应式表格布局，具体效果如图 11-18 和图 11-19 所示（案例位置：资源包\MR\第 11 章\动手试一试\11-4）。

课程表

时间	节数	星期一	星期二	星期三	星期四	星期五
8:30--9:30	1	数学	语文	英语	体育	语文
10:00--11:00	2	音乐	英语	政治	美术	音乐
13:30--14:30	3	舞蹈	化学	生物	历史	政治
15:00--16:00	4	数学	体育	生物	历史	美术

图 11-18　当屏幕宽度大于 800px 时显示的表格

课程表

时间	节数	星期一	星期三	星期五
8:30--9:30	1	数学	英语	语文
10:00--11:00	2	音乐	政治	音乐
13:30--14:30	3	舞蹈	生物	政治
15:00--16:00	4	数学	生物	美术

图 11-19　当屏幕宽度小于 640px 时显示的表格

11.5 AIGC 辅助编程——添加响应式网页内容

在制作响应式网页时，AIGC 工具可以提供有力的支持。以下介绍如何利用 AIGC 工具来巩固本章所学的知识。

11.5.1 实现购物网站响应式导航

在 AIGC 工具的输入框中输入“编写一个案例，实现购物网站响应式导航”，AIGC 工具会自动生成案例代码，其中，HTML 关键代码如下。

```
<header>
       <div class="nav-container">
          <div class="brand">ShopSite</div>
          <div class="menu-toggle" id="menu-toggle">
             &#9776; <!-- 汉堡图标 -->
          </div>
          <nav class="nav-links" id="nav-links">
             <ul>
                <li><a href="#">Home</a></li>
                <li><a href="#">Categories</a></li>
                <li><a href="#">Shop</a></li>
                <li><a href="#">About Us</a></li>
                <li><a href="#">Contact</a></li>
             </ul>
          </nav>
       </div>
    </header>
```

CSS 关键代码如下。

```
@media (max-width: 768px) {
   .nav-links {
      position: absolute;
      top: 60px; /*根据 header 的高度调整*/
      left: 0;
      width: 100%;
      background-color: #333;
      flex-direction: column;
      display: none;           /*默认隐藏菜单*/
   }
   .nav-links ul {
      flex-direction: column;
   }
.nav-links li {
```

```
            width: 100%;
            text-align: center;
            margin: 0;
        }
        .menu-toggle {
            display: block;
        }
        .nav-container.active .nav-links {
            display: flex;    /*当添加 active 类时显示菜单*/
        }
}
```

运行案例，在大屏幕上，导航链接将水平显示；在小屏幕上，导航链接将被折叠到一个可以通过单击汉堡图标来展开的菜单中。

11.5.2 使用响应式表格输出考试成绩表

在 AIGC 工具的输入框中输入“编写一个案例，使用响应式表格输出考试成绩表”，AIGC 工具会自动生成案例代码，其中，HTML 关键代码如下。

```
<div class="table-container">
    <table class="responsive-table">
        <thead>
            <tr>
                <th>Student Name</th>
                <th>Math</th>
                <th>Science</th>
                <th>English</th>
                <th>History</th>
            </tr>
        </thead>
        <tbody>
            <tr>
                <td>Alice</td>
                <td>85</td>
                <td>90</td>
                <td>78</td>
                <td>88</td>
            </tr>
            <!-- 添加更多学生成绩 -->
        </tbody>
    </table>
</div>
```

CSS 关键代码如下。

```
@media (max-width: 600px) {
    .responsive-table,
    .responsive-table thead,
    .responsive-table tbody,
    .responsive-table th,
    .responsive-table td,
    .responsive-table tr {
        display: block;
    }
}
```

在生成案例代码后，还可以继续提问，在 AIGC 工具的输入框中输入“完善上面的代码，添加 CSS 样式来优化表格的布局和可读性”，AIGC 工具会自动生成如下建议。

> 为了进一步完善，我们可以添加一些额外的 CSS 样式来优化表格的布局和可读性。以下是一个完善后的代码示例，包括一些额外的 CSS 样式来改进移动端的表格显示。

```
/*媒体查询，用于小屏幕设备*/
   @media (max-width: 600px) {
      .responsive-table,
      .responsive-table thead,
      .responsive-table tbody,
      .responsive-table th,
      .responsive-table td,
      .responsive-table tr {
         display: block;
      }
      .responsive-table tr {
         margin-bottom: 15px;           /*设置行间距*/
      }
      .responsive-table td {
         text-align: right;             /*设置文本右对齐，适用于数值列*/
         padding-left: 50%;             /*为标签留出空间*/
         position: relative;            /*设置定位标签*/
      }
      .responsive-table td:before {
         content: attr(data-label);     /*使用自定义属性作为标签*/
         position: absolute;            /*设置定位标签*/
         left: 0;                       /*设置左对齐*/
         width: 50%;                    /*设置占据左侧 50%宽度*/
         padding-left: 10px;            /*设置内边距*/
         font-weight: bold;             /*设置字体加粗*/
         text-align: left;              /*设置文本左对齐*/
      }
   }
```

请注意，由于我们使用了 data-label 属性作为示例，读者需要在实际的 HTML 中为每个 td 元素添加这个属性，并设置相应的值。这些值应该与表头中的 th 元素文本相匹配。

在这个特定的案例中，因为表格的结构是固定的，并且 CSS 选择器可以准确地定位到每个 td 元素，因此我们可以选择不在 HTML 中直接添加 data-label 属性，而是依靠 CSS 伪元素和 content: attr(data-label);来显示标签。但是，如果表格数据是动态生成的，或者需要更灵活地处理表头和表体之间的关系，那么使用 JavaScript 来添加这些属性会是一个更好的选择。

小结

本章主要讲解响应式组件及各组件常用的响应式布局的方式，学习完本章的内容，读者应该掌握通过媒体查询进行响应式布局的方法，如果实现的功能比较复杂或代码较多，则可以适当地运用开源插件或 AIGC 工具，这样可以大大提高开发效率。

习题

11-1　简单描述什么是响应式组件。

11-2　实现响应式图片的方法有哪些？

11-3　实现响应式布局时，<meta>标签的作用是什么？

11-4　常见的实现响应式表格的方法有哪几种？

11-5　请写出在 CSS3 中通过媒体查询来判断当前屏幕宽度是否大于 1024px 且小于 1280px 的代码。

第12章 综合案例——在线教育平台

本章要点

- 理解网站制作的流程
- 理解 Amaze UI 框架
- 能够设计与实现响应式网页
- 能够灵活选择适配手机端网页的方式
- 熟悉使用 AIGC 分析优化项目的方法

只有把理论知识同具体实际相结合，才能正确回答实践提出的问题，扎实提升读者的理论水平与实战能力。本章结合前面章节所学的知识点，制作明日学院在线教育网站。如果将前面所学的知识内容比作士兵在练习如何拿枪、如何射击，那么本章就是带领大家进入“真枪实弹”的战场了。

本章中的案例不仅支持 PC 端的页面显示，还适配手机端的屏幕宽度。通过制作明日学院在线教育网站，读者可以综合运用前面章节所学的知识点，为日后的工作打下一个良好的基础。

12.1 案例分析

本节介绍明日学院在线教育网站的相关信息，包括各页面的组成、功能，以及项目文件夹组织结构等。

12.1.1 案例概述

本网站主要包含 4 个网页，分别是主页、课程列表页面、课程详情页面和登录页面，各页面的功能如下。

（1）主页，是用户访问明日学院的入口页面。该页面向用户重点介绍课程分类，如实战课程、体系课程等。用户可以通过该页面进入其他页面，如登录页面、课程详情页面等。

（2）课程列表页面，按用户需求以列表的方式展示课程，如展示所有 Java 语言的实战课程等，并展示课程的相关信息，如课程时间、是否收费及学习人数等。

（3）课程详情页面，展示该课程的详细内容，包括课程概述、课程提纲、课程时长及学习时长等相关信息。

（4）登录页面，含用户登录功能、验证提交的表单信息功能等，如账户和密码不能为空、验证邮箱是否正确等。

12.1.2 系统功能结构

本案例仅实现了明日学院官方网站的主页、课程列表页面、课程详情页面及登录页面。其中，主页主要向用户展示课程板块（实战课程、体系课程、发现课程）及合作出版社等内容；

课程列表页面主要方便用户浏览和选择所要学习的课程，包括左侧下拉列表及课程分类；课程详情页面用于展示课程相关信息，包括课程基本信息及课程提纲等；登录页面有登录验证功能。网站功能结构如图 12-1 所示。

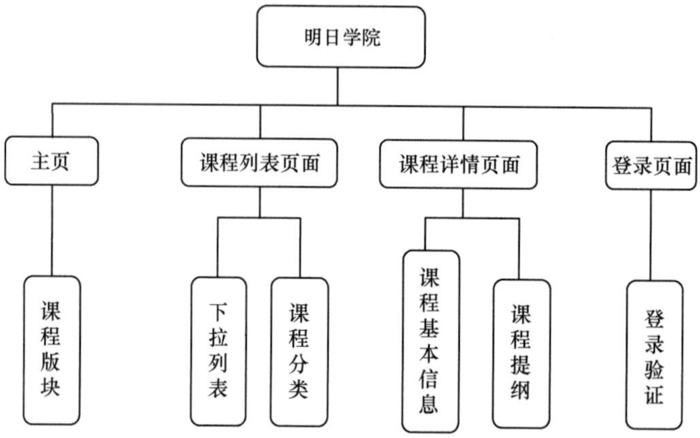

图 12-1　网站功能结构

12.1.3　文件夹组织结构

设计规范的文件夹组织结构，可以方便日后对网站进行管理和维护。本案例中项目的根目录文件夹名称为 mingrisoft，在根目录文件夹下有 assets 文件夹、css 文件夹、images 文件夹、js 文件夹，以及各功能页面的 HTML 文件，具体的文件夹组织结构如图 12-2 所示。

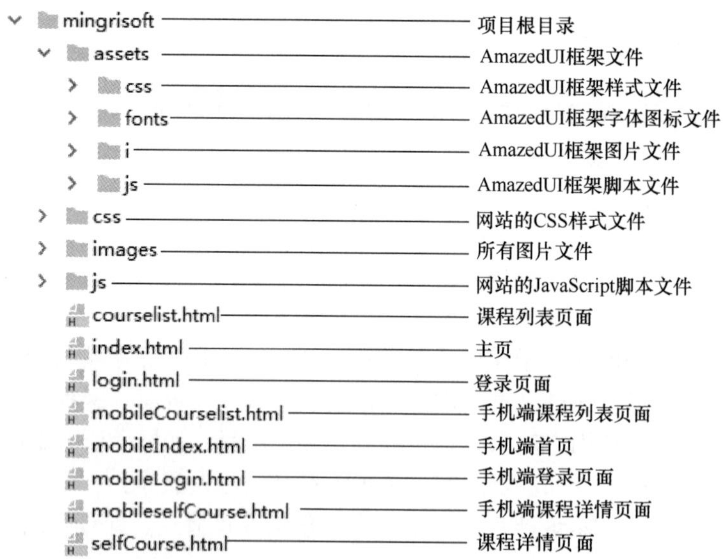

图 12-2　明日学院的文件夹组织结构

12.2　技术准备

在制作网站之前，需要具体分析网站的功能需求，并在页面划分功能区域等。另外，由于本案例需要进行响应式设计，适配手机端时使用了第三方手机端框架，读者需要了解第三方手机框架。

12.2.1 实现过程分析

问题是时代的声音，回答并指导解决问题是理论的根本任务。由于 PC 页面和手机端页面相差较大，因此在分析项目的实现过程时，需要分别分析 PC 端页面和手机端页面的实现过程。下面将进行具体的分析。

图 12-3 明日学院主页

1．PC 端主页的实现过程分析

（1）分析需求，划分功能区域

如同盖房子一样，在施工作业之前，首先都会设计房子的草图，确定房间各部位的功能区域。网页设计也是一样，在制作网页之前，设计草图（也称设计原型）应该首先被设计出来，通常都是通过 Adobe Photoshop 软件或 Adobe Illustrator 软件等原型设计工具设计出一张草图，从而大致确定页面各部分的功能。

接下来，以明日学院官方网站的主页为例，我们来分析其页面的功能分布，如图 12-3 所示。

从图 12-3 中我们可以发现，整个页面是由一个个方格块构成的，就好像搭积木盖房子一样。一般来说，网页设计人员在设计网页的时候，会从顶部区、内容区和底部区 3 大功能区域进行设计。以图 12-3 所示的页面为例，顶部区包括顶部功能区、菜单导航区和轮播图片区这 3 个功能区域，同时，每个功能区域包含一些特定的功能。例如，顶部功能区含有网站的 Logo、课程搜索功能和登录注册等功能。

需要说明的是，这些功能并不是固定不变的，而是由网站的性质及设计人员的水平决定的。所以，通过理解设计人员的设计思路，网页开发人员可以采用对应的开发技术来高效地施工作业。除顶部功能区域外，内容区和底部区也是遵循同样的设计开发思路，这里不再赘述。常见的网页设计思路原型如图 12-4 所示，读者可以按照这样的思路进行设计开发。

（2）使用 HTML5 填充内容骨架，使用 CSS3 优化页面样式

通过前面的学习，我们知道，HTML5 主要处理的是网页的文本内容，就好比画画一样，首先要画出基本的线条轮廓，然后才能上色，上色的过程就相当于使用 CSS3 优化页面样式。因此，从编写代码的顺序角度看，首先需要编写 HTML 代码，填充网页的内容骨架。图 12-5 所示的页面效果是仅编写 HTML 代码的页面效果。

轮廓画完后，就需要给画面上色，同样，HTML5 的骨架内容编写完后，就需要使用 CSS3 进行样式的调整与优化。例如，对图片 Logo 的修饰、页面字体的调整和背景颜色的设置等。关于页面的 HTML 和 CSS 代码的具体实现，将在案例中进行详细的讲解。图 12-6 所示为使用 CSS 代码后的页面效果。

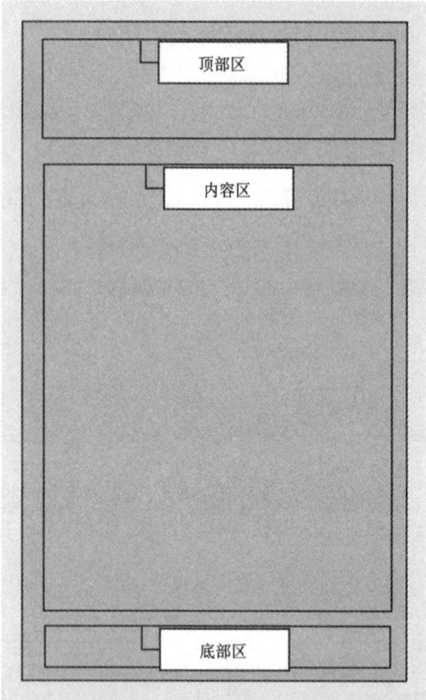

图 12-4　常见的网页设计思路原型

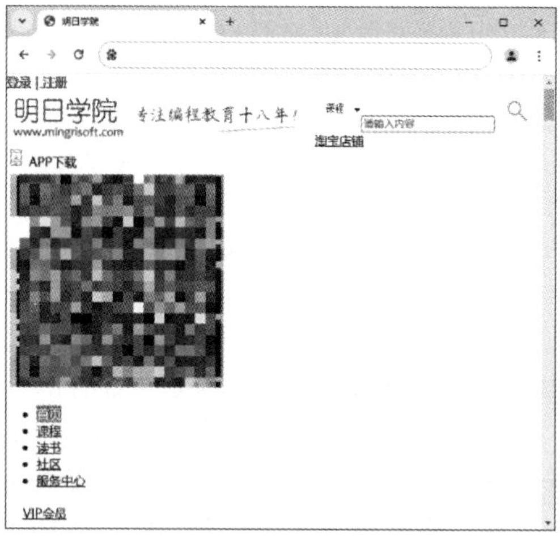

图 12-5　仅编写 HTML 代码的页面效果

图 12-6　使用 CSS 代码后的页面效果

（3）使用 JavaScript 增添页面动效

使用 JavaScript 技术可以让静态图片变成动态图片。例如，当用户把鼠标指针停留在一张图片上时，图片可以放大或缩小等。JavaScript 技术并不仅仅停留于此，随着技术的发展，JavaScript 技术可以实现更多强大的特效功能。图 12-7 所示为在主页中鼠标指针停留在图片上时的特殊效果。

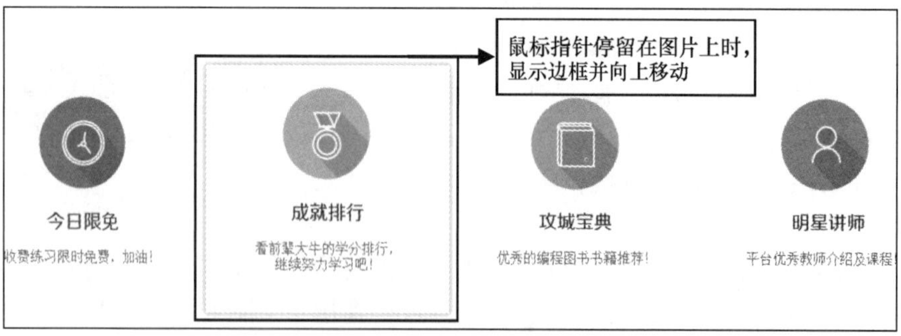

图 12-7　使用 JavaScript 代码后的页面效果

2．手机端主页的实现过程分析

（1）分析需求，划分功能区域

如同 PC 端的实现步骤，首先分析页面的功能区设定。这一环节通常由设计人员设计原型，图 12-8 所示的页面就是设计好的页面原型。不难发现，手机端的设计原型不是简单地复制 PC 端的功能区域，而是根据手机端的操作特点设计对应的功能。一般会把导航菜单固定到页面最下方，然后通过手指在屏幕上滑动的方式，浏览各功能区域。同样以官网主页为例，其手机端主页的设计原型如图 12-8 所示。

图 12-8　手机端主页的设计原型

（2）Amaze UI——开源 HTML5 跨屏前端框架

在实际工作中，通常会采用前端框架来实现页面效果。前端框架是一套用于简化和加速 Web 应用程序开发过程的工具集或库，通常包括一系列的库、工具和最佳实践，旨在帮助开发者更高效地构建交互式的 Web 应用程序。在实现 PC 端页面的过程中，通常会使用 jQuery 框架，开发手机端页面的前端框架非常多，下面介绍国产的开源免费框架——Amaze UI。

Amaze UI 是一款针对 HTML5 开发的轻量级、模块化、强调移动优先的开源跨屏前端框架，通过拆分、封装一些常用的网页组件，开发者只需复制代码便可将这些跨屏组件写入自己的应用。相比国外框架，Amaze UI 更关注中文排版优化，重视浏览器兼容性。

所以，本章的所有手机端页面效果都是基于 Amaze UI 框架编码实现的。在案例实现中我们会详细介绍 Amaze UI 的使用方法。需要说明的是，手机端的实现并不是只有 Amaze UI 这一种框架，读者可以根据 Amaze UI 框架，举一反三，尝试使用其他手机端前端框架并比较它们的优缺点。图 12-9 所示为官方网站对 Amaze UI 前端框架的特性介绍。

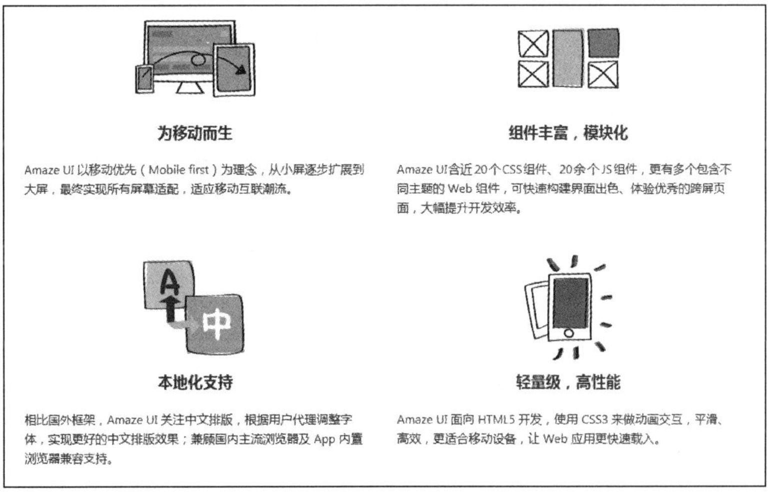

图 12-9　Amaze UI 前端框架的特性介绍

12.2.2　Amaze UI 的使用

本节主要介绍本案例中所用到的 Amaze UI 框架中的组件，分别是内容列表组件和选项卡组件。本案例中所用的组件不止这两个，希望用户在这两个组件的基础上，了解其他组件的使用方法。

1. Amaze UI 内容列表组件

为了实现手机端课程列表页面，我们使用了 Amaze UI 内容列表组件，这是与 PC 端显著不同的地方。Amaze UI 官方网站提供了简洁易懂的使用文档，因此，开发人员只要找到内容列表组件的使用文档，“拿来使用”即可。Amaze UI 内容列表组件的使用文档如图 12-10 所示。

图 12-10　Amaze UI 内容列表组件的使用文档

2．Amaze UI 选项卡组件

同样，在实现手机端课程详情页面时，使用了 Amaze UI 框架中的选项卡组件。当然，读者也可以选择其他组件来实现课程详情页面，这主要取决于对 Amaze UI 官方组件库的了解和熟练掌握程度。

因此，开发人员只要在 Amaze UI 官方网站中找到选项卡组件的使用文档，“拿来使用”即可。Amaze UI 选项卡组件的使用文档如图 12-11 所示。

图 12-11　Amaze UI 选项卡组件的使用文档

12.2.3 登录页面的实现技巧

登录页面是所有网站必不可少的一部分，本案例也不例外，下面将介绍一些 PC 端和手机端登录页面的实现技巧。

1. PC 端登录页面的实现技巧

登录页面中必不可少的组件就是表单，所以在编码实现过程中，特别要注意表单组件相关标签的规范处理。第一，表单组件必填的属性一定不能漏掉，如<input>标签中，不可缺少 type 属性。第二，不能漏掉<form>表单标签，否则尽管页面样式正确，但是在实际作业过程中，会增加后期编码实现的困难。

2. 手机端登录页面的实现技巧

虽然前面介绍了第三方手机端技术框架，但是并非所有手机端页面都必须使用框架；在实现一些结构较简单的页面时，如登录页面，就不建议使用第三方框架，而通过 CSS3 直接适配窗口屏幕宽度即可。当然，编写手机端登录页面时，不仅要遵守 PC 端的注意事项，还要在<head>标签中通过 viewport 视口设置适配参数值来适配手机屏幕宽度，具体代码如下。

```
<meta name="viewport" content="width=device-width, initial-scale=1">
```

12.3 主页的设计与实现

本节介绍明日学院网站主页的设计与实现，主要包括主页实现效果、代码实现等。下面将对其进行具体的介绍。

主页的设计与实现

12.3.1 主页概述

所谓主页，就好像一栋建筑的大门一样，是用户首先看见的东西。因此，如果想吸引用户的注意力，主页的设计就十分重要。本节将带领读者实现主页的 PC 端页面和手机端页面，页面效果分别如图 12-12 和图 12-13 所示。可以发现，PC 端页面和手机端页面，无论从功能上还是从布局上都有非常大的差异，这是由二者本身的硬件设备属性造成的。下面将详细介绍如何实现它们。

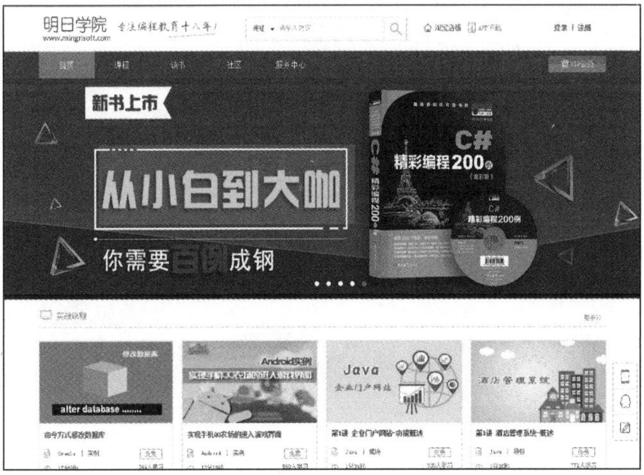

图 12-12 明日学院主页的 PC 端页面效果

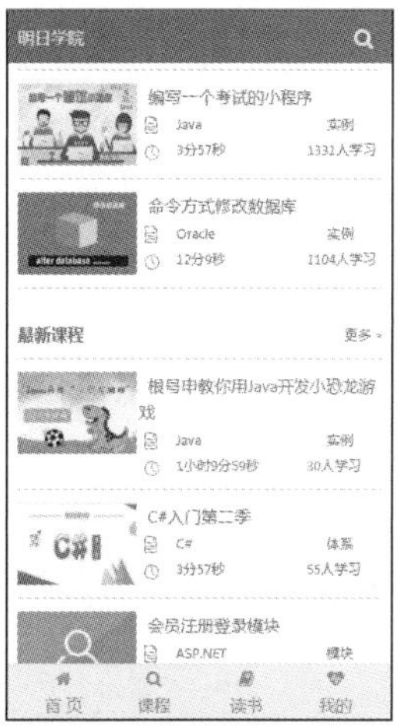

图 12-13 明日学院主页的手机端页面效果

12.3.2 主页设计

关于明日学院主页的设计结构的分析，在 12.2.1 节中有具体的讲解，这里不再赘述。

12.3.3 代码实现

在 12.1.3 节中，读者应该已经注意到，本案例中含有 8 个 HTML 页面，分别是 4 个 PC 端明日学院网页和 4 个手机端明日学院网页，下面将具体分别介绍 PC 端主页和手机端主页的代码实现方法。

1．PC 端主页的代码实现

（1）新建 index.html 文件，在该文件中编写页面的内容骨架。因为代码较长，篇幅限制，所以仅以顶部功能区的代码为例，讲解编写代码的思路和重点，如果读者想查询全部代码，可以在随书资源包中找到。

按照“从上到下，由简易难”的原则，首先将<head>标签区域内的<title>标签的内容改为“明日学院”；接着使用<meta>标签添加 name 属性，属性值 keyword 和 description 的作用是介绍网站的功能，方便搜索引擎检索。<head>标签内容编写完后，开始<body>标签内的编写。首先通过<div>标签将顶部功能区中的细分模块分组，此时先不用添加 class 样式属性，编写 CSS 样式代码时添加即可，关键代码如下。

```
    <!doctype html>
    <html class="cye-lm">
    <head>
       <meta charset="UTF-8">
       <title>明日学院</title>
       <meta name="keywords"
            content="明日学院，明日科技，教育，在线课程，优质视频，视频教程，Java，JavaScript，PHP，
C#，Visual Basic，Visual C++，Oracle，JavaWeb，Asp.net">
       <meta name="description"
            content="明日学院是吉林省明日科技有限公司研发的在线教育平台，该平台面向学习者提供大量优质视频教程：
Java、JavaWeb、JavaScript、VC++、PHP、C#、Asp.net、Oracle、Visual Basic等，并提供良好的线上服务。">
    </head>
    <body style="overflow-x: hidden;">
    <div id="body_content">
       <!--顶部功能区开始-->
       <div class="mrit-index-child">
          <div class="mrit-child-content">
             <!--开始-->
             <div class="mrit-child-user">
                <div class="mrit-header-login">
                   <div class="top-top-in-center" style="position:relative;" id="center">
                      <div class="mrit-header-logina" style="color:#666; font-weight:bold;">
<a href="login.html"
    style="color:#666;">登录</a>
                         |<a href="#" style="color:#666;">注册</a></div>
                   </div>
                </div>
             </div>
             <!--结束-->
             <div class="logo_box_img">
                <a href="#" style="float:left; margin-right:10px;">
                   <img src="images/logo.png" alt="明日学院">
```

```
                </a>
                <!--搜索开始-->
                <div class="search_box">
                    <div class="top-nav-search">
                        <div class="top-nav-list" onmouseover="this.style.display='block';"
                            onmouseout="this.style.display='none';">
                            <div class="top-list-content">
                                <div class="top-nav-list-li"><a id="course" href="selfCourse.
html">课程</a></div>
                                <div class="top-nav-list-li"><a id="book" href="javascript:;">
读书</a></div>
                                <div class="top-nav-list-li"><a id="forum" href="javascript:; ">
社区</a></div>
                            </div>
                        </div>
                        <form name="searchForm" id="searchForm" method="post" action="#"
                            onsubmit="return chkSearch(this)">
                            <div class="search-nav search-nav-top" style=" margin-top:7px;">
                                <span class="top-search-course">课程</span>
                            </div>
                            <input type="text" name="keyword" class="top-nav-search-input"
placeholder="请输入内容">
                            <input type="hidden" name="search_type" id="search_type" value="0">
                            <input type="image" src="images/search_a.png" class="search_box_img"
                                onfocus="this.blur()">
                        </form>
                    </div>
                </div>
                <!--搜索结束-->
                <div class="mrit-child-title">
                    <div class="mingri_book f_r app_out">
                        <a href="#" target="_blank" class="a_download"><i></i>淘宝店铺</a>
                        <div class="app_download">
                            <img src="images/course_05.png" alt="">
                            APP 下载
                            <!--APP 二维码开始-->
                            <div class="app_wx">
                                <div class="app_code"><img src="images/APP_code.png" alt="APP
二维码"> </div>
                            </div>
                            <!--APP 二维码结束-->
                        </div>
                    </div>
                </div>
            </div>
        </div>
    </div>
    <!--顶部功能区结束-->
    <!--篇幅限制，代码省略-->
</div>
</body>
</html>
```

（2）顶部功能区的 HTML 代码编写完毕后，开始编写 CSS 代码。此时，编码人员需要一边观察设计原型草图，一边编写 CSS 代码。例如，编写搜索框的 CSS 代码时，首先命名一个 class 样式类 search_box，然后添加 width 和 height 样式属性，此时，就可以运行程序查看页面效果。

如果没有达到预期效果，则反复修改属性值。以此类推，完成样式代码的编写，关键代码如下。

```
    .mrit-index-child{
       width: 100%;
       height: 90px;
       background-color: #fff;
    }
    .mrit-child-content{
       width: 1200px;
       height: auto;
       margin: auto;
       padding-top: 10px;
       position: relative;
       min-height: 78px;
    }
    .mrit-child-user{
       width: auto;
       min-width: 150px;
       position: absolute;
       right: 0px;
       height: 30px;
       top: 10px;
    }
    .search_box{
       border-right: 1px solid #ddd;
       width: 338px;
       height: 45px;
       line-height: 48px;
       margin-left: 38px;
       border: 1px solid #dddddd;
       float: left;
       margin-top: 12px;
       position: relative;
    }
    .mrit-child-title{
       width: 200px;
       height: 60px;
       float: left;
    }
```

（3）开发人员完成静态页面（也就是编写完 HTML 和 CSS 代码）后，开始着手页面的动态交互效果，此时，JavaScript 技术开始大显身手。还是以顶部功能区为例，当用户把鼠标指针停留在“APP 下载”区域时，页面会弹出一张二维码图片，这就是动态交互效果，关键代码如下。

```
    <script type="text/javascript">
       $(function(){
          $(".item-change-txt-content,.popular-courses-bottom-write").each(function(){
             for(var a = $(this).height(), b = $("p", $(this)).eq(0); b.outerHeight() > a;)
b.text(b.text().replace(/(s)*(.)(…)?$/, "…"))
          });
          $("#slides").slides({
             preload: !0,
             preloadImage: "/Public/images/loading.gif",
             play: 5E3,
             pause: 2500,
             hoverPause: !0,
             animationStart: function(){
                $(".caption").animate({bottom: -20}, 100)
             },
             animationComplete: function(a){
                $(".caption").animate({bottom: 0}, 200)
```

```
            }
        });
        $(".popular-courses-top-made").click(function(){
            $(".popular-courses-panel").slideToggle("slow")
        })
    });
</script>
```

（4）代码编写完成后，单击 WebStorm 代码区右上角的谷歌浏览器图标，即在谷歌浏览器中运行本案例，PC 端的运行结果如图 12-12 所示。

2．手机端主页的代码实现

（1）本案例需要使用 Amaze UI 框架，首先在该项目下新建 mobileIndex.html 文件，然后引入资源包，本案例中已经下载好资源包，读者可以复制到自己的项目文件夹中直接使用。具体方法是，将文件夹中的 assets 文件夹全部复制到 Demo12.1 项目的根目录下，此操作可以将 Amaze UI 框架中的所有资源文件引入 Demo12.1 项目中。Amaze UI 官方给出的 assets 文件夹目录结构如图 12-14 所示。

```
AmazeUI
|-- assets
|   |-- css
|   |   |-- amazeui.css             // Amaze UI 所有样式文件
|   |   |-- amazeui.min.css           // 约 42 KB (gzipped)
|   |   `-- app.css
|   |-- i
|   |   |-- app-icon72x72@2x.png
|   |   |-- favicon.png
|   |   `-- startup-640x1096.png
|   `-- js
|       |-- amazeui.js
|       |-- amazeui.min.js              // 约 56 KB (gzipped)
|       |-- amazeui.widgets.helper.js
|       |-- amazeui.widgets.helper.min.js
|       |-- app.js
|       `-- handlebars.min.js
```

图 12-14　Amaze UI 官方给出的 assets 文件夹目录结构

（2）在 mobileIndex.html 文件中编写代码，在使用开源开发组件时，很重要的一点就是要仔细阅读官方网站的开发文档手册。通过开发文档手册，我们不仅可以快速了解开发流程，还可以解决开发中常见的问题。所以，根据开发手册，首先将学习示例代码复制到 mobileIndex.html 文件中，具体代码如下。

```
<!doctype html>
<html class="no-js">
<head>
    <meta charset="UTF-8">
    <meta http-equiv="X-UA-Compatible" content="IE=edge">
    <meta name="description" content="">
    <meta name="keywords" content="">
    <meta name="viewport"
          content="width=device-width, initial-scale=1">
    <title>Hello Amaze UI</title>
    <link rel="stylesheet" href="assets/css/amazeui.min.css">
    <link rel="stylesheet" href="assets/css/app.css">
</head>
<body>
```

```
    <p>
        Hello Amaze UI.
    </p>
    <!--在这里编写你的代码-->
    <script src="assets/js/jquery.min.js"></script>
    <script src="assets/js/amazeui.min.js"></script>
    </body>
    </html>
```

（3）根据示例代码中的注释提示，开发人员可以在此基础上编写组件代码。此时可以将含有“Hello Amaze UI.”的<p>段落标签删除，然后在注释文字“在这里编写你的代码”下方开始编写代码。以手机端常见的页头组件为例，查看官方文档关于页头组件的描述，如图 12-15 所示。

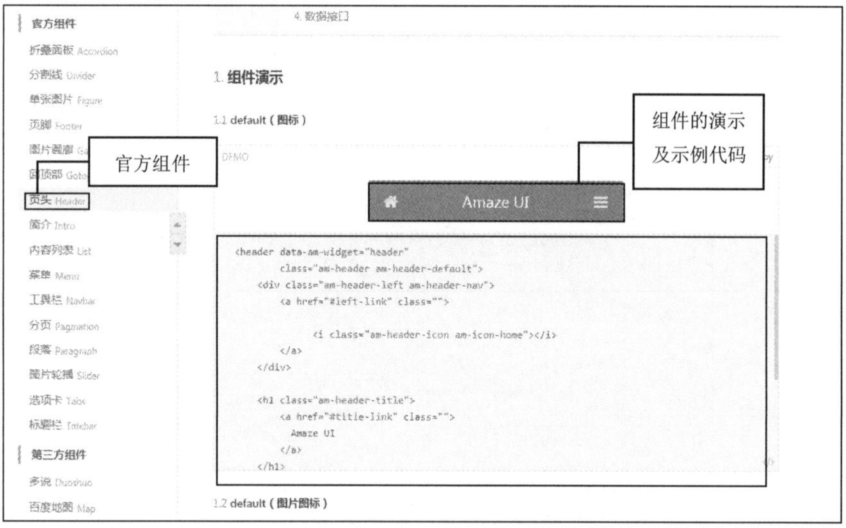

图 12-15　Amaze UI 官方组件的说明及演示

开发人员首先可以在 Amaze UI 官网上找到“官方组件”菜单栏，选择其中的“页头 Header”菜单（见图 12-15），在页面的右侧会有关于页头组件的详细说明内容，然后开发人员可以根据示例代码直接进行二次开发。在本案例中，我们可以直接将示例代码复制到 mobileIndex.html 中，然后把示例中的内容修改成自己项目的内容即可，具体代码如下。

```
    <header data-am-widget="header"
          class="am-header am-header-default am-header-fixed">
       <div class="am-header-left am-header-nav">
          <a href="#left-link" class="">
             明日学院
          </a>
       </div>
       <div class="am-header-right am-header-nav">
          <a href="#right-link" class="">
             <i class="am-header-icon am-icon-search"></i>
         </a>
       </div>
    </header>
    <div data-am-widget="slider" class="am-slider am-slider-a4" data-am-slider='{&quot;
directionNav&quot;:false}'>
       <ul class="am-slides">
```

```
            <li> <img src="images/mobileSlider1.jpg"> </li>
            <li> <img src="images/mobileSlider2.jpg"> </li>
            <li> <img src="images/mobileSlider3.jpg"> </li>
        </ul>
    </div>
    <div data-am-widget="list_news" class="am-list-news am-list-news-default">
        <!--列表标题-->
        <div class="am-list-news-hd am-cf">
            <!--带更多链接-->
            <a href="###" class="">
                <h2>爆品课程</h2>
                <span class="am-list-news-more am-fr">更多 &raquo;</span>
            </a>
        </div>
        <div class="am-list-news-bd">
            <ul class="am-list">
                <!--缩略图在标题左侧-->
                <li class="am-g am-list-item-desced am-list-item-thumbed am-list-item-thumb-left">
                    <div class="am-u-sm-4 am-list-thumb">
                        <a href="#" class="">
                            <img src="images/mobileImg13.png">
                        </a>
                    </div>
                    <div class=" am-u-sm-8 am-list-main">
                        <h3 class="am-list-item-hd"><a href="#" class="">  三天打鱼两
天晒网</a></h3>
                        <div class="am-list-item-text">
                            <div class="am-g ">
                                <div class="am-u-sm-9"><img src="images/bothcourse.png">C++</div>
                                <div class="am-u-sm-3">实例</div>
                            </div>
                        </div>
                        <div class="am-list-item-text">
                            <div class="am-g">
                                <div class="am-u-sm-8"><img src="images/clocktwo-icon.png">29 分 26 秒
</div>
                                <div class="am-u-sm-4">3503 人学习</div>
                            </div>
                        </div>
                    </div>
                </li>
            </ul>
        </div>
    </div>
```

（4）代码编写完成后，单击 WebStorm 代码区右上角的谷歌浏览器图标，即可在谷歌浏览器中运行本案例，手机端的运行结果如图 12-13 所示。

12.4 登录页面的设计与实现

登录页面是网站中比较重要的一部分，本小节将介绍如何实现 PC 端和手机端的登录页面。

登录页面的设计与实现

12.4.1 登录页面概述

本节介绍如何实现明日学院网站的登录页面，包括PC端和手机端的登录页面，效果如图12-16和图12-17所示。从本节开始，在详细讲解明日学院网站主页的基础上将专注讲解页面自身的特点。例如，PC端和手机端的登录页面有各自的特点。下面将进行详细的讲解。

图 12-16 PC端的登录页面

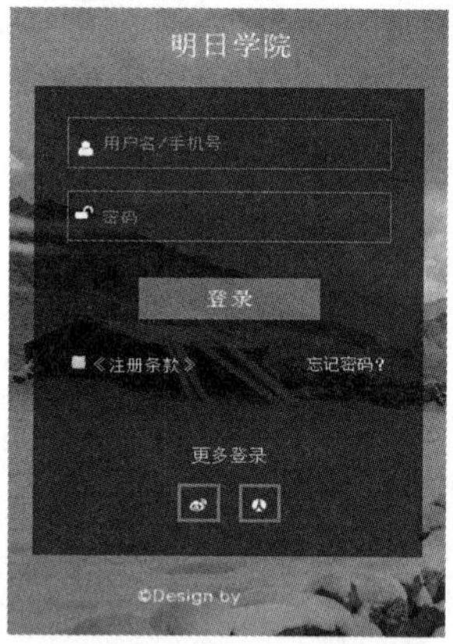

图 12-17 手机端的登录页面

12.4.2 登录页面设计

PC端和手机端的登录页面大同小异，具体页面设计如下。

1. PC端的登录页面设计

PC端的登录页面主要含有4个部分：第一部分是首页链接，该链接为一张图片，用户单击图片可以返回官网首页；第二部分为选项卡，用户在此部分可以选择登录或注册；第三部分为该页面最重要的部分——登录表单，用户在此部分输入用户名、密码等身份信息实现登录；第四部分则是为用户提供的第三方登录方式。PC端的登录页面结构如图12-18所示。

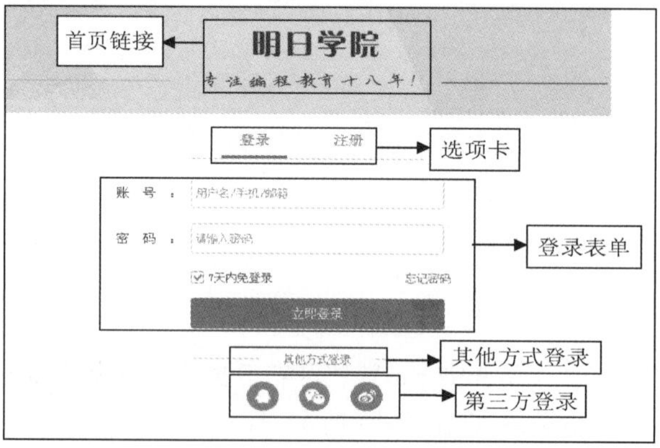

图 12-18 PC端的登录页面结构

2. 手机端的登录页面设计

手机端的登录页面分为头部、登录功能区和底部3个部分，其中登录功能区由表单组成，因为手机端的登录页面结构较简单，所以通过CSS3中的媒体查询实现响应式设计比较方便。手机端的登录页面结构如图 12-19 所示。

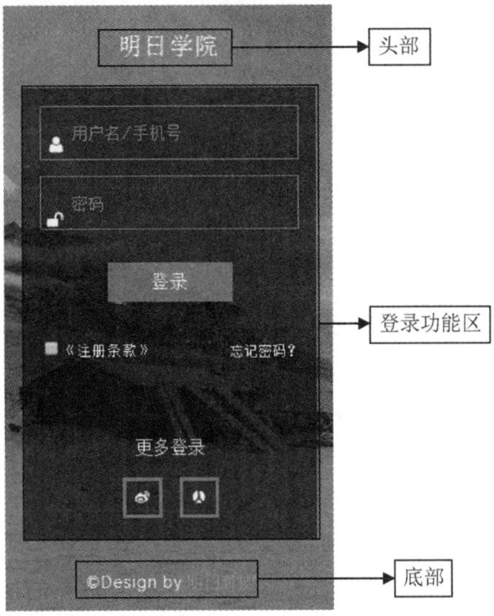

图 12-19　手机端的登录页面结构

12.4.3　代码实现

分析完页面设计后，需要编写代码来实现页面，PC 端和移动端的登录页面的具体代码实现如下。

1．PC 端登录页面的代码实现

（1）新建 login.html 文件，在该文件的<body>标签中编写页面的 HTML 代码。首先使用<div>标签对登录页面进行分组，然后通过<form>表单标签添加结构简图中的对应输入内容，如账号和密码等文本框。HTML 代码编写完毕后，开始编写 CSS 样式代码，CSS 样式代码的部分请在资源包案例中检索查询，这里不再赘述，关键代码如下。

```
<body>
<div class="tabPanel_login">
   <ul>
      <li class="hit_login"><a href="#">登录</a></li>
      <li class=""><a href="#">注册</a></li>
   </ul>
   <!--登录开始-->
   <div class="finput-login">
      <div class="finput-box">
         <form id="login_form" name="login_form" action="index.html" method="post" class=
"form" autocomplete="off" novalidate="novalidate">
            <input type="password" name="dispassword" autocomplete="off" style=
"display: none;">
            <input type="hidden" name="backurl" id="backurl"
                  value="https://www.mingrisoft.com/Book/newDetails/id/491.html">
            <div class="f-inputlist m-t40">
               <div class="input-box m-b20">
                  <span class="input-name">账<h></h>号<h></h>: </span>
                  <input class="required input-name-input" type="text" id="username" name=
```

```
"username" autocomplete="off" placeholder="用户名/手机/邮箱" aria-required="true">
                        <span id="chkname" class="warning empty"></span>
                    </div>
                    <div class="input-box m-b20">
                        <span class="input-name cf">密<h></h>码<h></h>: </span>
                        <input class="input-name-password required" autocomplete="off" type=
"password" maxlength="30" name="password" id="password" placeholder="请输入密码" onpaste= "return
false;" aria-required="true">
                    </div>
                    <div class="sevenday">
                        <div class="i-check" style="float:left; margin-left:110px; margin-
right: 8px; margin-top:8px;">
                            <input type="checkbox" name="cookie" value="1" id="loga" style=
"cursor:pointer;" checked="">
                            <label for="loga"></label>
                        </div>
                        <span style="color:#666; font-size:14px;">7天内免登录<span class= "login-
forget-password">
                        <a href="#" style="color:#36a9e1;" target="_blank">忘记密码</a>
                        </span>
                    </span>
                </div>
                <input type="submit" value="立即登录" class="greenbtn" onfocus="this.blur()"
style="border:0px;">
                </div>
            </form>
            <div class="right-loginbox-writetwo">
                <i></i>
                <span>其他方式登录</span>
                <i></i>
            </div>
            <div class="right-loginbox-icon">
                <div class="right-loginbox-button-images">
                    <a class="third-login" href="#">
                        <img src="images/qq-logina.png" width="39" height="38" alt="">
                    </a>
                </div>
                <div class="right-loginbox-button-images">
                    <a href="javascript:;" onclick="showLoginWindow(this)">
                        <img src="images/wechat-login.png" width="39" height="38" alt="">
                    </a>
                </div>
                <div class="right-loginbox-button-images">
                    <a class="third-login" href="#">
                        <img src="images/microblog-logina.png" width="39" height="38" alt="">
                    </a>
                </div>
            </div>
        </div>
    </div>
    <!--登录结束-->
</div>
```

（2）代码编写完成后，单击 WebStorm 代码区右上角的谷歌浏览器图标，即可在谷歌浏览器中运行本案例，运行结果如图 12-16 所示。

2．手机端登录页面的代码实现

（1）新建 mobileLogin.html 文件，在该文件中添加代码，因为登录页面结构简单，所以不建议使用第三方框架，直接适配屏幕宽度即可。由于篇幅限制，这里省略 CSS 代码，具体 HTML 代码如下。

```
<!DOCTYPE html>
<html lang="en">
<head>
   <title>明日学院登录</title>
   <meta name="viewport" content="width=device-width, initial-scale=1">
   <meta http-equiv="Content-Type" content="text/html; charset=UTF-8"/>
   <link rel="stylesheet" href="assets/css/style.css" type="text/css" media="all"/>
   <link rel="stylesheet" href="assets/css/font-awesome.css">
</head>
<body>
<div class="w3-agile-banner">
   <div class="center-container">
      <div class="header-w3l">
         <h1>明日学院</h1>
      </div>
      <div class="main-content-agile">
         <div class="sub-main-w3">
            <form action="#" method="post">
            <input placeholder="用户名/手机号" name="mail" type="email" required="">
            <span class="icon1"><i class="fa fa-user" aria-hidden="true"></i></span>
            <input  placeholder="密码" name="Password" type="password" required="">
            <span class="icon2"><i class="fa fa-unlock" aria-hidden="true"></i></span>
            <input type="submit" value="登录">
            <div class="rem-w3">
                   <span class="check-w3"><input type="checkbox" />《注册条款》</span>
                   <a class="w3-pass" href="#">忘记密码? </a>
                   <div class="clear"></div>
            </div>
               <br>
               <br>
               <div class="w3-head-continue">
                  <h5 style="color: white">更多登录</h5>
               </div>
               <br>
               <div class="navbar-right social-icons">
                  <ul>
                  <li><a href="#" class="fa fa-weibo icon-border facebook"> </a></li>
                  <li><a href="#" class="fa fa-renren icon-border twitter"> </a></li>
                  </ul>
               </div>
            </form>
         </div>
      </div>
      <div class="footer">
         <p>&copy;Design by <a href="https://www.mingrisoft.com/">明日科技</a></p>
      </div>
   </div>
</div>
```

```
</body>
</html>
```

（2）代码编写完成后，单击 WebStorm 代码区右上角的谷歌浏览器图标，即可在谷歌浏览器中运行本案例，运行结果如图 12-17 所示。

12.5 课程列表页面的设计与实现

课程列表页面的设计与实现

课程列表页面主要用于向用户展示所有的课程，以便用户选择课程，具体页面实现过程讲解如下。

12.5.1 课程列表页面概述

本节实现了明日学院的课程列表页面,包含 PC 端的课程列表页面和手机端的课程列表页面，具体效果分别如图 12-20 和图 12-21 所示。观察分析图 12-20 的页面设计，不难发现，页面功能结构比较复杂；图 12-21 的手机端的课程列表页面通过 Amaze UI 前端组件实现。接下来我们将详细讲解本案例中需要特别注意的地方。

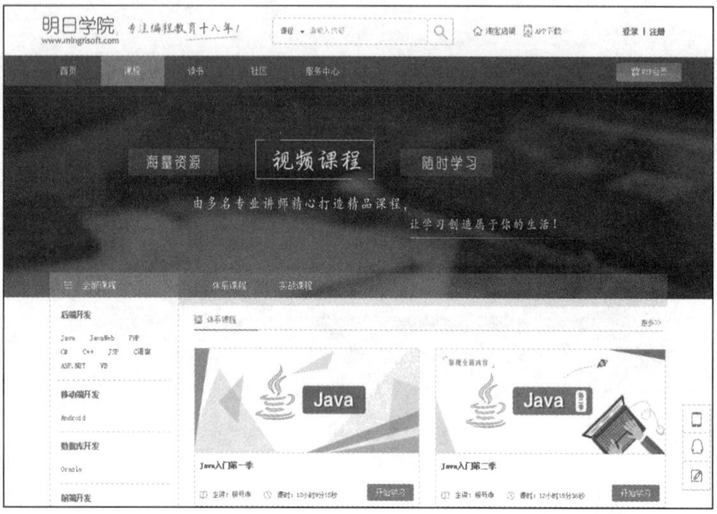

图 12-20 PC 端的课程列表页面

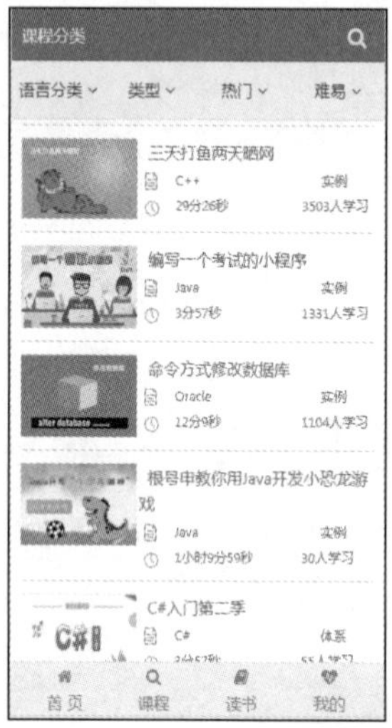

图 12-21 手机端的课程列表页面

12.5.2 课程列表页面设计

本页面中 PC 端和手机端的课程列表页面结构差别较大，PC 端的课程分类在课程列表页面左侧，而手机端的所有课程筛选条件在课程列表页面上方，具体页面设计如下。

1．PC 端的课程列表页面设计

图 12-22 所示为 PC 端的课程列表页面结构，从图中可以看到，该页面内容分为两部分，分别是课程导航和课程展示，而课程展示又由左侧下拉列表展示的课程分类和右侧列表形式展示的课程内容组成。

2．手机端的课程列表页面设计

手机端的课程列表页面结构与 PC 端的课程列表页面结构差异比较大。手机端的课程列表页

面也含有两部分，分别是课程分类和课程列表，课程分类从语言分类、类型、热门和难易 4 个方面对课程进行分类；而课程列表则以列表形式单列展示，具体页面结构如图 12-23 所示。

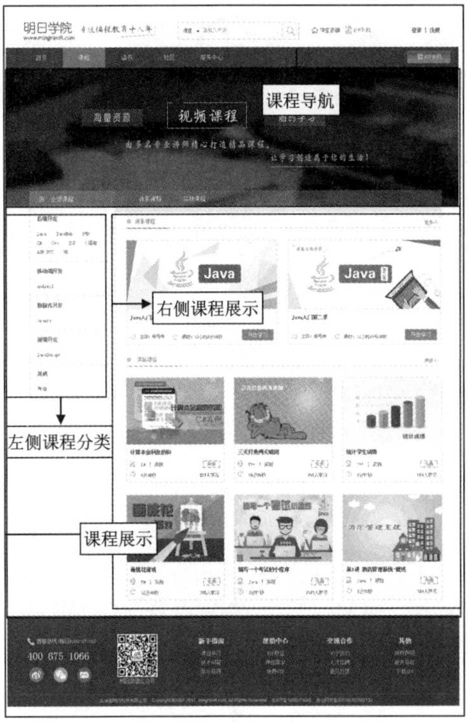

图 12-22　PC 端的课程列表页面结构

图 12-23　手机端的课程列表页面结构

12.5.3　代码实现

实现课程列表页面时，同样分为 PC 端页面和手机端页面，在实现手机端的课程列表页面时，使用了内容列表组件和菜单组件。

1．PC 端课程列表页面的代码实现

（1）新建 courselist.html 文件，在该文件中编写 HTML 代码，不难发现，本案例的页面功能区域与主页面的十分相似，也是由顶部区域、内容区域和底部区域构成的。因此，在实际开发作业中，可以直接将主页面的源代码直接复制到 courselist.html 文件中，然后针对不同的功能区域进行二次代码编写。由于篇幅限制，此处仅展示 HTML 关键代码。

```
<body style="overflow-x: hidden;">
    <div class="independent">
        <!--头部开始-->
        <div class="independent-banner">
            <div class="independent-self">
                <div class="independent-banner-top">
                    <div class="independent-banner-top-left">
                        <div class="independent-banner-top-left-image"><img src="images/both-
image.png" width="35" height="35" alt=""></div>
                        <div class="independent-banner-top-left-bothwrite">全部课程</div>
                    </div>
                    <div class="independent-child">
                        <div class="independent-banner-top-li"><a href="#">体系课程</a></div>
```

```
                <div class="independent-banner-top-li"><a href="#">实战课程</a></div>
            </div>
            <div class="independent-banner-top-ul">
            </div>
        </div>
    </div>
</div>
<!--头部结束-->
<div class="independent-both">
    <!--左侧开始-->
    <div class="independent-bottom-left">
        <div class="independent-bottom-left-li" style="padding-top:5px;">
            <div class="independent-bottom-left-li-write">后端开发</div>
            <div class="independent-bottom-left-li-writemore">
                <div class="independent-bottom-left-li-writemore-li"><a
                        href="/Index/Course/selfCourse/id/1.html">Java</a></div>
                <div class="independent-bottom-left-li-writemore-li"><a
                        href="/Index/Course/selfCourse/id/43.html">JavaWeb</a></div>
                <div class="independent-bottom-left-li-writemore-li"><a
                        href="/Index/Course/selfCourse/id/38.html">PHP</a></div>
                <div class="independent-bottom-left-li-writemore-li"><a
                        href="/Index/Course/selfCourse/id/4.html">C#</a></div>
                <div class="independent-bottom-left-li-writemore-li"><a
                        href="/Index/Course/selfCourse/id/3.html">C++</a></div>
                <div class="independent-bottom-left-li-writemore-li"><a
                        href="/Index/Course/selfCourse/id/44.html">JSP</a></div>
                <div class="independent-bottom-left-li-writemore-li"><a
                        href="/Index/Course/selfCourse/id/12.html">C 语言</a></div>
                <div class="independent-bottom-left-li-writemore-li"><a
                        href="/Index/Course/selfCourse/id/39.html">ASP.NET</a></div>
                <div class="independent-bottom-left-li-writemore-li"><a
                        href="/Index/Course/selfCourse/id/41.html">VB</a></div>
            </div>
            <div class="independent-bottom-left-li-write">移动端开发</div>
            <div class="independent-bottom-left-li-writemore">
                <div class="independent-bottom-left-li-writemore-li"><a
                        href="/Index/Course/selfCourse/id/11.html">Android</a></div>
            </div>
            <div class="independent-bottom-left-li-write">数据库开发</div>
            <div class="independent-bottom-left-li-writemore">
                <div class="independent-bottom-left-li-writemore-li"><a
                        href="/Index/Course/selfCourse/id/10.html">Oracle</a></div>
            </div>
            <div class="independent-bottom-left-li-write">前端开发</div>
            <div class="independent-bottom-left-li-writemore">
                <div class="independent-bottom-left-li-writemore-li"><a
                        href="/Index/Course/selfCourse/id/9.html">JavaScript</a></div>
            </div>
            <div class="independent-bottom-left-li-write">其他</div>
            <div class="independent-bottom-left-li-writemore">
                <div class="independent-bottom-left-li-writemore-li"><a
                        href="/Index/Course/selfCourse/id/47.html">其他</a></div>
            </div>
        </div>
    </div>
    <!--左侧结束-->
    <!--右侧开始-->
```

```
            <div class="independent-bottom-right">
               <div class="independent-line"></div>
               <div class="independent-Curriculum">
                  <div class="independent-Curriculum-banner">
                     <div class="independent-Curriculum-bannerleft">
                        <div class="independent-Curriculum-bannerleft-left">
                           <img src="images/Curriculum-icon.png" width="15" height="15" alt="">
                        </div>
                        <div class="independent-Curriculum-bannerleft-right">
                           <a href="#" style="color:#339dd2;">体系课程</a>
                        </div>
                     </div>
                     <div class="independent-Curriculum-bannerright">
                        <a href="#">
                           <div class="PracticeCourse-nav-txt">更多&gt;&gt;</div>
                        </a></div>
                  </div>
                  <!--体系课程开始-->
                  <div class="independent-Curriculum-content">
                     <div class="independent-Curriculum-contentli" style="margin-left:
30px; float:left;">
                        <div class="independent-Curriculum-contentli-top">
                           <a href="courselist.html">
                              <img src="images/5865ac73bdc70.png" width="473" height= "200" alt="">
                           </a>
                        </div>
                        <div class="independent-Curriculum-contentli-bottom">
                           <div class="independent-Curriculum-contentli-bottomtop"><a href=
"courselist.html">Java 入门第一季</a>
                           </div>
                           <div class="independent-Curriculum-contentli-bottombottom">
                              <div class="independent-Curriculum-contentli-bottombottom-lithree">
                                 <div class="book-left"><img src="images/book.png" width=
"25" height="25"
                                                      alt=""></div>
                                 <div class="book-right">主讲：根号申</div>
                              </div>
                              <div class="independent-Curriculum-contentli-bottombottom-li">
                                 <div class="book-left"><img src="images/clock-icon.png"
width="25"
                                                      height="25" alt=""></div>
                                 <div class="book-right">课时：10 小时 9 分 15 秒</div>
                              </div>
                              <div class="independent-Curriculum-contentli-bottombottom-litwo">
                                 <div class="independent-study-botton"><a href="#">开始学习</a>
                                 </div>
                              </div>
                           </div>
                        </div>
                     </div>
                  </div>
               </div>
               <!--体系课程结束-->
            </div>
            <!--右侧结束-->
         </div>
      </div>
   </body>
```

（2）编写完所有 HTML 代码、CSS 代码及 JavaScript 代码后，单击 WebStorm 代码区右上角的谷歌浏览器图标，即可在谷歌浏览器中运行本案例，运行结果如图 12-20 所示。

2．手机端课程列表页面的代码实现

（1）新建 HTML 文件，并且命名为 mobileCourselist.html，本案例使用了 Amaze UI 框架中的内容列表组件。在 Amaze UI 官方网站中找到内容列表组件的说明使用文档，将内容列表组件的示例代码复制到 mobileCourselist.html 文件中对应的代码区域，然后根据注释提示将示例代码中的示例文本换成自己案例中的文本即可，关键代码如下。

```
<body>
<header data-am-widget="header"
      class="am-header am-header-default am-header-fixed">
   <div class="am-header-left am-header-nav">
      <a href="#left-link" class="">
         课程分类
      </a>
   </div>
   <div class="am-header-right am-header-nav">
      <a href="#right-link" class="">
         <i class="am-header-icon am-icon-search"></i>
      </a>
   </div>
</header>
<nav data-am-widget="menu" class="am-menu  am-menu-dropdown2" data-am-sticky>
   <ul class="am-menu-nav am-avg-sm-4 am-collapse am-in">
      <li class="am-parent">
         <a href="##" class="">语言分类</a>
         <ul class="am-menu-sub am-collapse  am-avg-sm-2">
            <li class=""> <a href="##" class="">Java</a> </li>
            <li class=""> <a href="##" class="">JavaWeb</a> </li>
            <li class=""> <a href="##" class="">PHP</a> </li>
            <li class=""> <a href="##" class="">C++</a> </li>
            <li class=""> <a href="##" class="">C#</a> </li>
            <li class=""> <a href="##" class="">JSP</a> </li>
         </ul>
      </li>
      <li class="am-parent">
         <a href="##" class="">类型</a>
         <ul class="am-menu-sub am-collapse  am-avg-sm-3">
            <li class=""> <a href="##" class="">体系课程</a> </li>
            <li class=""> <a href="##" class="">实战课程</a> </li>
         </ul>
      </li>
      <li class="am-parent">
         <a href="#c3" class="">热门</a>
         <ul class="am-menu-sub am-collapse  am-avg-sm-4 ">
            <li class=""> <a href="##" class="">热门</a> </li>
            <li class=""> <a href="##" class="">推荐</a> </li>
         </ul>
      </li>
      <li class="am-parent">
         <a href="##" class="">难易</a>
         <ul class="am-menu-sub am-collapse  am-avg-sm-3">
            <li class=""> <a href="##" class="">易</a> </li>
            <li class=""> <a href="##" class="">适中</a> </li>
```

```
                <li class=""> <a href="##" class="">难</a> </li>
            </ul>
        </li>
    </ul>
</nav>
<br>
<br>
<div data-am-widget="list_news" class="am-list-news am-list-news-default">
    <div class="am-list-news-bd">
        <ul class="am-list">
            <!--缩略图在标题左侧-->
            <li class="am-g am-list-item-desced am-list-item-thumbed am-list-item-thumb-left">
                <div class="am-u-sm-4 am-list-thumb">
                    <a href="mobileCourselist.html" class="">
                        <img src="images/mobileImg13.png">
                    </a>
                </div>
                <div class=" am-u-sm-8 am-list-main">
                    <h3 class="am-list-item-hd"><a href="mobileCourselist.html" class="">&
nbsp;  三天打鱼两天晒网</a></h3>
                    <div class="am-list-item-text">
                        <div class="am-g">
                            <div class="am-u-sm-9"><img src="images/bothcourse.png">C++</div>
                            <div class="am-u-sm-3">实例</div>
                        </div>
                    </div>
                    <div class="am-list-item-text">
                        <div class="am-g">
                            <div class="am-u-sm-8"><img src="images/clocktwo-icon.png">29 分
26 秒</div>
                            <div class="am-u-sm-4">3503 人学习</div>
                        </div>
                    </div>
                </div>
            </li>
        </ul>
    </div>
</div>
</body>
```

（2）代码编写完成后，单击 WebStorm 代码区右上角的谷歌浏览器图标，即可在谷歌浏览器中运行本案例，运行结果如图 12-21 所示。

12.6 课程详情页面的设计与实现

课程详情页面的设计与实现

课程详情页面主要用于向用户展示课程信息，包括课程时长、课程内容等，具体页面的设计与实现如下。

12.6.1 课程详情页面概述

本案例在课程列表页面的基础上，实现了课程详情页面的效果，包括 PC 端和手机端，效果分别如图 12-24 和图 12-25 所示。观察其结构简图可以发现，因为与课程列表页面的功能布局大致相似，所以可以直接把课程列表页面的代码复制到本案例中；但手机端的页面效果稍有不同。由于篇幅限制，下面将重点讲解本案例中的特殊之处。

图 12-24　PC 端的课程详情页面效果

图 12-25　手机端的课程详情页面效果

12.6.2　课程详情页面设计

由于手机端和 PC 端的课程详情页面不相同，需要分别设计，具体设计如下。

1．PC 端的课程详情页面设计

PC 端的课程详情页面主要由 3 部分组成，分别是课程详情、课程信息及相关课程。其中，课程详情包括课程名称、学习人数、课程时长、学习时长等内容；课程信息包括授课老师、课程概述及课程提纲；相关课程向用户展示与用户所学课程相关的课程，具体结构如图 12-26 所示。

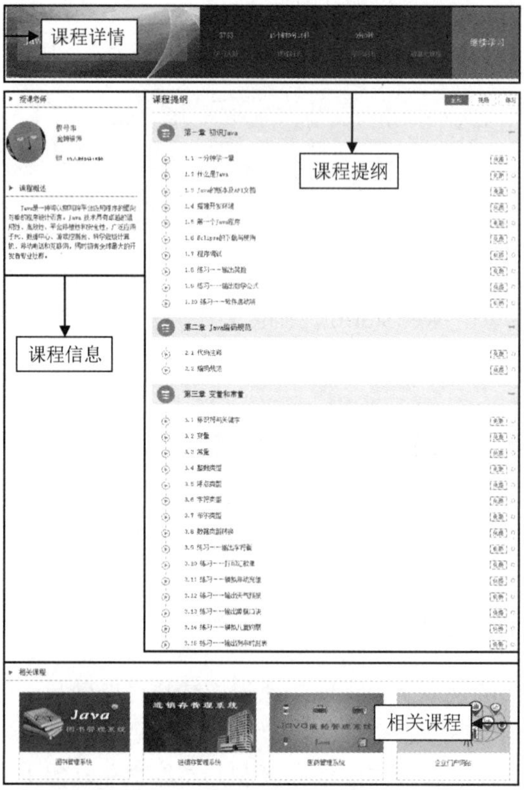

图 12-26　PC 端的课程详情页面结构

2．手机端的课程详情页面设计

手机端的课程详情页面也主要分为 3 部分，分别是课程详情、课程导航及课程信息。课程详情包括课程时长、学习人数及收藏课程等；课程信息包括课程概述和授课讲师，具体页面结构如图 12-27 所示。

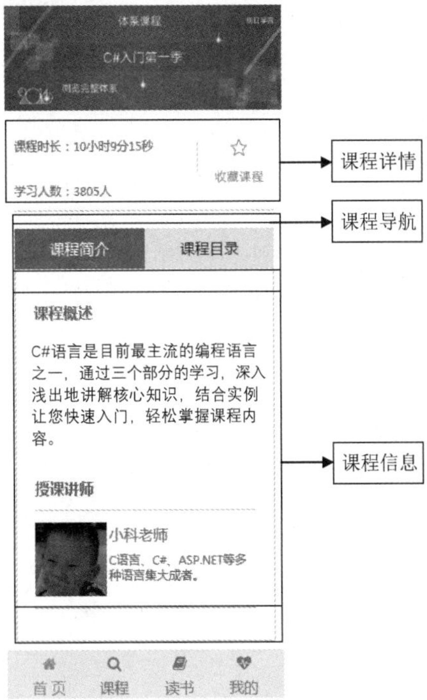

图 12-27　手机端的课程详情页面结构

12.6.3　代码实现

接下来分别实现 PC 端和手机端的课程详情页面并进行屏幕适配，实现手机端的课程详情页面时，使用了选项卡组件。

1．PC 端课程详情页面的代码实现

（1）新建 selfCourse.html 文件，在该文件中添加 HTML 代码，本案例中比较特殊的部分就是课程详情功能区域的显示，因此，针对这一功能区编写 HTML 代码即可。首先直接将课程列表页面的源代码复制到 selfCourse.html 文件中，然后通过使用<div>标签对课程详情页面划分区域，关键代码如下。

```
<body style="overflow-x: hidden;">
<div id="body_content">
   <div class="course-list">
      <div class="course-list-second">
         <div class="course-list-second-image">
            <font class="course-list-font">Java 入门第一季</font><br><font>
</font>
         </div>
         <div class="course-list-second-center">
            <div class="course-list-second-center-state">
               <div class="course-list-second-center-state-bottom">3763</div>
```

```
                <div class="course-list-second-center-state-top">学习人数</div>
            </div>
            <div class="course-list-second-center-hour">
                <div class="course-list-second-center-hour-bottom">10 小时 9 分 15 秒</div>
                <div class="course-list-second-center-hour-top">课程时长</div>
            </div>
            <div class="course-list-second-center-study">
                <div class="course-list-second-center-study-bottom">
                    0 分 0 秒
                </div>
                <div class="course-list-second-center-study-top">学习时长</div>
            </div>
        </div>
        <div class="course-list-second-interest"><a href="javascript:;" id="collect">
收藏此课程</a></div>
        <div class="course-list-second-study">
            <a href="/video/707.html" target="_blank">继续学习</a>
        </div>
    </div>
    <div class="course-list-content">
        <div class="course-list-content-left">
            <div class="course-list-content-left-top">
                <div class="course-list-arrow"><img src="images/arrow-image.png" id=
"cata_img" width="20" height="20" alt="" style="margin-top:6px;"> </div>
                <div class="course-list-write">授课老师</div>
            </div>
            <div class="teacher-content">
                <div class="teacher-head"><a href="/User/homepage_teacher/user_id/476.html">
                        <img src="images/20160614171641l108.png" width="95" height="95"
alt=""> </a>
                </div>
                <div class="teacher-write">
                    <div class="teacher-name"><a href="/User/homepage_teacher/user_id/
476.html" style="color:#666;">根号申</a>
                    </div>
                    <div class="teacher-info">金牌讲师</div>
                    <div class="course-list-content-left-teacher-hour"><img src="mingrisoft/
images/clock-image.png" width="14" height="14" alt="" style=" margin-top:15px; margin-right:
10px;">10 小时 9 分 15 秒   
                    </div>
                </div>
            </div>
            <div class="course-list-content-left-top">
                <div class="course-list-arrow"><img src="images/arrow-image.png" id=
"cata_img" width="20" height="20" alt="" style="margin-top:6px;"> </div>
                <div class="course-list-write">课程概述</div>
            </div>
            <div class="course-list-introduce">Java 是一种可以撰写跨平台应用程序的面向对象的
程序设计语言。Java 技术具有卓越的通用性、高效性、平台移植性和安全性，广泛应用于 PC、数据中心、游戏控制台、科
学超级计算机、移动电话和互联网，同时拥有全球最大的开发者专业社群。
            </div>
        </div>
        <div class="course-list-content-right">
            <div class="course-list-second-classify"><font style="float:left;font-size:
20px;">课程提纲</font>
                <a href="/systemCatalog/64.html" style="background-color:#19A0F5; color:
#fff;">全部</a>
                <a href="/systemCatalog/64/v.html">视频</a>
                <a href="/systemCatalog/64/e.html">练习</a>
```

```
            </div>
            <div class="course-list-second-section-contents">
                <div class="course-list-second-section-contents-li">
                    <div class="chapters"
    onclick="showOrHide('583','Public/images/gray_close.png','Public/images/gray_open.png')"id="583">
                        <div class="course-list-second-section-contents-li-top">
                            <div class="course-list-name">第一章 初识 Java</div>
                            <div class="course-list-second-add-subtract">
                                <div class="course-list-icon">
                                    <img src="images/gray_close.png" width="14" style="height:
auto; margin-top:18px;" alt="" id="chapter_img_583">
                                </div>
                            </div>
                        </div>
                    </div>
                    <div id="child_catalog_583" style="padding-top:45px;">
                        <div class="course-list-second-section-contents-li-bottom">
                            <div class="course-list-second-section-contents-li-bottomli">
                                <!--添加开始-->
                                <div class="course-list-free">免费</div>
                                <!--添加结束-->
                                <div class="course-list-second-section-arrow"><img
                                         src="images/list-icon.png" width="18" height="17" alt=""
                                         style=" position:relative; left:-10px;"></div>
                                <div class="course-list-second-section-write">
                                    <div class="course-list-left"><a href="/video/707.html"
target="_blank">1.1 一分钟学一章</a></div>
                                    <div class="course-list-right"><a href="/video/707.html"
target="_blank">开始学习</a></div>
                                </div>
                                <div class="course-list-second-section-circle"><img src= "
images/empty.png" width="16" height="14" alt=""> </div>
                            </div>
                        </div>
                        <div class="course-list-second-section-contents-li-bottom">
                            <div class="course-list-second-section-contents-li-bottomli">
                                <!--添加开始-->
                                <div class="course-list-free">免费</div>
                                <!--添加结束-->
                                <div class="course-list-second-section-arrow"><img
                                         src="images/list-icon.png" width="18" height="17"
alt="" style=" position:relative; left:-10px;"></div>
                                <div class="course-list-second-section-write">
                                    <div class="course-list-left"><a href="/video/708.html"
target="_blank">1.2 什么是 Java</a></div>
                                    <div class="course-list-right"><a href="/video/708.html"
target="_blank">开始学习</a>
                                    </div>
                                </div>
                                <div class="course-list-second-section-circle"><img src=
"images/empty.png" width="16" height="14" alt=""> </div>
                            </div>
                        </div>
                        <div class="course-list-second-section-contents-li-bottom">
                            <div class="course-list-second-section-contents-li-bottomli">
                                <!--添加开始-->
                                <div class="course-list-free">免费</div>
                                <!--添加结束-->
                                <div class="course-list-second-section-arrow"><img
```

```
                    src="images/list-icon.png" width="18" height="17"
alt="" style=" position:relative; left:-10px;"></div>
                <div class="course-list-second-section-write">
                    <div class="course-list-left"><a href="/video/709.html"
target="_blank">1.3 Java 的版本及 API 文档</a></div>
                    <div class="course-list-right"><a href="/video/709.html"
target="_blank">开始学习</a> </div>
                </div>
                <div class="course-list-second-section-circle"><img src=
"images/empty.png" width="16" height="14" alt=""> </div>
            </div>
        </div>
        <div class="course-list-second-section-contents-li-bottom">
            <div class="course-list-second-section-contents-li-bottomli">
                <div class="course-list-free">免费</div>
                <div class="course-list-second-section-arrow"><img
                    src="images/list-icon.png" width="18" height="17"
alt="" style=" position:relative; left:-10px;"></div>
                <div class="course-list-second-section-write">
                    <div class="course-list-left"><a href="/video/710.html"
target="_blank">1.4 搭建开发环境</a></div>
                    <div class="course-list-right"><a href="/video/710.html"
target="_blank">开始学习</a> </div>
                </div>
                <div class="course-list-second-section-circle"><img src=
"images/empty.png" width="16" height="14" alt=""> </div>
            </div>
        </div>
        <div class="course-list-second-section-contents-li-bottom">
            <div class="course-list-second-section-contents-li-bottomli">
                <div class="course-list-free">免费</div>
                <div class="course-list-second-section-arrow"><img
                    src="images/list-icon.png" width="18" height="17"
alt="" style=" position:relative; left:-10px;"></div>
                <div class="course-list-second-section-write">
                    <div class="course-list-left"><a href="/video/711.html"
target="_blank">1.5 第一个 Java 程序</a></div>
                    <div class="course-list-right"><a href="/video/711.html"
target="_blank">开始学习</a> </div>
                </div>
                <div class="course-list-second-section-circle"><img src=
"images/empty.png" width="16" height="14" alt="">
                </div>
            </div>
        </div>
      </div>
    </div>
   </div>
  </div>
 </div>
</div>
</div>
</body>
```

（2）代码编写完成后，单击 WebStorm 代码区右上角的谷歌浏览器图标，即可在谷歌浏览器中运行本案例，运行结果如图 12-24 所示。

2．手机端课程详情页面的代码实现

（1）新建 mobileselfCourse.html 文件，在该文件中添加 HTML 代码。本案例中使用了 Amaze

UI 框架中的选项卡组件。具体的使用方法是，在 Amaze UI 官方网站中找到选项卡组件的说明使用文档，将选项卡组件的示例代码复制到 mobileselfCourse.html 文件中对应的代码区域，然后根据注释提示将示例代码中的示例文本换成自己案例中的文本即可，关键代码如下。

```
    <img src="assets/i/top.png" class="am-img-responsive"/>
    <div data-am-widget="list_news" class="am-list-news am-list-news-default">
        <div class="am-list-news-bd">
            <ul class="am-list">
                <!--缩略图在标题右侧-->
                <li class="am-g am-list-item-desced am-list-item-thumbed am-list-item-thumb- right">
                    <div class=" am-u-sm-8 am-list-main">
                        <div class="am-list-item-text">课程时长：10 小时 9 分 15 秒</div>
                        <br>
                        <div class="am-list-item-text">学习人数：3805 人</div>
                    </div>
                    <div class="am-u-sm-4 am-list-thumb">
                        <a href="#" class="">
                            <img src="assets/i/star.png"/>
                        </a>
                    </div>
                </li>
            </ul>
        </div>
    </div>
    <div data-am-widget="tabs"
         class="am-tabs am-tabs-default">
        <ul class="am-tabs-nav am-cf">
            <li class="am-active"><a href="[data-tab-panel-0]">课程简介</a></li>
            <li class=""><a href="[data-tab-panel-1]">课程目录</a></li>
        </ul>
        <div class="am-tabs-bd">
            <div data-tab-panel-0 class="am-tab-panel am-active">
                <div data-am-widget="list_news" class="am-list-news am-list-news-default">
                    <!--列表标题-->
                    <div class="am-list-news-hd am-cf">
                        <!--带更多链接-->
                        <a href="##" class="">
                            <h2>课程概述</h2>
                        </a>
                    </div>
                    <div class="am-list-news-bd">C#语言是目前最主流的编程语言之一，通过三个部分的学习，
深入浅出地讲解核心知识，结合实例让您快速入门，轻松掌握课程内容。</div>
                </div>
                <div data-am-widget="list_news" class="am-list-news am-list-news-default">
                    <!--列表标题-->
                    <div class="am-list-news-hd am-cf">
                        <!--带更多链接-->
                        <a href="###" class="">
                            <h2>授课讲师</h2>
                        </a>
                    </div>
                    <div class="am-list-news-bd">
                        <ul class="am-list">
                            <!--缩略图在标题左侧-->
                            <li class="am-g am-list-item-desced am-list-item-thumbed am-list- item-
thumb-left">
```

```
                        <div class="am-u-sm-4 am-list-thumb">
                            <a href="#" class="">
                                <img src="assets/i/teacher.png"/>
                            </a>
                        </div>
                        <div class=" am-u-sm-8 am-list-main">
                            <h3 class="am-list-item-hd"><a href="#" class="">小科老师</a></h3>
                            <div class="am-list-item-text">C 语言、C#、ASP.NET 等多种语言集大成者。
</div>
                        </div>
                    </li>
                </ul>
            </div>
        </div>
    </div>
  </div>
</div>
```

（2）代码编写完成后，单击 WebStorm 代码区右上角的谷歌浏览器图标，即可在谷歌浏览器中运行本案例，运行结果如图 12-25 所示。

12.7 AIGC 辅助分析优化项目

在开发本章的在线教育平台时，我们可以利用 AIGC 快速地提高开发效率并完善项目。

12.7.1 AIGC 辅助提供项目开发思路

问题 1

用 HTML5、CSS3 和 JavaScript 开发一个在线教育平台的前端项目的基本思路。

AIGC 建议

使用 HTML5、CSS3 和 JavaScript 开发一个在线教育平台的前端项目的基本思路，可以从以下几个方面进行阐述。

一、项目需求分析

首先，需要明确在线教育平台前端项目的功能需求。这包括但不限于以下几点。

- 用户界面设计：提供直观、简洁且易于导航的用户界面。
- 课程展示：能够展示各类课程信息，如课程名称、讲师、时长、价格等。
- 视频播放：支持视频播放功能，包括播放、暂停、进度条控制等。
- 互动功能：提供评论、问答等互动功能，增强用户参与度。
- 个人中心：允许用户查看个人信息、学习进度、购买记录等。

二、技术选型

基于 HTML5、CSS3 和 JavaScript 的前端技术栈，结合项目的具体需求，可以选择以下技术。

- HTML5：用于构建页面的基本结构，使用语义化标签提高页面的可读性和可维护性。
- CSS3：用于页面的样式设计和布局，实现响应式设计，以适应不同设备和屏幕尺寸。
- JavaScript：用于实现页面的交互功能，如按钮单击事件、表单验证、数据加载等。

三、页面设计与开发

1. 页面结构设计

使用 HTML5 构建页面的基本结构，包括头部（header）、导航栏（nav）、主要内容区域（main）、侧边栏（aside，可选）、页脚（footer）等部分，确保页面结构清晰、易于维护。

2. 样式设计与布局

- ❑ 使用 CSS3 进行页面的样式设计，包括字体、颜色、边框、背景等属性的设置。
- ❑ 实现响应式设计，通过媒体查询等技术使页面能够适应不同设备和屏幕尺寸。
- ❑ 利用 CSS3 的动画和过渡效果增加页面的交互性和吸引力。

3. 交互功能实现

- ❑ 使用 JavaScript 实现页面的交互功能，如按钮单击事件、表单提交、数据加载等。
- ❑ 通过 AJAX 技术实现与后端服务器的数据交互，异步加载课程信息、用户信息等数据。
- ❑ 利用 JavaScript 框架或库（如 jQuery、Vue.js 等）简化前端开发流程，提高开发效率。

四、性能优化与用户体验

- ❑ 优化页面加载速度：减少资源文件的大小，使用 CDN 加速资源加载，合理设置缓存等。
- ❑ 提高页面响应速度：优化 DOM 操作，减少重绘和重排的次数，使用事件委托等技术提高页面响应速度。
- ❑ 增强用户体验：提供清晰的导航和搜索功能，确保页面内容易于阅读和理解。同时，关注无障碍设计，使平台能够服务于更广泛的用户群体。

五、测试与调试

- ❑ 进行功能测试：确保所有功能按预期工作，包括课程展示、视频播放、互动功能等。
- ❑ 进行兼容性测试：在不同浏览器和设备上进行测试，确保页面的兼容性和稳定性。
- ❑ 进行性能测试：使用工具进行性能测试，分析页面的加载速度和响应时间，找出瓶颈并进行优化。

六、部署与上线

- ❑ 将前端项目部署到服务器上，确保用户可以通过互联网访问平台。
- ❑ 配置 HTTPS 协议保障数据传输的安全性，提高用户的信任度和平台的安全性。

综上所述，使用 HTML5、CSS3 和 JavaScript 开发一个在线教育平台的前端项目需要综合考虑项目需求分析、技术选型、页面设计与开发、性能优化与用户体验、测试与调试及部署与上线等多个方面。通过合理地规划和开发流程，我们可以构建一个功能强大、性能稳定、用户体验良好的在线教育平台前端项目。

12.7.2 AIGC 辅助优化代码

问题 2

优化鼠标指针停留在“App 下载”区域时弹出二维码图片的代码。

```
    <script type="text/javascript">
       $(function () {
    $(".item-change-txt-content,.popular-courses-bottom-write").each(function(){
            for (var a = $(this).height(), b = $("p", $(this)).eq(0); b.outerHeight() >
a;) b.text(b.text().replace(/(s)*(.)(...)?$/, "..."))
          });
          $("#slides").slides({
             preload: !0,
             preloadImage: "/Public/images/loading.gif",
             play: 5E3,
             pause: 2500,
             hoverPause: !0,
             animationStart: function () {
                $(".caption").animate({bottom: -20}, 100)
             },
```

```
            animationComplete: function (a) {
                $(".caption").animate({bottom: 0}, 200)
            }
        });
        $(".popular-courses-top-made").click(function () {
            $(".popular-courses-panel").slideToggle("slow")
        })
    });
</script>
```

AIGC 建议

优化这段代码的目的包括提高可读性、性能，以及减少冗余。以下是对您提供的 JavaScript 代码的一些优化建议。

1. 使用更清晰的变量名：变量名 a 和 b 描述性不够，应改为更具意义的名称。
2. 避免不必要的 DOM 查询：在循环中尽量减少 DOM 操作，特别是重复的查询。
3. 使用链式调用：jQuery 允许链式调用，可以简化代码。
4. 减少全局作用域污染：使用立即执行函数表达式（IIFE）来封装代码，避免全局变量污染。
5. 使用更现代的 JavaScript 特性：例如使用 let 和 const 代替 var 来声明变量。
6. 注释：添加必要的注释以提高代码的可维护性。

优化后的代码示例如下。

```
(function($) {
    $(function() {
        //处理文本截断
$(".item-change-txt-content, .popular-courses-bottom-write").each(function() {
            var containerHeight = $(this).height();    //容器高度
            var firstParagraph = $("p", this).eq(0);  //第一个段落
            var text = firstParagraph.text();          //段落文本
            //如果段落高度超过容器高度，则截断文本
            while (firstParagraph.outerHeight() > containerHeight) {
                //使用正则表达式替换文本末尾的字符，直到高度合适
                text = text.replace(/([^...]*)...?$/, '$1...');
                firstParagraph.text(text);              //更新段落文本
            }
        });
        //初始化轮播图
        $("#slides").slides({
            preload: true,
            preloadImage: "/Public/images/loading.gif",
            play: 5000,
            pause: 2500,
            hoverPause: true,
            animationStart: function() {
                $(".caption").animate({ bottom: -20 }, 100);
            },
            animationComplete: function(slide) {
                $(".caption").animate({ bottom: 0 }, 200);
            }
        });
        //切换热门课程面板
        $(".popular-courses-top-made").click(function() {
            $(".popular-courses-panel").slideToggle("slow");
        });
    });
})(jQuery);
```

说明如下。

1. IIFE：使用(function($) { ... })(jQuery);来封装代码，确保$符号在函数内部专指 jQuery，避免与其他库冲突。

2. 变量命名：将 a 和 b 改为 containerHeight 和 firstParagraph，以提高代码的可读性。

3. 文本截断逻辑：将文本截断逻辑放在一个 while 循环中，确保段落高度不会超过容器高度。注意，这里使用了一个简化的正则表达式([^...]*)...?$来匹配并截断文本，但可能需要根据实际情况调整，以确保正确的截断行为。

4. 链式调用：在 jQuery 操作中尽量使用链式调用，减少代码行数。

5. 注释：添加了必要的注释来解释代码的功能。

请注意，上述优化假设了 HTML 结构和 CSS 样式与提供的 JavaScript 代码相匹配，并且 slides 插件的行为符合预期。在实际应用中，可能还需要根据具体情况进行进一步的调整和优化。

12.7.3 AIGC 辅助完善项目

问题 3

本项目开发的在线教育平台主要提供了以下功能，后续如何使该项目更加完善。

- ❑ 主页设计与实现。
- ❑ 登录页设计与实现。
- ❑ 课程列表页设计与实现。
- ❑ 课程详情页设计与实现。

AIGC 建议

开发的在线教育平台已经涵盖了主页、登录页、课程列表页和课程详情页等基本功能，这是一个很好的起点。为了进一步完善该项目，以下是一些建议。

1. 用户体验优化

- ❑ 响应式设计：确保平台在不同设备和屏幕尺寸上都能提供良好的用户体验。
- ❑ 加载速度优化：优化图片、视频等资源的加载速度，使用 CDN 加速，减少页面加载时间。
- ❑ 交互优化：增加动画效果、过渡效果等，提升用户操作的流畅性和满意度。
- ❑ 无障碍设计：考虑屏幕阅读器等辅助技术的兼容性，使平台能够服务于更广泛的用户群体。

2. 功能扩展

- ❑ 搜索与筛选功能：在课程列表页增加搜索和筛选功能，方便用户快速找到感兴趣的课程。
- ❑ 购物车与结算功能：如果用户需要购买课程，可以添加购物车和结算功能，支持多种支付方式。
- ❑ 学习进度跟踪：为用户记录学习进度，提供课程完成度、学习时长等统计信息。
- ❑ 社区互动功能：增加论坛、评论、问答等社区互动功能，增强用户之间的交流和互动。

3. 安全性增强

- ❑ 用户数据加密：对用户密码等敏感信息进行加密存储，确保用户数据的安全性。
- ❑ 防止 XSS 和 CSRF 攻击：对输入数据进行验证和过滤，防止跨站脚本（XSS）和跨站请求伪造（CSRF）攻击。
- ❑ 安全审计与日志：记录用户操作日志，便于追踪和审计安全问题。

4. 性能监控与优化

- ❑ 性能监控：使用性能监控工具对平台的性能进行持续监控，及时发现并解决性能瓶颈。

- ❑ 代码优化：对前端代码进行性能优化，如减少 DOM 操作、优化事件监听器等。
- ❑ 后端优化：与后端开发人员协作，优化数据库查询、缓存策略等，提高后端服务的性能。

5. 国际化支持

- ❑ 多语言支持：考虑添加多语言支持，使平台能够服务于不同国家和地区的用户。
- ❑ 时区处理：正确处理时区差异，确保课程时间、活动时间等信息在不同地区显示正确。

6. 持续迭代与更新

- ❑ 用户反馈收集：积极收集用户反馈，了解用户需求，不断优化平台功能。
- ❑ 技术更新：关注前端技术发展动态，适时引入新技术、新框架，提升平台的竞争力。

通过实施上述建议，可以进一步完善在线教育平台的功能和用户体验，提升平台的整体质量和用户满意度。同时，与后端开发人员、设计师等团队成员紧密协作，共同推动项目的持续优化和发展。

小结

本章主要介绍了明日学院在线教育网站，该网站包含 4 个网页，分别是主页、登录页面、课程列表页面及课程详情页面。通过设计和实现明日学院网站，读者可深入地了解网站制作的流程。最后，本章介绍了 AIGC 辅助分析优化项目，帮助读者开拓思路，提高项目开发效率。

CSS 调试技巧　　HTML 调试技巧　　JavaScript 调试技巧